养肉羊

家庭农场致富指南

肖冠华　编著

化学工业出版社

·北京·

图书在版编目（CIP）数据

养肉羊家庭农场致富指南/肖冠华编著．—北京：化学工业出版社，2022.10

ISBN 978-7-122-41923-1

Ⅰ.①养…　Ⅱ.①肖…　Ⅲ.①肉用羊-饲养管理-指南②家庭农场-经营管理-中国-指南　Ⅳ.①S826.9-62②F324.1-62

中国版本图书馆CIP数据核字（2022）第137871号

责任编辑：邵桂林　　文字编辑：邓　金　师明远
责任校对：张茜越　　装帧设计：韩　飞

出版发行：化学工业出版社
（北京市东城区青年湖南街13号　邮政编码100011）
印　　装：中煤（北京）印务有限公司
850mm×1168mm　1/32　印张11½　字数290千字
2023年2月北京第1版第1次印刷

购书咨询：010-64518888　　售后服务：010-64518899
网　　址：http://www.cip.com.cn
凡购买本书，如有缺损质量问题，本社销售中心负责调换。

定　　价：69.80元

前言 PREFACE

当前，我国养羊业出现了一些新的变化，表现为种羊市场供需偏紧，种羊价格坚挺。羊肉消费的淡旺季越发不明显，由季节性消费为主转变为冬涮、春补、夏烧烤、秋贴膘等全年性消费。羊肉的营销渠道由传统的线下，转变为线下＋线上，并且线上的电商、短视频、直播带货等交易量明显提升。这些积极的变化，对我国养羊业的快速发展起到了极大的促进作用，使规模化、集约化养羊的前景更加广阔。

家庭农场是全球最为主要的农业经营方式，在现代农业发展中发挥了至关重要的作用，各国普遍对家庭农场发展特别重视。作为农业的微观组织形式，家庭农场在欧美等发达国家已有几百年的发展历史，坚持以家庭经营为基础是世界农业发展的普遍做法。

在我国，家庭农场于 2008 年首次写入中央文件，也就是在党的十七届三中全会所作的决定当中提出“有条件的地方可以发展专业大户、家庭农场、农民专业合作社等规模经营主体”。

2013 年，中央一号文件进一步把家庭农场明确为新型农业经营主体的重要形式，并要求通过新增农业补贴倾斜、鼓励和支持土地流入、加大奖励和培训力度等措施，扶持家庭农场发展。

2019 年中农发（2019）16 号《关于实施家庭农场培育计划的指导意见》中明确，加快培育出一大批规模适度、生产集约、管理先进、效益明显的家庭农场。

2020 年，中央一号文件中明确提出“发展富民乡村产业”“重点培育家庭农场、农民合作社等新型农业经营主体”。

2020 年 3 月，农业农村部印发了《新型农业经营主体和服务主体高质量发展规划（2020—2022 年）》，对包括家庭农场在内的新型农业经营主体和服务主体的高质量发展作出了具体规划。

家庭农场作为新型农业经营主体，有利于推广科技，提升农业生产效率，实现专业化生产，促进农业增产和农民增收。家庭农场相较于规模化养殖场也具有很多优势。家庭农场的劳动者主要是农场主本人及其家庭成员，这种以血缘关系为纽带构成的经济组织，其成员之间具有天然的亲和性。家庭成员的利益一致，内部动力高度一致，可以不计工时，无需付出额外的外部监督成本，可以有效克服“投机取巧、偷懒耍滑”等机会主义行为。同时，家庭成员在性别、年龄、体质和技能上的差别，有利于取长补短，实现科学分工，因此这一模式特别适用于农业生产和提高生产效率。特别是对从事养殖业的家庭农场更有利，有利于发挥家庭成员的积极性、主动性，家庭成员在饲养管理上更有责任心和耐心及更加细心，在经营上成本更低等。

国际经验与国内现实都表明，家庭农场是发展现代农业最重要的经营主体，将是未来最主流的农业经营方式。

由于家庭农场经营的专业性和实战性都非常强，涉及种养方面的知识和技能也非常多。这就要求家庭农场主及其成员需要具备较强的专业技术，可以说专业程度决定其成败，投资越大，专业要求越高。同时，随着农业供给侧结构性改革、农业结构的不断调整以及农村劳动力的转移，新型职业农民成为从事农业生产的主力军。而新型职业农民的素质直接关乎农业的现代化和产业结构性调整的成效。加强对新型职业农民的职业培育，全面扩展新型职业农民的知识范围和专业技术水平，推进农业供给侧结构性改革，转变农业发展方式，助力乡村全面振兴具有重要意义。

为顺应养羊业的不断升级和家庭农场健康发展的需要，本书针对养肉羊家庭农场经营者应该掌握的经营管理知识和肉羊养殖技术，对养肉羊家庭农场的兴办、养羊场建设与环境控制、肉羊饲养品种的确定与繁殖、肉羊的饲料保障、羊的饲养管理、羊的疾病防治和家庭农场的经营管理等家庭农场经营过程中涉及的一系列知识，详细地进行了介绍。

这些实用的技能，既符合家庭农场经营管理的需要，又符合新型职业农民培训的需要，可为家庭农场更好地实现适度规模经营，取得良好的经济效益和社会效益助力。

本书在编写过程中，参考借鉴了国内外一些养殖专家和养殖实践者实用的观点和做法，在此对他们表示诚挚的感谢！由于水平所限，书中难免有不妥之处，敬请批评指正。

编著者

2022 年 12 月

CONTENTS 目录

视频目录

第一章 家庭农场概述

一、家庭农场的概念

家庭农场，一个起源于欧美的舶来词；在中国，它类似于种养大户的升级版。通常定义为：以家庭成员为主要劳动力，从事农业规模化、集约化、商品化生产经营，并以农业收入为家庭主要收入来源的新型农业经营主体。

家庭农场具有家庭经营、适度规模、市场化经营、企业化管理等四个显著特征，农场主是所有者、劳动者和经营者的统一体。家庭农场是实行自主经营、自我积累、自我发展、自负盈亏和科学管理的企业化经济实体。家庭农场区别于自给自足小农经济的根本特征，就是以市场交换为目的，进行专业化的商品生产，而非满足自身需求。家庭农场与合作社的区别在于家庭农场可以成为合作社的成员，合作社是农业家庭经营者（可以是家庭农场主、专业大户，也可以是兼业农户）的联合。

从世界范围看，家庭农场是当今世界农业生产中最有效率、最可靠的生产经营方式之一，目前已经实现农业现代化的西方发达国家，普遍采取的都是家庭农场生产经营方式，并且在21世纪的今天，其重要性正在被重新发现和认识。从我国国内情况看，20世纪80年代初期我国农村经济体制改革实行的家庭联产承包责任制，使我国农业生产重新采取了农户家庭生产经营这一最传统也是最有生命力的组织形式，极大地解放和发展了农业生产力。然而，家庭联产承包责任制这种“均田到户”的农地产权配置方式，形成了严重超小型、高度分散的土地经营格局，已越来越成为我国农业经济发展的障碍。在坚持和完善农村家庭承包经营制度的框架下，创新农业生产经营组织体制，推进农地适度规模经营，是加快推进农业现代化的客观需要，符合农业生产关系要调整适应农业生产力发展的客观规律要求。而家庭农场生产经营方式因其技术、制度及组织路径的便利性，成为土地集体所有制下推进农地适度规模经营的一种有效实现形式，是家庭承包经营制的“升级版”。与西方发达国家以土地私有制为基础的家庭农场生产经营方式不同，我国的家庭农场生产经营方式是在土地集体所有制下从农村家庭承包经营方式的基础上发展而来的，因而有其自身的特点。我国的家庭农场是有中国特色的家庭农场，是土地集体所有制下推进农地适度规模经营的重要实现形式，是推进中国特色农业现代化的重要载体，也是破解“三农”问题的重要抓手。

2008年党的十七届三中全会报告第一次将家庭农场作为农业规模经营主体之一提出。随后，2013年中央一号文件再次提到家庭农场，一直到2019年，每年的中央一号文件都对家庭农场的发展给予了重视。

可见，自2008年家庭农场的概念提出以来，一直受到党中央的高度重视，为家庭农场的快速发展提供了强有力的政策支持和制度保障，家庭农场具有广阔的发展前途和良好的未来。

二、养肉羊家庭农场的经营类型

（一）单一生产型家庭农场

单一生产型家庭农场是指单纯以养肉羊为主的生产型家庭农场（见图1-1），是以饲养种羊、繁殖羔羊、育肥羔羊为核心，以出售种羊、断奶羔羊、育肥羊为主要经济来源的经营模式。适合产销衔接稳定、饲草料供应稳定、养羊设施和养殖技术良好、周转资金充足的规模化养羊的家庭农场。

图1-1 家庭农场养羊实例

（二）产加销一体型家庭农场

产加销一体型家庭农场是指家庭农场将本场养殖的羊自己加工成食品对外进行销售的经营模式（见图1-2）。即生产产品、加工产品和销售产品都由自己来做，省掉了很多中间环节，使利润更加集中在自己手中。

图1-2 产加销一体型家庭农场示意图

产加销一体型家庭农场，以市场为导向，充分尊重市场发展的客观规律。依靠农业科技、机械化、规模化、集约化、产业化等方式，延伸经营链，提高和增加家庭农场经营过程中的附加价值。

通过开设网店、建立专卖店或在大型商超设专柜等直销方式进行销售。此模式产业链较长，对养殖场地、品种和技术及食品加工都有较高要求。适合既有养殖能力，同时又有加工能力和经营能力较强的家庭农场采用。

如央视七套（CCTV7）致富经栏目2015年3月6日介绍的银行白领“发羊财”，不走寻常路的养羊事例，说的是在银行工作的小司，他发现制作山东单县名菜羊肉汤的青山羊，由于饲养数量减少而成了稀缺资源。于是毅然辞职，到单县当地养殖这种青山羊。为了能把青山羊卖个好价钱，2014年7月小司在北京开了一家单县羊肉汤店，销售青山羊肉，吸引了不少在北京工作的山东人。别的羊肉价格基本上在北京也就是七八十（熟肉）元一斤，他们的羊肉价格是其2倍，煮好的羊肉是160元一斤。

2014年年底，他还把青山羊卖进了青岛的一家连锁超市，刚开始一天四只羊，均价70元一斤。加上羊肉汤店，一年销售额超过600万元。

（三）种养结合型家庭农场

种养结合型家庭农场是指将种植业和养殖业有机结合的一

种生态农业模式。即将畜禽养殖产生的粪便、有机物作为有机肥的基础，为种植业提供有机肥来源；同时，种植业生产的作物又能够给畜禽养殖提供食源。该模式能够充分将物质和能量在动植物之间进行转换及良好循环。既解决了畜禽养殖的环保问题，又为生产安全放心食品提供了饲料保障，做到了农业生产的良性循环。

种养结合型家庭农场的种植，既可以利用养殖畜禽的粪便种植粮食作物和牧草（见图1-3），也可以利用畜禽粪便种植非粮食作物，如种植蔬菜、果树（见图1-4）、茶树、葡萄等。主要是围绕畜禽粪便的资源化利用，应用畜禽粪便沼气工程技术、畜禽粪便高温好氧堆肥技术、有机肥加工技术、配套设施农业生产技术、畜禽标准化生态养殖技术、特色林果种植技术，构建“畜禽粪便—沼气工程—燃料—沼渣、沼液—果（菜）”“畜禽粪便—有机肥—果（菜）”产业链。

种养结合型家庭农场模式属于循环农业的范畴，可以实现农业资源的最合理和最大化利用，实现经济效益、社会效益和生态效益的统一，降低种养业的经营风险。适合既有种植技术，又有养殖技术的家庭农场采用。同时对农场主的素质和经营管理能力，以及农场的经济实力都有较高的要求。

图1-3 种植牧草养羊实例

图1-4 果园养羊实例

如CCTV7科技苑栏目介绍的小姚利用果园养羊取得良好效益的致富故事。小姚有100多亩（1亩=666.67平方米）的果园，每年用于除草和有机肥的花销，就得将近20万元。小姚想到了让羊把草吃了，就可省了除草钱。于是他利用从果树上剪下的枝干、枝条建起了简易围栏，购买了300多只羊，让羊吃果园里的杂草。

因为羊吃的主要是草，同时羊是边走边排泄，即使直接留在果园里，也不会伤着果树。将羊圈里的粪便拾出来，堆肥腐熟后，再施到果园，就是不花钱的有机肥。果树施上羊粪，果品质量提高了，卖钱也多了，生产出的有机杏，能卖30元一斤，价格翻一倍。羊还能卖钱。每年只需要在秋后打一次草，而且打下来草存起来，这一个冬天羊的主食就不用发愁了。

同样是利用羊粪种植，内蒙古的老张将牧民视为负担的羊粪充分利用起来，用发酵过的羊粪代替化肥来种植有机水稻，套养河蟹和鲫鱼，产出的水稻和河蟹利润翻了将近十倍，2012年销售额从一千多万涨到了三千多万。

（四）公司主导型家庭农场

公司主导型家庭农场是指家庭农场在自主经营、自负盈亏的基础上，与当地龙头企业合作，龙头企业统一制定生产规划和生产标准，以优惠价格向家庭农场提供种羊或育肥羊、农业生产资料及技术服务，并以高于市场的价格回收农产品。家庭农场按照龙头企业的生产要求进行畜禽生产，产出的畜禽产品直接由龙头企业按合同规定的品种、时间、数量、质量和价格收购（见图1-5）。家庭农场利用场地和人工等优势，龙头企业利用资金、技术、信息、品牌、销售等优势，一方面，减少了家庭农场的经营风险和销售成本；另一方面，龙头企业解决了大量用工、大量需要养殖场地的问题，减少了大生产的直接投入。在合理分工的前提下，相互之间配合，获得各自领域的效益。

图 1-5 公司主导型家庭农场示意图

一般家庭农场负责提供饲养场地、畜禽舍、人工、周转资金等。龙头企业一般实行统一提供畜禽品种、统一生产标准、统一饲养标准、统一技术培训、统一饲料配方、统一市场销售等六统一。有的还实行统一供应良种、统一供应饲料、统一防病治病等。

“公司 + 农户”的养殖模式，公司可作为产业链资源的组织者，优质种源的培育者和推广者，资金技术的提供者，防病治病的服务者，产品的销售者，饲料营养的设计者。通过订单、代养、赊销、包销、托管等形式形成互利互惠的产业纽带。实现降低生产成本、降低经营风险、优化资源配置、提高经济效益的目的。有效推进肉羊产业化进程与集约化经营，实现规模养殖、健康养殖。

此模式减少了家庭农场的经营风险和销售成本，家庭农场专心养好肉羊就行，适合本地区有信誉良好龙头企业的家庭农场采用。

如 2017 年 5 月 3 日中国甘肃网介绍的甘肃陇原中天肉羊产业模式。中天集团公司总结推广“公司 + 科学家 + 基地 + 农户（或农业合作社或家庭农场）”的组织模式，创新探索出“租母收羔（犊）、售种收羔（犊）”等六大模式。截至目前，公司已在通渭县马营镇华川村、安定区凤翔镇丰禾村、陇西县云田镇北站村等 10 余个贫困村约 600 户农户以“投母收羔”的模式帮助农民致富，投放杂交羊 2000 头（只），累计投入资金 200 万余元。在产业发展上，前端大力开展订单畜牧业，中端强化技术服务，终端树立甘肃高端肉羊品牌。在“投母收羔”模式运行上，中天集团公司在供种、收羔、担保以及融资方面也制定了一系列的惠农助农政策。

内蒙古青青草原牧业股份有限公司和巴彦淖尔市五原县乌珠穆沁巴美羊业有限责任公司在经营模式上也采取了这种模式。

（五）合作社（协会）主导型家庭农场

合作社（协会）主导型家庭农场是指家庭农场自愿加入当地养殖专业合作社或养殖协会，在养殖专业合作社或养殖协会的组织、引导和带领下，进行畜禽专业化生产和产业化经营，产出的畜禽产品由养殖专业合作社或养殖协会负责统一对外销售。

一般家庭农场负责提供饲养场地、畜禽舍、人工和周转资金等。通过加入合作社获得国家的政策支持，同时，又可享受来自合作社的利益分成。养殖专业合作社或养殖协会主要承担协调和服务的功能，在组织家庭农场生产过程中实行统一提供优良品种、统一技术指导、统一饲料供应、统一饲养标准、统一产品销售等五统一。同时，注册自己的商标和创立畜禽产品品牌，有的还建立养殖风险补偿资金，对因不可抗因素造成的损失进行补偿。有的养殖专业合作社或养殖协会还引入公司或龙头企业，实行“合作社＋公司（龙头企业）＋家庭农场”发展模式。

在美国，一个家庭农场平均要同时加入4～5家合作社；欧洲一些国家将家庭农场纳入了以合作社为核心的产业链系统，例如，荷兰的以适度规模家庭农场为基础的“合作社一体化产业链组织模式”。在该产业链组织模式中，家庭农场是该组织模式的基础，是农业生产的基本单位；合作社是该组织模式的核心和主导，其存在价值是全力保障社员家庭农场的经济利益；公司的作用是收购、加工和销售家庭农场所生产的农产品，以提高农产品附加值。家庭农场、合作社和公司三者组成了以股权为纽带的产业链一体化利益共同体，形成了相互支撑、相互制约、内部自律的“铁三角”关系。国外家庭农场发展的经验表明，与合作社合作是家庭农场成功运营、健康快速发展的重要原因，也是确保家庭农场利益的重要保障。养殖专业合作社或养殖协会将家庭农场经营过程中涉及的畜禽养殖、屠宰加工、销售渠道、技术服务、融资保险、信息资源等方面有机衔接，实现资源的优势整合、优化配置和利益互补，化解家庭农场小生产与大市场的矛盾，解决家庭农场标准化生产、食品安全和适度规模化问题，家庭农场能获得更强大的市场力量和更多的市场权利，降低家庭农场养殖生产的成本，增加养殖效益。

此模式适合本地区有实力较强专业合作社和养殖协会的家庭农场采用。

（六）观光型家庭农场

观光型家庭农场是指家庭农场利用周围生态农业和乡村景观，在做好适度规模种养生产经营的条件下，开展各类观光旅游业务，借此销售农场的畜禽产品（见图1-6、图1-7）。

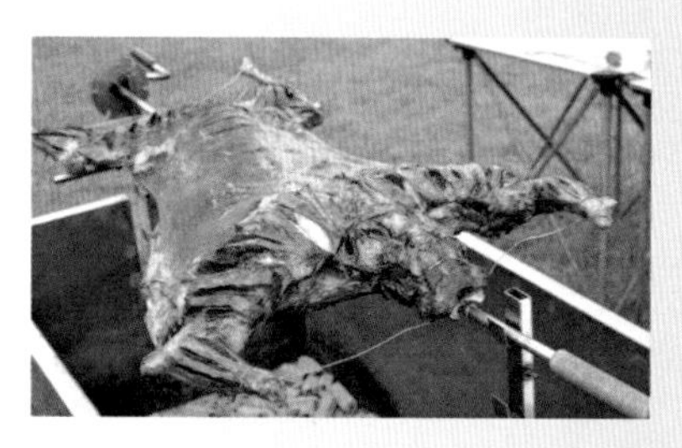

图1-6 农庄烤全羊

图1-7 养羊场体验

观光型家庭农场将自己养殖的具有特殊风味的地方品种羊肉和种植的瓜果、蔬菜，通过参与种养殖体验、采摘、餐饮、旅游纪念品等形式销售给游客。这种集规模养羊、休闲农业和乡村旅游于一体的经营方式，既满足了消费者新鲜、安全、绿色、健康饮食的心理，又提高了畜禽产品的商品价值，增加了农场收益。

此模式适合城郊或城市周边、交通便利、环境优美、种养殖设施完善、特色养羊和餐饮住宿条件良好的家庭农场采用。此模式对自然资源、农场规划、养殖技术、经营和营销能力、经济实力等都有较高的要求。

三、当前我国家庭农场的发展现状

（一）家庭农场主体地位不明确

家庭农场是我国新型农业经营主体之一，家庭农场立法的缺失制约了家庭农场的培育和发展。现有的民事主体制度不能适应家庭农场培育和发展的需求，由于家庭农场在法律层面的定义不清晰，导致家庭农场登记注册制度、税收优惠、农业保险等政策及配套措施缺乏，融资及涉农贷款无法解决。家庭农场抵御自然灾害的能力较差，这些都对家庭农场的发展造成了很大制约。

应当明确家庭农场为新型非法人组织的民事主体地位，这是家庭农场从事规模化、集约化、商品化农业生产，参与市场活动的前提条件。家庭农场市场主体地位的明确也为其与其他市场主体进行交易等市场活动，并与其他市场主体进行竞争打下良好的基础。

（二）农村土地流转程度低

目前我国的农村土地制度尚不完善，导致很多地区农地产权不清晰，而且农村存在过剩的劳动力，他们无法彻底转移土地经营权，进一步限制了土地的流转速度和规模。体现在四个方面：其一是土地的产权体系不够明确，土地具体归属于哪一级也没有具体明确的规定，制度的缺陷导致土地所有权的混乱。由于土地不能明确归属于所有者，这就造成了在土地流转过程中无法界定交易双方权益，双方应享受的权利和义务也无法合理协调，这使得土地在流转过程中出现了诸多的权益纷争，加大了土地流转难度，也对土地资源合理优化配置产生不利影响。其二是土地承包经营权权能残缺，即使我国已出台《中华人民共和国物权法》，对土地承包经营权进行了相应的制度规范，但是从目前农村土地承包经营的大环境来看，其没有体现出法律法规在现实中的作用，土地的承包经营权不能用于抵押，使得土地的物权性质表现出残缺的一面。其三是农民惜地意识较强，土地流转租期普遍较短，稳定性不足，家庭农场规模难以稳定，同时土地流转不规范合理，难以获得相对稳定的集中连片土地，影响了农业投资及家庭农场的推广。其四是农民缺乏相关的法律意识，充分利用使用权并获取经济效益的愿望还不强烈，土地流转没有正式协议或合同，容易发生纠纷，土地流转后农民的权益得不到有效保障。

（三）资金缺乏问题突出

家庭农场前期需要大量资金的投入，土地租赁、畜禽舍建设、养殖设备、种畜禽引进、农机购置等亦需大量资金。且家庭农场的运营和规模扩张亦需相当数量的资金，这对于农民来说都是无形中的障碍。

目前，家庭农场资金的投入主要来源于家庭农场开办者人生财富的积累、亲友的借款和民间借贷。而农业经营效益低、收益慢，家庭农场又没有可供抵押的资产，使其很难从银行得到生产经营所需的贷款，即使能从银行得到贷款，也存在额度小、利息高、缺乏抵押物、授信担保难、手续繁杂等问题。这对于家庭农场前期的发展较为不利，除沿海发达地区家庭农场发展资金通过这些渠道能够凑足外，其他地区相对紧迫，都不同程度地存在生产资金缺乏的问题。

（四）经营方式落后

家庭农场是对现有单一、分散农业经营模式的突破和推进，农民必须从原有家长式的传统小农经营意识中解脱出来，建立现代化经营理念。要运用价格、成本、利润等经济杠杆进行投入、产出及效益等经济核算。

家庭农场的经营方式落后表现在缺乏长远规划，不懂得适度规模经营和不掌握市场运行规律，不能实时掌握市场信息，对市场不敏感，接受新技术和新的经营理念慢，没有自己的特色和优势产品等。如多数家庭农场都是看见别人养殖或种植什么挣钱了，也跟着种植或养殖，盲目跟风就会打破市场供求均衡，进而导致家庭农场的亏损。

（五）经营者缺乏科学种养技术

家庭农场劳动者是典型的职业农民。作为家庭农场的组织管理者，除了需要掌握农产品生产技能，更需要有一定的管理技能，需要有进行产品生产决策的能力，需要有与其他市场主体进行谈判的技能，需要有市场开拓的技能。即使现行“家庭农场＋龙头企业”或“家庭农场＋合作社”模式对家庭农场的组织能力要求较低，但是也需要掌握科学的种养技术和一定的销售能力。同时，由于采用这种模式家庭农场生产环节的利润相对较低，家庭农场要取得更大的经济效益就不是单纯的“养（种）得好”的问题。家庭农场未来将依赖于附加值发展壮大，而附加值的增加需要技术的改良和应用，更需专业的种养技术。

而目前许多年轻人，特别是文化程度较高的人不愿意从事农业生产。多数家庭农场经营者学历以高中或以下为多，最新的科技成果也无法在农村得到及时推广，这些现实情况影响和制约了家庭农场决策能力和市场拓展能力的发展，成为我国家庭农场发展的严峻挑战。

第二章 家庭农场的兴办

一、兴办养肉羊家庭农场的基础条件

做任何事情都要具备一定的条件，只有具备了充分且必要的条件以后再行动，这样成功的概率才大一些。否则，如果准备不充分，甚至连最基础的条件都不具备就盲目上马，极容易导致失败。家庭农场的兴办也是一样，家庭农场的成员要事先对兴办所需的条件和自身实力进行充分的考察、咨询、分析和论证，找出自身的优势和劣势，对兴办家庭农场都需要具备哪些条件，已经具备的条件、不具备的条件有哪些，有一个准确、客观、全面的评估和判断，最终确定是否适合兴办，以及兴办哪一类家庭农场。下面所列的八个方面，是兴办家庭农场前就要确定的基础条件。

（一）确定经营类型

兴办家庭农场首先要确定经营类型，目前我国家庭农场的经营类型有单一生产型家庭农场、产加销一体型家庭农场、种养结合型家庭农场、公司主导型家庭农场、合作社（协会）主导型家庭农场和观光型家庭农场六种类型。这六种类型各有其适应的条件，家庭农场在兴办前要根据所处地区的自然资源、养羊场种养殖能力、加工销售能力和经济实力等综合确定兴办哪一类型的家庭农场。

如果家庭农场所处地区只有适合养殖用场地，没有种植用场地，能够做好粪污无害化处理，同时饲料有保障、销售渠道稳定、交通便利，可以兴办单一生产型家庭农场。

种养结合型家庭农场是非常有前途的一种模式，将种植业和养殖业有机结合，走循环农业、生态农业的良性发展之路。可以实现农业资源的最合理和最大化利用，实现经济效益、社会效益和生态效益的统一，降低种养业的经营风险。如果家庭农场所在地既有适合养殖用场地，又有种植用场地，且畜禽污染处理环保压力大，可以重点考虑这种模式。特别是以生产无公害食品、绿色食品和有机食品为主要方式的家庭农场，由于种植环节可以按照生产无公害食品、绿色食品和有机食品所需饲料原料的要求组织生产和加工，在肉羊养殖环节也可以按照无公害食品、绿色食品和有机食品饲养要求去做，做到整个养殖环节安全可控，是比较理想的生产方式。

对于有养殖需要的场地，能自行建设规模化养肉羊所需的养羊场，又具有养殖技术，具备规模化肉羊养殖条件的，如果自有周转资金有限，而所在地区又有大型屠宰加工企业，可以兴办公司主导型家庭农场，实行订单生产。与大型公司合作养肉羊，既减少了家庭农场的经营风险和销售成本，又解决了屠宰加工企业肉羊来源，同时也减少了大生产的直接投入。

如果所在地没有大型龙头企业，而当地的养肉羊专业合作社或养肉羊协会又办得比较好，可以兴办合作社（协会）主导型家庭农场。如果农场主具有一定的工作能力，也可以带头成立养肉羊专业合作社或养肉羊协会，带领其他养殖场（户）共同养肉羊致富。

如果要兴办家庭农场的地方是城郊或在城市的周边，交通便利，同时有山有水，环境优美，有适合生态放养的草地、荒坡、山林和生态养肉羊设施条件，以及绿色食品种植场地，兴办者又有资金实力、养殖技术和营销能力，可以兴办以生态养肉羊和绿色蔬菜瓜果种植为核心的，集采摘、餐饮、旅游观光为一体的观光型家庭农场。

需要注意的是，以上介绍的只是目前常见的养殖类家庭农场经营的几种类型。在家庭农场实际经营过程中还有很多好的做法值得我们学习和借鉴，而且以后还会有许多创新和发展。

小贴士：

没有哪一种经营模式是最好的，适合自己的就是最好的经营模式。

家庭农场在确定采用哪种经营类型的时候应坚持因地制宜的原则，选择那种能充分发挥自身优势和利用地域资源优势的经营模式，尽量避免或少走弯路。

（二）确定生产规模

确定养肉羊家庭农场的生产规模应坚持适度规模的原则。适度规模经营来源于规模经济，指的是在既有条件下，适度扩大生产经营单位的规模，使畜禽养殖规模、土地耕种规模、资本和劳动力等生产要素配置趋向合理，以达到最佳经营效益。

对家庭农场来讲，到底多大的养殖规模和多大的土地面积算适度规模经营？要根据家庭农场的要素投入、养殖和种植技术、家庭农场经营类型、经济效益、家庭农场所处地区综合确定。主要考虑的因素有：家庭农场类型、资金、当地自然条件、气候、经济社会发展进度、技术推广应用、机械化和设施化水平、劳动力状况、社会化服务水平等，还要受到家庭农场经营者主观上对机会成本的考量、家庭农场经营者经营意愿（能力）的影响，以及当地农村劳动力转移速度与数量、土地流转速度与数量、乡村内生环境、农民文化程度、农业保险市场以及信贷市场等外部制度性因素的约束。

确定养羊场的饲养规模，应遵循以下三个原则：一是平衡原则。使饲料供给量与羊群饲养量相平衡，避免料多羊少或羊多料少两种情况发生。具体地说是使各个月份供应的饲料种类、饲料数量与各月份的羊群结构及饲料需要量相平衡，避免出现季节性饲料不足的现象。二是充分利用原则。使各种生产要素都要合理地加以利用。应当将以最少的生产要素耗费，如羊舍、资金、劳动力等，获得最大经济效益的生产规模列入计划，即最大限度地利用现有的生产条件。三是以销定产原则。生产的目标应与销售的目标相一致，生产计划应为销售计划服务，坚持以销定产，避免以产定销。要以盈利为目标，以销售额为结果，以生产为手段，合理安排各个阶段的规模和任务。

如单一型家庭农场，只涉及肉羊养殖，不涉及种植的，只考虑养殖方面的规模即可，而种养结合型家庭农场，除了考虑养殖规模，还要考虑种植规模。养殖类家庭农场，以目前的三口之家所能承受的工作量为标准。主要依据养殖品种的规模来确定家庭农场的适度规模即可。而实行种养结合的家庭农场，需要以家庭农场能承受的种植和养殖两方面规模来通盘考虑。确定与养殖规模相配套的种植规模时，应根据养殖所需消耗饲料的数量、草地载畜量、土地种植作物产量、机械化程度等确定种植的土地面积。对于实行生态放养肉羊的家庭农场，应以每只肉羊所需放养场地面积为基准，以及结合家庭农场自身经营能力确定饲养的数量。

一般家庭农场适度养殖规模以 100 ～ 300 只为宜。小型专业化养殖、企业化管理的家庭农场，养殖规模以1000～3000只为宜。

小贴士：

经济学理论告诉我们：规模才能产生效益，规模越大效益越大，但规模达到一个临界点后其效益随着规模呈反方向下降。这就要求找到规模的具体临界点，而这个临界点就是适度规模。

适度规模经营是指在一定适合的环境和适合的社会经济条件下，各生产要素（土地、劳动力、资金、设备、经营管理、信息等）的最优组合和有效运行，取得最佳的经济效益。在不同的生产力发展水平下，养殖规模经营的适应值不同，一定的规模经营产生一定的规模效益。

（三）生产工艺流程

家庭农场养肉羊首先要确定生产工艺流程，因为生产工艺流程决定养羊场的规划布局以及设施建设等问题。也就是说，生产工艺流程决定养羊场要怎样建设、建设哪些设施、设施怎样布局等。确定了生产工艺流程，就确定了要建设哪类羊舍、建设哪些附属设施、羊舍和附属设施多大面积、羊舍和附属设施如何布局等具体建设事宜。

规模养羊宜根据羊的性别、年龄、生长阶段设计羊舍，实行分阶段饲养、集中育肥，采用全舍饲或半舍饲半放牧的饲养方式。生产工艺流程必须遵守分段式、单栋舍或小单元饲养及全场“全进全出”的原则。规模养羊的生产工艺流程见

图 2-1。

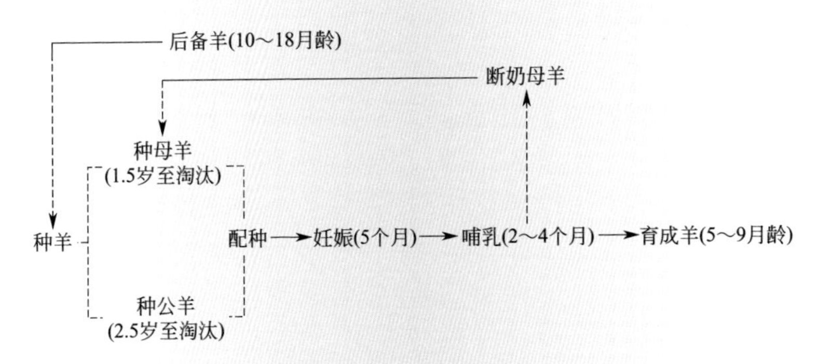

图 2-1 规模养羊的生产工艺流程

家庭农场要结合自身规模、资金实力和技术实力选择适合自己的生产工艺流程。如各方面条件较好，可以按照从种羊到断奶羔羊再到育成羊的生产过程进行全程生产；或者不饲养种羊，而是直接购买断奶羔羊进行育肥。

家庭农场如果采用全程生产的，规模养羊需要建设的生产设施有种公羊舍、母羊舍、羔羊舍、产羔舍、运动场、育成羊舍、育肥羊舍、隔离舍等。辅助生产设施有更衣消毒室、消毒室（或消毒通道）、兽医室、化验室、人工授精室、饲料库、饲料加工间、干草棚、青贮池、贮藏间、水泵房、锅炉房、变配电室、地磅房等。

如果实行直接购买断奶羔羊进行育肥的，需要建设的生产设施有运动场、育成羊舍、育肥羊舍、隔离舍等。种羊部分的生产设施，如种公羊舍、母羊舍、羔羊舍、产羔舍等则不需要建设。辅助生产设施只有人工授精室不需要建设。

养羊场采用多点式布置，以饲养区为单位，形成相对独立的专业分场为宜。

小贴士：

家庭农场要结合自身规模、资金实力和技术实力选择适合自己的生产工艺流程，然后根据生产工艺流程确定应该建设的羊舍类型、附属配套设施，以及各舍、区之间的规划布局。

（四）资金筹措

家庭农场养肉羊需要的资金很多，这一点投资兴办者在兴办前一定要有心理准备。养肉羊场地的购买或租赁、羊舍建筑及配套设施建设、购置养羊设备、购买种羊、购买饲料、防疫费用、人员工资、水费、电费等费用，都需要大量的资金作保障。

从养羊场的兴办进度上看，在养羊场前期建设至正式投产运行，直到能对外出售种羊、断奶羔羊或育肥羊等这段时间，都是资金的净投入阶段，而且投入资金数量很大。如某年出栏商品羊 1000 只的肉羊养殖项目，设施建设方面计划新建标准化羊舍 8 个单元共 3000 平方米；新建青贮池 200 立方米；新建办公室 170 平方米、兽医室 30 平方米、消毒室 10 平方米、隔离舍 50 平方米、粪污处理池 30 立方米、无害化处理池 30 立方米、车辆消毒池 20 平方米；新建成品库、原料库、加工房 200 平方米，草料棚 40 平方米；厕所、门卫、大门等附属用房 60 平方米。场地硬化、绿化方面，购入切草机一台、粉碎机一台、青草揉丝机两台、打捆机一辆、青贮桶 200 只，安装变压器一台（50 千伏安）；种羊引进方面，计划购进小尾寒羊 1000 只。

该项目计划总投资 545.75 万元，其中建筑工程 220.25 万元，设备购置 25.5 万元，购进种羊 250 万元，流动资金 50 万元。

这还是在养羊场一切运行都正常情况下的支出，也可以说是在养羊场实现盈利前这一段时间需要准备的资金。

中国有句谚语，“家财万贯，带毛的不算”。说的是即使你饲养的家禽、家畜再多，一夜之间也可能会全死光。其中折射出人们对养殖业风险控制的担忧。如果养羊场经营过程中出现不可预料的、无法控制的风险，应对的最有效办法就是继续投入大量的资金。如养羊场内部出现管理差错或者暴发大规模疫情，养羊场的支出会增加得更多；或者外部市场出现大幅波动，商品羊价格大跌，养羊行业整体处于亏损状态时，还要有充足的资金能够渡过价格低谷期。这些资金都要提前准备好，现用现筹集不一定来得及。此时如果没有足够的资金支持，养羊场将难以经营下去。

在资金使用上容易出现的问题主要有三点。一是投资前资金准备不充分，有建场的钱没买种羊的钱。二是盲目建设，设施建设不科学、不实用；或者建了又拆掉，浪费了资金，使本来就紧张的资金更加紧张。三是对风险没有准备，赶上暴发大规模疫情或价格持续低谷期，没有储备足够的资金。

所以，为了保证养羊场资金不影响运营，必须保证资金充足。

1. 自有资金

在投资建场前自己就有充足的资金这是首选。俗话说，谁有也不如自己有。自有资金用来养羊也是最稳妥的方式，这就要求投资者做好养羊场的整体建设规划和预算，然后按照总预算额加上一定比例的风险资金，足额准备好兴办资金，并做到专款专用。资金不充足哪怕不建设，也不能因缺资金导致半途而废。对于以前没有养羊经验或者刚刚进入养羊行业的投资者来说，最好采用滚雪球的方式适度规模发展。切不可贪大求洋，规模比能力大，驾驭不了养羊场的经营。

2. 亲戚朋友借款

需要在建场前落实具体数额，并签订借款协议，约定还款时间和还款方式。因为是亲戚朋友，感情的因素起决定性作用，是一种帮助性质的借款，但要以保证借款的本金安全为主，借款利息要低于银行贷款的利息为宜，可以约定如果养羊场盈利了，适当提高利息数额，并尽量多付一些。如果经营不善，以还本为主，还款时间也要适当延长，这样是比较合理的借款方式。这里提醒养羊场经营者要注意的是，根据掌握的情况，养羊场要远离高利贷，因为这种民间借贷方式对于养殖业不适合，风险太大。特别是经营能力差的养羊场无论何时都不宜通过借高利贷来经营养羊场。养羊场要以自有资金为基础，有多少钱办多少事，比如有 10 万块钱的资金，10 万块钱能养多少只羊，就按照这个规模去做，不要有 10 万块钱，却养需要 50 万流动资金的羊，那样的话，你养羊挣的钱，可能连借贷的利息钱都还不上，导致资金链极容易断裂，前功尽弃。

3. 银行贷款

尽管银行贷款的利息较低，但对养羊场来说却是最难的借款方式，因为养羊场具有许多先天的限制条件。从养羊场资产的形成来看，养羊场本身投资很大，但见不到可以抵押的东西，比如养羊场用地多属于承包租赁，羊舍建筑无法取得房屋产权证，不像我们在市区买套商品房，能够做抵押。于是出现在农村投资百万建个养羊场，却不能用来抵押的现象。而且许多中小养羊场本身的财务制度也不规范，还停留在以前小作坊的经营方式上，资金结算多是通过现金直接进行的。而银行要借钱给养羊场，要掌握养羊场的现金流、物流和信息流，同时银行还要了解养羊场所有人的为人、其还款能力以及其家族背景，才会借钱给你。而养羊场这种经营方式很难满足银行的要求，信息不对称，在银行就借不到钱。所以，养羊场的经营管理必须规范有序，诚信经营，适度规模养殖。还要使资金流、物流、信息流对称。可见，良好的管理既是养羊场经营管理的需要，也是养羊场良性发展的基础条件。

4. 网络贷款

网络贷款是指个体和个体之间通过互联网平台实现的直接借贷。它是互联网金融（ITFIN）行业中的子类。网贷平台数量近两年在国内迅速增长。

2017 年中央一号文件继续聚焦农业领域，支持农村互联网金融的发展，提出了鼓励金融机构利用互联网技术，为农业经营主体提供小额贷款、支付结算和保险等金融服务。同时，由于农业强烈的刚需属性又保证了其必要性，农产品价格虽有浮动但波动不大，农产品一定的周期性又赋予了其稳定长线投资的特点，生态农业、农村金融已经成为中国农业发展的“新蓝海”。

5. 公司 + 农户

公司 + 农户是指规模养羊场与实力雄厚的公司合作，解决养殖户资金和技术难题。一般由食品公司或屠宰公司提供种羊或羔羊、技术、饲料、兽药及配种服务保障，规模养羊场提供场地和人工，为公司代养羔羊，等育肥羊出栏后交由合作的公司，规模养羊场每只羊收取一定的饲养费用。这种方式可以有效地解决规模养羊场有场地无资金的问题，风险较小，收入不高但较稳定。

采用“公司 + 农户”养羊模式，实现了企业、农户双赢，使养羊农户走上了致富之路。

6. 众筹养羊

众筹翻译自国外 crowdfunding 一词，即大众筹资或群众筹资。由发起人、跟投人、平台构成。具有低门槛、多样性、依靠大众力量、注重创意的特征，是指一种向群众募资，以支持发起的个人或组织行为。

一般而言是通过网络上的平台联结起赞助者与提案者。群众募资被用来支持各种活动，包含灾害重建、民间集资、竞选活动、创业募资、艺术创作、自由软件、设计发明、科学研究以及公共专案等。

众筹养羊是近几年兴起的一种养羊经营模式，发起人为养羊场、互联网理财平台或其他提供众筹服务的企业或组织等；跟投人为消费者或投资者，以自然人和团体为主；平台为互联网、微信、手机 APP 等平台，如比较知名的网易考拉海购众筹、京东众筹和小米众筹。

众筹养羊的一般流程为：养羊场自己发起或者由发起人选定养羊场，确定众筹的条件，如羊的品种、认筹价格、数量、生产期限、销售供应方式或回报等。然后由众筹平台发布、消费者认领、履约等阶段完成整个众筹过程。

众筹养羊项目，可以帮助消费者找到可靠的采买订购对象，品尝到最新鲜最安全的食材，也为养殖农户解决了农产品难销难卖和创业资金不足的问题，从而实现了合作双赢。

小贴士：

无论采用何种筹集资金的方式，养羊场的前期建设资金还是要投资者自己准备好。在决定采用借外力实现养肉羊赚钱的时候，要事先有预案，选择最经济的借款方式，还要保证这些方式能够实现，要留有伸缩空间，绝不能落空。这就需要家庭农场投资者具备广泛的社会关系和超强的养羊场经营管理能力，能够熟练应用各种营销手段。

（五）场地与土地

舍饲养羊需要建设各类羊舍、饲草料储存和加工用房、人员办公和生活用房、厂区道路、消毒间、水房、锅炉房等生产和生活用房，以及废弃物无害化处理场所等。如果是实行生态化放养的养羊场，还需要有与之相配套的放养山地和草场。实行种养结合的养羊场，还需要种植本场所需饲草料的农田等等，这些都需要占用一定的土地作为保障。养羊场用地也是投资兴办养羊场必备的条件之一。

国土资源部制定的《土地分类》和《关于养殖占地如何处理的请示》规定：养殖用地属于农业用地，其上建造养殖用房不属于改变土地用途的行为，占用基本农田以外的耕地从事养殖业不再按照建设用地或者临时用地进行审批。应当充分尊重土地承包人的生产经营自主权，只要不破坏耕地的耕作层，不破坏耕种植条件，土地承包人可以自主决定将耕地用于养殖业。

国土资源部、农业部联合下发的国土资发 [2007] 220 号《关于促进规模化畜禽养殖有关用地政策的通知》，要求各地在土地整理和新农村建设中，可以充分考虑规模化畜禽养殖的需要，预留用地空间，提供用地条件。任何地方不得以新农村建设或整治环境为由禁止或限制规模化畜禽养殖：“本农村集体经济组织、农民和畜牧业合作经济组织按照乡（镇）土地利用总体规划，兴办规模化畜禽养殖所需用地按农用地管理，作为农业生产结构调整用地，不需办理农用地转用审批手续。”其他企业和个人兴办，或与农村集体经济组织、农民和畜牧业合作经济组织联合兴办规模化畜禽养殖所需用地，实行分类管理。畜禽舍等生产设施及绿化隔离带用地，按照农用地管理，不需办理农用地转用审批手续；管理和生活用房、疫病防控设施、饲料储藏用房、硬化道路等附属设施，属于永久性建（构）筑物，其用地比照农村集体建设用地管理，需依法办理农用地转用审批手续。

尽管国家有关部门的政策非常明确地支持养殖用地需要，但是全国各地都划定了禁养区和限养区，选一块合适的养羊场地并不容易。投资者要想建设养羊场，还需走正常的法律流程，才能受到法律的保护。根据国家有关规定，规模化养羊场必须先经过用地申请，符合乡镇土地利用总规划，办理租用或征用手续，还要取得环境评价报告书和动物防疫条件合格证（见图 2-2）等。如今畜禽养殖的环保压力巨大，对新办禽畜养殖场的法律正在逐渐完善，对违法养殖场正在实施拆除关停措施，如果没有允许建设，即为非法占地，有被强制拆除的风险，这点非常重要。

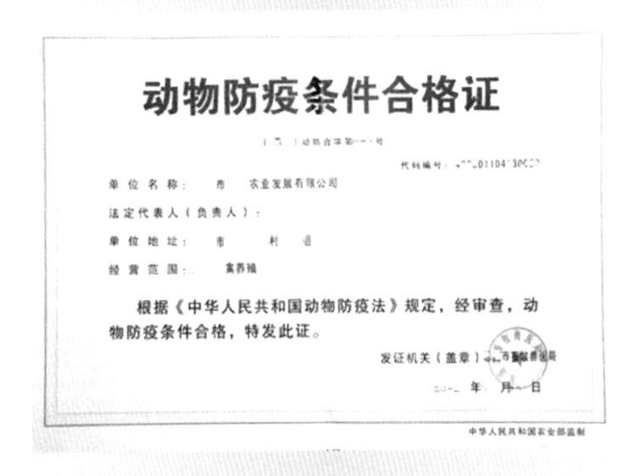

动物防疫条件合格证

单位名称： 市 农业发展有限公司

法定代表人（负责人）：

单位地址： 市 村

经营范围： 禽养殖

根据《中华人民共和国动物防疫法》规定，经审查，动物防疫条件合格，特发此证。

发证机关（盖章）

年 月 日

中华人民共和国农业部监制

图 2-2 动物防疫条件合格证

因此。在养羊场用地上要做到以下三点：

1. 面积与养羊规模配套

规模化养羊场需要占用的养殖场地较大，在建场规划时要本着既要满足当前养殖用地的需要，同时还要为以后的发展留有可拓展的空间。羊舍面积应根据羊的数量和饲养方式而定，面积过大，浪费土地和建筑材料，单位面积养羊的成本会升高；面积过小，羊拥挤和环境质量差，不利于饲养管理和羊的健康。

200 只羊群所需建筑面积为 400 ～ 500 平方米，运动场面积 800 ～ 1500 平方米，草料堆放占地面积 50 平方米；500 只羊群所需建筑面积为 800 ～ 1000 平方米，运动场面积 1600 ～ 3000 平方米，草料堆放占地面积 125 平方米。这是集约化养肉羊条件下占地面积的要求，为了以后发展的需要，还要再加上一定可预留或可扩展的用地。

如果养羊场实行放牧、放牧 + 舍饲，或者实行种养结合模式养肉羊的，除了以上所需占地面积以外，还需要山地、林地等放养场地或者饲料、饲草种植用地。放牧或放牧 + 舍饲养羊所需山地、林地的面积要结合山地或林地的自然资源状况如物产、水力、森林植被、实际可利用面积等确定，在资金条件允许的情况下，要尽可能多占用一些面积。饲草饲料用地面积要根据饲养肉羊的数量和饲草饲料地的亩产量综合确定。一般情况下，3 亩饲草可供 15 ～ 20 只成年羊全年饲用。羊的繁殖年增长率为年初母羊数的 3 倍左右，据此可推算出全场全年牧草需要量。

2. 自然资源合理

为了减少养殖成本，养羊场要采用以利用当地自然资源为主的策略。自然资源主要是指当地产饲草料的主要原料如牧草、玉米、小麦、豆粕等要丰富，尽量避免主要原料经过长途运输，增加饲料成本，从而增加了养羊成本。尤其是实行放牧或放牧 + 舍饲的养羊场，对当地自然资源的依赖程度更高。可以说，养羊场所在地如果没有可利用的自然资源，就不能投资兴办放牧或放牧 + 舍饲的养羊场。

3. 可长期使用

投资兴办者一定要在所有用地手续齐全后方可动工兴建，以保证养羊场长期稳定地运行，切不可轻率上马。否则，养羊场的发展将面临诸多麻烦。央视致富经栏目曾经介绍过，小赖创业养湖羊致富的事例。在小赖刚开始建场的时候，由于考虑不周全，养羊三年，先后三次建场，两次搬迁，回家养羊的梦想被打得支离破碎，小赖险些绝望轻生。

小贴士：

在投资兴办前要做好家庭农场用地的规划、考察和确权工作。为了减少土地纠纷，家庭农场要与土地的所有者、承包者当面确认所属地块边界，查看土地承包合同及土地承包经营权证（见图 2-3）、林权证（见图 2-4）等相关手续，与所在地村民委员会、乡镇土地管理所、林业站等有关土地、林地主管部门和组织确认手续的合法性，在权属明晰、合法有效的前提下，提前办理好土地和林地租赁、土地流转等一切手续，保证家庭农场建设的顺利进行。

图 2-3 土地承包经营权证

图 2-4 林权证

（六）饲养技术保障

养肉羊是一门技术，也是一门学问，科学技术是第一生产力。要想养得好，靠养肉羊发家致富，不掌握养殖技术，没有丰富的养殖经验是断然不行的。可以说养殖技术是养肉羊成功的保障。

1. 掌握技术的必要性

工欲善其事，必先利其器。干什么事情都需要掌握一定的方法和技术，掌握技术可以提高工作效率，使我们少走弯路或者不走弯路，养羊也是如此。如某人在把羊搬到新养羊场的时候，由于不了解母羊的习性，没有按照每只母羊和羔羊单独做好标记或单独运输的要求，而是采取最简单的“大帮哄”，结果羊混群了，母羊和羔羊混在一起，母仔顺序全部打乱，母羊认不出自己孩子，拒绝给陌生羔羊哺乳；羔羊找不到妈妈，结果没奶吃，也饿死了。

养羊需要很多专业的技术，包括环境的控制、羊舍的建设、饲养管理、疾病的预防和控制、经营管理、市场营销等综合因素。只有做到、做好这几点才能达到养羊赚钱的目的，哪怕是受到恶劣的市场行情冲击，也能立于不败之地。可见，养肉羊技术对养羊场正常运营的重要性，以及养羊场掌握养殖技术的必要性不言而喻。

2. 需要掌握哪些技术

现代规模养羊生产的发展，将是以应用现代养羊生产技术、设施设备、管理为基础，以专业化、标准化、高水平、高效率的养羊生产方式。规模养羊需要掌握的技术很多，从建场规划选址、羊舍及附属设施设计建设、品种选择、饲草料配制、羊群饲养管理、繁殖、环境控制、防病治病、废弃物无害化处理、营销等养羊的各个方面，都离不开技术的支撑，并根据办场的进度逐步运用。如在养羊场规划选址时，要掌握养羊场选址的要求、各类羊舍及附属设施的规划布局。在正式开工建设时，要用到羊舍样式结构及建筑材料的选择，养殖设备的类型、样式、配备数量、安装要求等技术。羊舍建设好以后，就要涉及肉羊品种选择、种羊的引进方式、种羊的挑选、饲草料配制等技术。种羊引进场以后，就要涉及隔离观察饲养、疾病预防、药物保健、饲料营养、日常消毒等技术。经过一段时间的隔离观察，确认引进的种羊无病后，正式进入种羊舍进行饲养，公羊与母羊要分别采用不同的栏舍及饲草料进行饲养管理。接下来就涉及种羊繁育技术了，包括发情鉴定、配种管理、人工授精、妊娠管理、营养调控、疾病预防、环境控制等一系列技术。母羊分娩时羔羊的接产，其中包括正常生产羔羊的接产和难产及假死羔羊的处理。产前将母羊乳房周围和后肢内侧的长毛剪掉，并用温水洗净，然后挤掉几滴初乳。羔羊出生后，立即把羔羊的口腔、鼻和耳内的黏液掏出，并擦干净。羔羊身上的黏液，应让母羊舔净，这样既有助于母仔亲和，又能促进母羊胎衣排出和刺激母羊泌乳。羔羊脐带一般在出生后自行扯断，如不能扯断，用剪刀在离羔羊腹部 5 厘米处剪断，断端涂以碘酊。难产的羔羊应及时进行救助，在母羊产完胎衣排出后，向子宫内注入抗生素，以预防子宫感染和不孕症的发生。对假死的羔羊，可用手提起羔羊两后肢，使羔羊悬空并拍击胸、背部；或让羔羊平卧，用两手有节律地推压胸部两侧。对因受冻而假死的羔羊，放入 40℃的水中进行水浴，一般可以复苏。母羊分娩以后，要对母羊和羔羊分别进行管理，母羊管理包括产科疾病预防、泌乳管理、营养调控等；羔羊管理包括吃初乳、人工哺乳、羔羊编号、断尾、补饲、适时断乳、温度控制、疾病预防、做好羔羊的各项记录（包括父母号、出生日期、初生重、胎次、性别、30 日龄体重、断乳体重、断乳日期、各期的日增重等）等。羔羊断奶以后就进入育成阶段，断乳以后的羔羊应按性别、大小、强弱分群，加强补饲，按饲养标准采取不同的饲养方案，按月抽测体重，根据增重情况调整饲养方案。羔羊在断奶组群放牧后，仍需继续补喂精料，补饲量要根据牧草情况来决定。

限于篇幅，这里只是泛泛地介绍了一下养肉羊涉及的技术，其中每个阶段还包含很多技术没有展开介绍，如废弃物无害化处理、沼气生产、养羊场数据管理、云养殖、分阶段饲养等技术，也都需要家庭农场的经营管理人员掌握及熟练运用到生产实践中。

3. 技术从哪里来

① 聘用懂技术会管理的专业人员。很多养羊场的投资人都是养肉羊的外行，对如何养肉羊一知半解，如果单纯依靠自己的能力很难胜任规模养羊场的管理工作，需要借助外力来实现养羊场的高效管理。因此，雇用懂技术会管理的专业人才是首选，雇用的人员要求最好是畜牧兽医专业毕业的，有丰富的规模养羊场实际管理经验，吃苦耐劳，以场为家，具有奉献精神。

② 聘请有关科技人员做顾问。如果不能聘用到合适的专业技术人员，同时本场的饲养员有一定的饲养经验和执行力，可以聘请农业院校、农科院、各级兽医防疫部门等有权威的专家做顾问，请他们定期进场查找问题、指导生产、解决生产难题等。

③ 使用免费资源。如今各大饲料公司和兽药生产企业都有负责售后的技术服务人员，这些人员中有很多人的养殖技术比较全面，特别是疾病的治疗技术较好，遇到弄不懂或不明白的问题可以及时向这些人员请教。可以同他们建立联系，遇到问题及时通过电话、电子邮件、微信、登门等方式向他们求教。必要的时候可以请他们来场现场指导，请他们做示范，同时给全场的养殖人员上课，传授饲养管理方面的知识。

④ 技术培训。技术培训的方式很多，如建立学习制度，购买养肉羊方面的书籍。养肉羊方面的书籍很多，可以根据本

场员工的技术水平，选择相应的养肉羊技术书籍来学习。采用互联网学习和交流也是技术培训的好方法。互联网的普及极大地方便了人们获取信息和知识，人们可以通过网络方便地进行学习和交流，及时掌握养肉羊动态。互联网上涉及养肉羊内容的网站很多，养肉羊方面的新闻发布也比较及时。但涉及养殖知识的原创内容不是很多，多数都是摘录或转载报纸和刊物上的内容，内容重复率很高，学习时可以选择中国畜牧学会、中国畜牧兽医学会等权威机构的网站。还可以让技术人员多参加有关的知识讲座和相关会议，扩大视野，交流养殖心得，掌握前沿的养殖方法和经营管理理念。

小贴士：

很多养过羊的“过来人”都有这样的感慨：以前家里散养几只羊很容易，给点草、添点料、喂点水，很轻松地就把羊养大了。因此，没有经历过规模化养羊的人，都认为养羊容易。

但是，随着饲养数量的增加，养羊的条件也比以前散养好得多，管理上处处注意加小心，可是羊的毛病却越来越多。

这就是养殖人员不掌握养羊的饲养管理技术造成的。

（七）人员分工

家庭农场是以家庭成员为主要劳动力，这就决定了家庭农场的所有养肉羊工作都要以家庭成员为主来完成。通常家庭成员有 3 人，即父母和一名子女，家庭农场养肉羊要根据家庭成员的个人特点进行科学合理的分工。

一般父母的文化水平较子女低，接受新技术能力也相对较低，但他们平时家里多饲养一些鸡、鸭、鹅、猪等，已经习惯了畜禽养殖和农活，一般对畜禽饲养都积累了一些经验，有责任心，对肉羊有爱心和耐心，可承担养羊场的体力工作及饲养工作。子女一般都受过初中以上教育，有的还受过中等以上职业教育，文化水平较高，接受能力强，对外界了解较多，可承担养羊场的技术工作。但子女有年轻浮躁、耐力不足，特别是对脏、苦、累的养殖工作不感兴趣的问题，需要家长加以引导。

养羊场的工作分工为：父亲负责饲料保障，包括饲料的采购运输和饲料加工、粪污处理、对外联络等；母亲以负责产房工作为主，包括母羊分娩接产、哺乳羔羊护理，还可以承担肉羊舍环境控制等；子女以负责技术工作为主，包括配种、消毒、防疫、电脑操作和网络销售等。

对规模较大的家庭农场养羊场，仅依靠家庭成员已经完成不了所有工作，本着在哪一方面工作任务重，就雇用哪一方面的人，来协助家庭成员完成养肉羊工作。如雇用一名饲养员或者技术员，也可以将饲料保障、防疫、配种、粪污处理等工作交由专业公司去做，让家庭成员把主要精力放在饲养管理和养羊场经营上。

（八）满足环保要求

养羊场涉及的环保问题，主要是养羊场粪污是否对养羊场周围环境造成影响的问题。随着养殖数量不断上升，环境承载压力增大，畜禽养殖污染问题日益凸显。目前全国畜禽粪污年产生量约 38 亿吨——相当于每生产 1 千克肉类，就要产生 44 千克的畜禽粪污，这是农业面源污染的主要来源。为此，2014 年 1 月 1 日起施行的国家第一部专门针对畜禽养殖污染防治的法规性文件——《畜禽规模养殖污染防治条例》，明确畜牧业发展规划应当统筹考虑环境承载能力以及畜禽养殖污染防治要求，合理布局，科学确定畜禽养殖的品种、规模、总量。该条例明确了禁养区划分标准、适用对象（畜禽养殖场、养殖小区）、激励和处罚办法。

2015年1月1日起施行的新《环保法》明确畜禽养殖场、养殖小区、定点屠宰企业等的选址、建设和管理应当符合有关法律法规规定。2015年4月，国务院发布“水十条”，明确要求要科学划定畜禽养殖禁养区。2017年年底前，依法关闭或搬迁禁养区内的畜禽养殖场（小区）和养殖专业户，京津冀、长三角、珠三角等区域提前一年完成。2015年8月，农业部发文，要求各级畜牧兽医行政主管部门要积极配合环保部门做好禁养区划定工作，及时报送禁养区划定情况。

2016年5月，国务院发布“土十条”，要求明确合理确定畜禽养殖布局和规模，强化畜禽养殖污染防治。

2016年11月，环保部、农业部发布《畜禽养殖禁养区划定技术指南》，将作为后期全国各地划定禁养区的依据。文件要求禁养区划定完成后，地方环保、农牧部门要按照地方政府统一部署，积极配合有关部门，协助做好禁养区内确需关闭或搬迁的已有养殖场关闭或搬迁工作。

2016年12月，国务院印发《“十三五”生态环境保护规划》，要求2017年年底前，各地区依法关闭或搬迁禁养区内的畜禽养殖场（小区）和养殖专业户。

规模化养羊场在环境保护方面，要按照畜禽养殖有关环保方面的规定，进行选址、规划、建设和生产运行，做到养羊场的生产不对周围环境造成污染，同时也不受到周围环境污染的侵害和威胁。只有做到这样，养羊场才能够得以建设和长期发展，而不符合环保要求的养羊场是没有生存空间的。

1. 选址要符合环保要求

规模化养羊场环保问题是建场规划时首先要解决好的问题。养羊场选址要符合所在地区畜牧业发展规划、畜禽养殖污染防治规划，满足动物防疫条件，并进行环境影响评价。

《畜禽规模养殖污染防治条例》第十一条规定：禁止在饮用水水源保护区、风景名胜区；自然保护区的核心区和缓冲区；城镇居民区、文化教育科学研究区等人口集中区域；法律、法规规定的其他禁止养殖区域等区域内建设畜禽养殖场、养殖小区。

第十二条规定：新建、改建、扩建畜禽养殖场、养殖小区，应当符合畜牧业发展规划、畜禽养殖污染防治规划，满足动物防疫条件，并进行环境影响评价。对环境可能造成重大影响的大型畜禽养殖场、养殖小区，应当编制环境影响报告书；其他畜禽养殖场、养殖小区应当填报环境影响登记表。大型畜禽养殖场、养殖小区的管理目录，由国务院环境保护主管部门商国务院农牧主管部门确定。环境影响评价的重点应当包括：畜禽养殖产生的废弃物种类和数量，废弃物综合利用和无害化处理方案和措施，废弃物的消纳和处理情况以及向环境直接排放的情况，最终可能对水体、土壤等环境和人体健康产生的影响以及控制和减少影响的方案和措施等。

第十三条规定：畜禽养殖场、养殖小区应当根据养殖规模和污染防治需要，建设相应的畜禽粪便、污水与雨水分流设施，畜禽粪便、污水的贮存设施，粪污厌氧消化和堆沤、有机肥加工、制取沼气、沼渣沼液分离和输送、污水处理、畜禽尸体处理等综合利用和无害化处理设施。已经委托他人对畜禽养殖废弃物代为综合利用和无害化处理的，可以不自行建设综合利用和无害化处理设施。

未建设污染防治配套设施、自行建设的配套设施不合格，或者未委托他人对畜禽养殖废弃物进行综合利用和无害化处理的，畜禽养殖场、养殖小区不得投入生产或者使用。

畜禽养殖场、养殖小区自行建设污染防治配套设施的，应当确保其正常运行。

第十四条规定：从事畜禽养殖活动，应当采取科学的饲养方式和废弃物处理工艺等有效措施，减少畜禽养殖废弃物的产生量和向环境的排放量。

除了以上规定，考虑到以后养羊场的发展，还要尽可能地避开限养区。

2. 完善配套的环保设施

选址完成后，养羊场还要设计好生产工艺流程，确定适合本养羊场的粪污处理模式。养羊场粪污处理的基本原则：一是减量化原则。根据粪污来源，通过饲养工艺及相关技术设备的改进和完善，减少养羊场粪污的产生量，不仅可以节约资源，也可以减少粪污的后处理投资和运行成本。二是资源化原则。羊的粪污中含有氮、磷、钾等养分，经过适当处理后可生产土壤改良剂或农作物生长所需的有机肥料，资源化利用可实现废弃物处理和资源开发双赢。羊粪还可以作为蚯蚓的饵料，是大规模生产蚯蚓产品的最佳方法，不需任何投资设备，利用一切空闲地即可生产。三是无害化原则。羊粪污中含有各种杂草种子、寄生虫卵、某些化学药物、有毒金属、激素及微生物，其中不乏病原微生物，甚至人畜共患病原，如果不进行有效处理，将对动物和人类健康产生极大威胁，因此必须对羊粪污进行无害化处理，才能充分利用。

当前，对羊的粪便一般进行的是堆积发酵处理，堆肥的优点是技术和设备简单，施用方便，无臭味；在堆制过程中，由于有机物的好氧降解，堆内温度持续 15 ～ 30 天达 50 ～ 70℃，可杀死绝大部分病原微生物、寄生虫卵和杂草种子；腐熟的堆肥属迟效肥料，可以保证作物的安全。

羊粪堆积场地可为水泥地或铺有塑料膜的地面，也可在水泥槽中进行。堆粪场地面要防渗漏，要有防雨设施，堆粪场地大小可根据实际情况而定。

由于羊粪相对于其他家畜粪便而言含水量低，养羊场羊粪便大多是采用固态干粪机械或人工清粪方法，定期或一次性清除。一般很少采用水冲式清粪，因为干粪直接清除，养分损失小。

“种养结合、农牧循环”也是规模化羊粪污处理的较好模式之一。将畜禽粪便作为有机肥施于农田，生长的农作物产品及副产品作为畜禽饲料，这种“种养结合、农牧循环”模式，有利于种植业与养殖业有机结合，是实行畜禽粪便“资源化、生态化”利用的最佳模式。

3. 保障环保设施良好运行的机制

养羊场在生产中要保证粪污处理设施的良好运行，除了制定严格的生产制度和落实责任制外，还要在兽药和饲料及饲料添加剂的使用上做好工作。如在生产过程中不滥用兽药和添加剂，有效控制微量元素添加剂的使用量，严格禁止使用对人体有害的兽药和添加剂，提倡使用益生素、酶制剂、天然中草药等。严格执行兽药和添加剂停药期的规定。使用高效、低毒、广谱的消毒药物，尽可能少用或不用对环境易造成污染的消毒药物，如强酸、强碱等。在配制饲料时要综合考虑肉羊的生产性能、环境污染和资源利用情况，以实现养殖过程清洁化、粪污处理资源化、产品利用生态化的总要求。

二、家庭农场的认定与登记

目前，我国家庭农场的认定与登记尚没有统一的标准，均是按照农业部《关于促进家庭农场发展的指导意见》（农经发[2014] 1号）的要求，由各省、自治区、直辖市及所属地区自行出台相应的登记管理办法。因此，兴办家庭农场前，要充分了解所在省（区、市）及地区的家庭农场认定条件。

（一）认定条件

申请家庭农场认定，各省（区、市）及地区对具备条件的要求大体相同，如必须是农民户籍、以家庭成员为主要劳动力、依法获得的土地、适度规模、生产经营活动有完整的财务收支核算等条件。但是，因各省（区、市）地域条件及经济发展状况的差异，需要咨询当地有关部门。

（二）认定程序

各省（区、市）对家庭农场认定的一般程序基本一致，经过申报、初审、审核、评审、公示、颁证和备案等七个步骤（见图 2-5）。

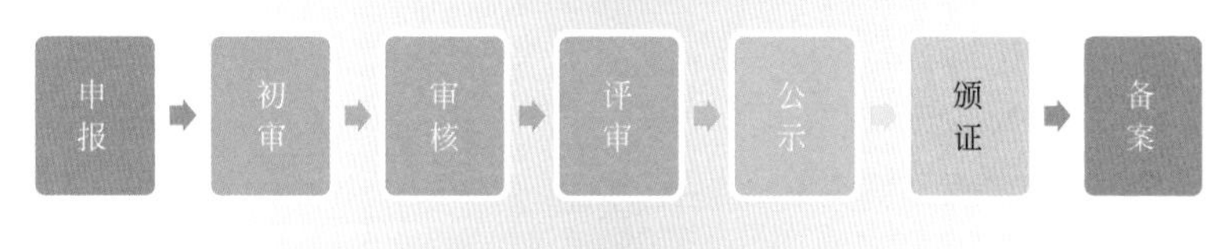

图 2-5 家庭农场认定一般程序

1. 申报

农户向所在乡镇人民政府（街道办事处）提出家庭农场认定申请，并提供以下材料原件和复印件。

（1）认定申请书

附：家庭农场认定申请书（仅供参考）

申　请

县农业农村局：

我叫 ×××，家住 ×× 镇 ×× 村 × 组，家有 × 口人，有劳动能力 × 人，全家人一直以肉羊养殖为主，取得了很可观的经济收入，同时也掌握了科学养羊的技术和积累了丰富的养羊场经营管理经验。

我本人现有羊舍×栋，面积×××平方米，年出栏商品肉羊1000只。羊场用地×××亩（其中自有承包村集体土地××亩，流转期限在10年的土地××亩），具有正规合法的《农村土地承包经营权证》和《农村土地承包经营权流转合同》等经营土地证明。用于种植的土地相对集中连片，土壤肥沃，适宜于种植有机饲料原料，生产的有机饲料原料可满足本场肉羊的生产需要。因此，我决定申办养肉羊家庭农场，扩大生产规模，并对周边其他养羊户起示范带动作用。

此致

敬礼

申请人：××

20××年××月××日

（2）申请人身份证

（3）农户基本情况（从业人员情况、生产类别、规模、技术装备、经营情况等）

附：家庭农场认定申请表（仅供参考）

家庭农场认定申请表

填报日期：　　年　月　日

<table>
<tr><td>申请人姓名</td><td></td><td>详细地址</td><td colspan="3"></td></tr>
<tr><td>性别</td><td></td><td>身份证号码</td><td></td><td>年龄</td><td></td></tr>
<tr><td>籍贯</td><td colspan="2"></td><td>学历技能特长</td><td colspan="2"></td></tr>
<tr><td>家庭从业人数</td><td colspan="2"></td><td>联系电话</td><td colspan="2"></td></tr>
<tr><td>生产规模</td><td colspan="2"></td><td>其中连片面积</td><td colspan="2"></td></tr>
<tr><td>年产值</td><td colspan="2"></td><td>纯收入</td><td colspan="2"></td></tr>
<tr><td>产业类型</td><td colspan="2"></td><td>主要产品</td><td colspan="2"></td></tr>
<tr><td>基本经营情况</td><td colspan="5"></td></tr>
<tr><td>村（居）民委员会意见</td><td colspan="2"></td><td>乡镇（街道）审核意见</td><td colspan="2"></td></tr>
</table>

续表

县级农业行政主管部门评审意见	
备案情况	

（4）土地承包、土地流转合同或承包经营权证书等证明材料

附：土地流转合同范本

土地流转合同范本

甲方（流出方）：____________

乙方（流入方）：____________

双方同意对甲方享有承包经营权、使用权的土地在有效期限内进行流转，根据《中华人民共和国合同法》《中华人民共和国农村土地承包法》《中华人民共和国农村土地承包经营权流转管理办法》及其他有关法律法规的规定，本着公正、平等、自愿、互利、有偿的原则，经充分协商，订立本合同。

一、流转标的

甲方同意将其承包经营的位于___________县（市）__________乡（镇）__________村______组______亩土地的承包经营权流转给乙方从事___________________生产经营。

二、流转土地方式、用途

甲方采用转包、出租的方式将其承包经营的土地流转给乙方经营。

乙方不得改变流转土地用途，用于非农生产，合同双方约定__________________。

三、土地承包经营权流转的期限和起止日期

双方约定土地承包经营权流转期限为____年，从______年_____月_____日起，至_________年______月_____日止，期限不得超过承包土地的期限。

四、流转土地的种类、面积、等级、位置

甲方将承包的耕地 ______ 亩流转给乙方，该土地位于 __________

________________________。

五、流转价款、补偿费用及支付方式、时间

合同双方约定，土地流转费用以现金（实物）支付。乙方同意每年 ____ 月 _____ 日前分 _____ 次，按 ______ 元/亩或实物 _____ 千克/亩，合计 ________ 元流转价款支付给甲方。

六、土地交付、收回的时间与方式

甲方应于 ________ 年 _____ 月 ______ 日前将流转土地交付乙方。乙方应于 ________ 年 _____ 月 _____ 日前将流转土地交回甲方。

交付、交回方式为 ____________。并由双方指定的第三人 __________ 予以监证。

七、甲方的权利和义务

（一）按照合同规定收取土地流转费用和补偿费用，按照合同约定的期限交付、收回流转的土地。

（二）协助和督促乙方按合同行使土地经营权，合理、环保、正常使用土地，协助解决该土地在使用中产生的用水、用电、道路、边界及其他方面的纠纷，不得干预乙方正常的生产经营活动。

（三）不得将该土地在合同规定的期限内再流转。

八、乙方的权利和义务

（一）按合同约定流转的土地具有在国家法律、法规和政策允许范围内，从事生产经营活动的自主生产经营权，经营决策权，产品收益、处置权。

（二）按照合同规定按时足额交纳土地流转费用及补偿费用，不得擅自改变流转土地用途，不得使其荒芜，不得对土地、水源进行毁灭性、破坏性、伤害性的操作和生产。履约期间不能依法保护、造成损失的，乙方自行承担责任。

（三）未经甲方同意或终止合同，土地不得擅自流转。

九、合同的变更和解除

有下列情况之一者，本合同可以变更或解除。

（一）经当事人双方协商一致，又不损害国家、集体和个人利益的；

（二）订立合同所依据的国家政策发生重大调整和变化的；

（三）一方违约，使合同无法履行的；

（四）乙方丧失经营能力使合同不能履行的；

（五）因不可抗力使合同无法履行的。

十、违约责任

（一）甲方不按合同规定时间向乙方交付流转土地或不完全交付流转土地，应向乙方支付违约金 ________ 元。

（二）甲方违约干预乙方生产经营，擅自变更或解除合同，给乙方造成损失的，由甲方承担赔偿责任，应支付乙方赔偿金 ________ 元。

（三）乙方不按合同规定时间向甲方交回流转土地或不完全交回流转土地，应向甲方支付违约金 ________ 元。

（四）乙方违背合同规定，给甲方造成损失的，由乙方承担赔偿责任，向甲方支付赔偿金 ________ 元。

（五）乙方有下列情况之一者，甲方有权收回土地经营权。

1. 不按合同规定用途使用土地的；

2. 对土地、水源进行毁灭性、破坏性、伤害性的操作和生产，荒芜土地的，破坏地上附着物的；

3. 不按时交纳土地流转费用的。

十一、特别约定

（一）本合同在土地流转过程中，如遇国家征用或农业基础设施使用该土地时，双方应无条件服从，并约定按以下第 ________ 种方式获取国家征用土地补偿费和地上种苗、构筑物补偿费。

1. 甲方收取；

2. 乙方收取；

3. 双方各自收取 ________%；

4. 甲方收取土地补偿费，乙方收取地上种苗、构筑物补偿费。

（二）本合同履约期间，不因集体经济组织的分立、合并，负责人变更，双方法定代表人变更而变更或解除。

（三）本合同终止，原土地上新建附着构筑物，双方同意按以下第 ________ 种方式处理。

1. 归甲方所有，甲方不做补偿；

2. 归甲方所有，甲方合理补偿乙方 ________ 元；

3. 由乙方按时拆除，恢复原貌，甲方不做补偿。

（四）国家征用土地，乡（镇）土地流转管理部门、村集体经济组织、村委会收回原土地重新分配使用，本合同终止。土地收回重新分配给甲方或新承包经营人使用后，乙方应重新签订土地流转合同。

十二、争议的解决方式

在履行本合同过程中发生的争议，由双方协商解决，也可由辖区的市场监督管理部门调解；协商或调解不成的，按下列第 ________ 种方式解决。

1. 提交仲裁委员会仲裁；

2. 依法向 ____________ 人民法院起诉。

十三、其他约定

本合同一式四份，甲方、乙方各一份，乡（镇）土地流转管理部门、村集体经济组织或村委会（原发包人）各一份，自双方签字或盖章之日起生效。

如果是转让土地合同，应以原发包人同意之日起生效。

本合同未尽事宜，由双方共同协商，达成一致意见，形成书面补充协议。补充协议与本合同具有同等法律效力。

双方约定的其他事项 ______________________________。

甲方：

乙方：

年 月 日

（5）从事养殖业的须提供《动物防疫条件合格证》。

（6）其他有关证明材料。

2. 初审

乡镇人民政府（街道办事处）负责初审有关凭证材料原件与复印件的真实性，签署意见，报送县级农业农村行政主管部门。

3. 审核

县级农业农村行政主管部门负责对申报材料的真实性进行审核，并组织人员进行实地考察，形成审核意见。

4. 评审

县级农业农村行政主管部门组织评审，按照认定条件进行审查，综合评价，提出认定意见。

5. 公示

经认定的家庭农场，在县级农业农村信息网等公开媒体上进行公示，公示期不少于 7 天。

6. 颁证

公示期满后，如无异议，由县级农业农村行政主管部门发文公布名单，并颁发证书（见图 2-6）。

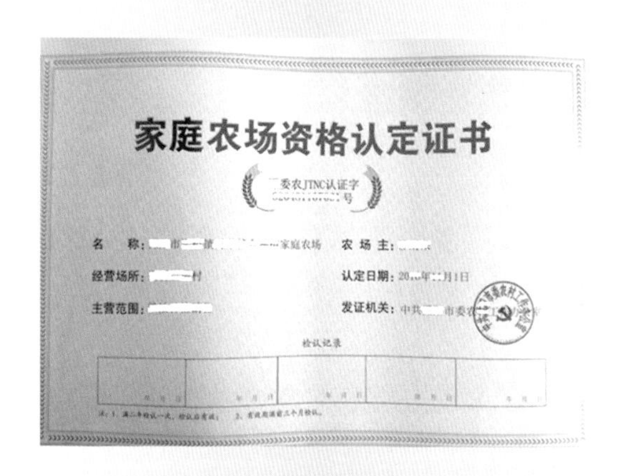

图 2-6　家庭农场资格认定证书

7. 备案

县级农业农村行政主管部门对认定的家庭农场申请、考察、审核等资料存档备查。由农民专业合作社审核申报的家庭农场要到乡镇人民政府（街道办事处）备案。

（三）注册

申办家庭农场应当依法注册登记，领取营业执照，取得市场主体资格。市场监督管理部门是家庭农场的登记机关，按照登记权限分工，负责本辖区内家庭农场的注册登记。

① 家庭农场可以根据生产规模和经营需要，申请设立为个体工商户、个人独资企业、普通合伙企业或者公司。

② 家庭农场申请工商登记的，其企业名称中可以使用“家庭农场”字样。以公司形式设立的家庭农场名称依次由行政区划+商号+“家庭农场”字样+“有限公司（或股份有限公司）”字样四个部分组成。以其他形式设立的家庭农场名称依次由行政区划+商号+“家庭农场”字样三个部分组成。其中，普通合伙企业应当在名称后标注“普通合伙”字样。

③ 家庭农场的经营范围应当根据其申请核定为“××（农作物名称）的种植、销售；××（家畜禽或水产品）的养殖、销售；种植、养殖技术服务”。

④ 法律、行政法规或者国务院规定属于企业登记前置审批项目的，应当向登记机关提交有关许可证件。

⑤ 家庭农场申请工商登记的，应当根据其申请的主体类型向市场监督管理部门提交国家市场监督管理总局规定的申请材料。

⑥ 家庭农场无法提交住所或者经营场所使用证明的，可以持乡镇、村委会出具的同意在该场所从事经营活动的相关证明办理注册登记。

第三章 养羊场建设与环境控制

为了给肉羊创造适宜的生活环境，保障肉羊的健康和生产的正常运行，规划建设时要符合生产工艺要求，养羊场场址的选择要有周密考虑、统筹安排和长远规划。肉羊舍建筑要根据当地的气温变化特点和养羊场生产、用途等因素确定，保证生产的顺利进行和畜牧兽医技术措施的实施，做到经济合理、技术可行。此外，肉羊舍修建还应尽量降低工程造价和设备投资，以降低生产成本，加快资金周转。

一、场址选择

选择一个合适的地方建设养羊场，是家庭农场养肉羊的基础工作。场地的选择既要符合国家的相关规定，又要满足养羊生产的需要；既要满足家庭农场一段时期内养羊的需要，又要为以后的发展留有空间。

（一）场址应位于法律、法规明确规定的禁养区以外

这个问题在第二章“满足环保要求”一节已经做了详细分析，这里就不再赘述。重申禁止在旅游区、自然保护区、水源保护区和环境公害污染严重的地区建场。这个条件是硬性的，谁都不能违反。另外，要了解所选地块是否符合这条要求，除了现场实地考察以外，必须到政府的规划和生态环境部门咨询，得到权威答复后方可动工兴建。

场址应距离生活饮用水源地、居民区、畜禽屠宰加工、交易场所和主要交通干线 500 米以上，其他畜禽养殖场 1000 米以上。最好有湖泊、山或密林作为天然相隔带。

（二）地势高燥，通风良好

地势应高燥，地下水位应在 2 米以下，切忌选择低洼潮湿场地。地势高，这样不易受洪水威胁，还可以保持羊舍内地面干燥，雨季也容易排走积水，减少疾病的发生和流行。

地势应避风向阳，有利于通风。养羊场不宜建于山坳和谷地以防止在养羊场上空形成空气涡流，夏季不通风，非常炎热，另外污浊空气排不走，常年空气质量恶劣，不利于羊只生长和生产管理。

地形要开阔整齐，地面应平坦或稍有缓坡，以利排水排污。场地平坦，开阔整齐，便于施工。一般坡度以 1%～3% 为宜，最大不超过 25%。

土质要求土壤透气透水性要强，吸湿性和导热性要小，质地均匀，抗压性强，且未受病原微生物的污染。沙土透气透水性强，吸湿性小，但导热性强，易增温和降温。黏土透气透水性弱，吸湿性强，抗压性弱不利于建筑物的稳固，导热性小。砂壤土兼具沙土和黏土的优点，是理想的建场土壤，但不必苛求。

场址应位于居民区常年主导风向的下风向或侧风向。

（三）交通便利

养羊场场址交通便利与养羊场防疫是个相互矛盾的问题，因为一方面养羊场需要运输大量的饲草料，出售种羊、育肥羊、羔羊，还有羊粪需要外运处理，尤其是北方的冬季，大雪封路，如果道路不便，对养羊场正常生产的影响很大，可见交通便利对养羊场太重要了。另一方面从生物安全、饲养管理和环境保护要求的角度，与养羊场周边又要有一定的防疫隔离距离，同时还要不能因为养羊场的存在而影响周边居民单位的正常生活，可见这些对养羊场的生存同样重要。

选择场址时这些方面都要给予充分的考虑。不能太靠近主要交通干道，在场区通往主干道之间应有可以修整利用的现有旧路或自辟新路。

必须考虑到道路要具有一定强度和宽度，能够保证大型拖拉机和卡车可全年通行，以确保饲草料的分送和羊只的运输等。

（四）水质达标，供应稳定

羊对饮用水的水质要求也非常高，水质要符合《无公害食品　畜禽饮用水水质》（NY 5027—2008）要求。在选址时要检测水中的细菌是否超标，水中含氟、砷等各种矿物质离子是否过高，人是否可以饮用等，都要在选址时事先了解清楚。如水中的固体物质含量在 150 毫克左右是理想的，低于 5000 毫克对幼畜无害，超过 7000 毫克可致腹泻，超过 10000 毫克就不能使用。所以在建场之前应到有关机构检测该场地的地下水水量及水质是否达标。同时，水源水量必须能满足场内生活用水、羊只饮用及饲养管理用水（如清洗调制饲草料、冲洗羊舍、清洗机具和用具等）的要求。如果水源不足将会严重影响养羊场的正常生产和生活。

在场址上开始建设之前，应先建立自己的水源。所打的井要有一定的深度，无流速慢、泥沙或其他问题，必须能获取优质水。对于一个新的场址，第一步应先打一眼井。

如果所选场址的水源不能满足整个养羊场的要求，只有另选场址一条路可走，不能指望从外边拉水吃来解决供水问题。

（五）电力供应充足

规模养羊场的饲料加工、羊舍照明、人员生活等都离不开电，选址时必须保证可靠的电力供应，变压器的容量及距离场区的距离都要计算是否能够满足养羊场的需要，使用较大马力的电机进行饲料加工、谷物干燥和粪便的泵抽处理，首先要考虑到电源的可能性。

养羊场应距供电源头近一些，这样可以节省输电成本开支。供电要求电压稳定，少停电。

（六）粪污处理科学合理

养羊场的粪污主要是羊粪，而羊粪是一种速效、微碱性肥料，有机质多，肥效快，适于各种土壤施用。目前养羊场粪污处理利用的主要方式是用作农作物肥料，即羊粪经传统的堆积发酵处理后还田。羊粪还可与经过粉碎的秸秆、生物菌搅拌后，利用生物发酵技术，对羊粪进行发酵，制成有机肥。

南方地区由于气候潮湿、温度较高，尤其是夏季高温高湿，所以南方多数省份主要采用高床式养羊。高床式羊圈建设主要采用漏缝地板，这种方式具有干燥、通风、粪便易于清除等优点，可以大大减少羊疾病的发生。粪便收集主要采取人工清粪方式，规模化程度高的养羊场采取机械方式清粪。

北方地区由于气候较南方干燥，所以圈舍内的羊粪含水量较低，可定期或育肥羊出栏后一次性清理。养羊场羊粪通常采用机械或人工方法清理固体粪便。

小贴士：

养羊场一旦建成，位置将不可更改，如果位置非常糟糕的话，几乎不可能维持羊群的长期健康。可以说，场址选择的好坏，直接影响着养羊场将来生产和羊场的经济效益。因此，养羊场选址应根据养羊场的性质、规模、地形、地势、水源、当地气候条件及能源供应、交通运输、产品销售，与周围工厂、居民点及其他畜禽场地的距离，当地农业生产、养羊场粪污消纳能力等条件，进行全面调查，周密计划，综合分析后才能选择好场址。

二、场区规划与布局

要建设好一个规模化的养羊场，最重要的因素是有一个科学合理的整体规划设计。

场区规划本着科学合理、整齐紧凑，既有利于生产管理，又便于动物防疫的原则。既要符合法律、法规的规定，又要因地制宜，遵循养羊生产的规律，综合考虑防疫、规模化、集约化养羊的生产规律和经济实用性等因素。

（一）场区规划

规模化养羊场规划设计的各个因素是一个有机的整体，设计时不能过分强调某个方面，要相互兼容，相互照顾，因地制宜，合理设计，合理分配投资，求得较好的经济、社会效益，这才是我们的最终目的。场区规划要求：

① 选择合适的养羊场布局结构对羊群保持长期的良好生产成绩至关重要，虽然分区生产增加了基础设施投资，并可能增加预期的生产管理费用，但实践证明，这种投入从长远观点看回报是非常丰厚的。

② 养羊场应合理分区。养羊场分生活管理区（包括办公室、食堂、值班监控室、消毒室、消毒通道、技术服务室）、生产区（包括羊舍、人工授精室、兽医室、饲草料库房和饲养员住所）、废弃物及无害化处理区（病羊隔离室、病死羊无害化处理间和粪污无害化处理设施，包括沼气池、粪便堆积发酵池等）三部分。

牧区场区中生活建筑、草料储存场所、圈舍和粪污堆积区宜有固定设施分离。

③ 净道与污道分开。净道是运输饲料和人员活动的通道，需要干净卫生。而污道则是处理垃圾和销售羊的道路，是不可能做到干净卫生的。如果净道和污道并在一起，随时都有可能将垃圾里的东西混入饲料里或人身上，进而感染羊群。净道主要用于饲养员行走、运料和畜禽周转等，污道主要用于粪便等废弃物运出。

养羊场将污道设在地下，如设地下排污管道、漏缝地板等，既不占地面面积，又能做到净污道分开。

④ 设计合理的排污方式。雨水与污水分离，有组织地将雨水排到场外，避免积水、漏水、渗水，将它对生活和生产的影响降到最低，减少蚊蝇的滋生场所。污水应采用暗沟排入污水处理区，污水处理区应配备防雨设施。

首先应在羊舍内、生产区外尽量做好干稀分离，然后将各个羊舍的污水集中在每个区域粪坑中，最后将每个区域的粪水汇流到化粪池区域做环保处理。每个羊舍和区域要能独立控制，避免受其他羊舍和区域的影响。

排污管道应光滑并具有足够的强度，主管道的直径应不小于 300 毫米，并设置合理间距的检查井，一般不大于 9 米。排水坡度合理，排污管道不应有破损或压坏，避免雨污混流，增加处理污水的压力。

⑤ 场区门口、生产区入口应设有消毒设施（见图3-1），生产区入口同时设有更衣消毒室。宜有专用药浴设施。

⑥ 养羊场周围应建设防疫隔离带，可采用围墙、铁丝网等（见图3-2）。

图3-1 场区门口设消毒池实例

图3-2 羊舍环境实例

小贴士：

养羊场建设可分期进行，但总体规划设计要一次完成。切忌边建设边设计边生产，导致布局凌乱，特别是如果附属设施资源各生产区不能共享，不仅造成浪费，还会给生产管理带来麻烦。养羊场规划设计涉及气候环境、地质土壤、羊的生物学特性、生理习性、建筑知识等等各个方面，要多参考借鉴正在运行养羊场的成功经验，请教经验丰富的实战专家，或请专业设计团队来设计，少走弯路，确保一次成功，不花冤枉钱。

（二）场区布局

各功能区的布局要求：生活管理区、生产区、粪污处理与病死羊无害化处理区，各区相距 50 米以上（见图 3-3）。出羊台与生产区保持严格隔离状态。

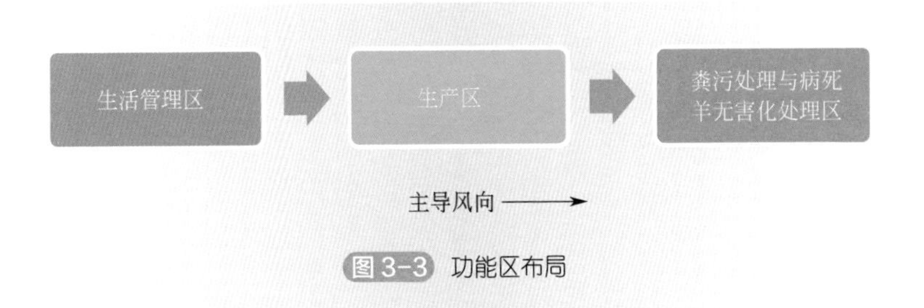

图 3-3 功能区布局

生活管理区、生产区处于上风向，粪污处理与病死羊无害化处理区处于下风向，并距生产区一定距离，由围墙和绿化带隔开；生产区入口处应设消毒通道。养羊场、养羊小区周围应建有围墙或其他隔离设施，场区内各功能区域之间设置围墙或绿化隔离带，以便于防火及调节生产环境等。

在布局时还要做到，凡属功能相同的建筑物应尽量集中和靠近。供料、供水、供电设施应设在距羊舍路程较短的生产区中心地带。母羊舍、公羊舍、羔羊舍、育成羊舍、育肥羊舍等各栋羊舍均应平行整齐排列（一行和二行排列），并有利于羊舍的通风、采光、防暑和防寒。

用于引进后备羊进入生产羊群前进行隔离、适应的隔离适应舍，应距离生产区 500 米以上，且具有独立的通风、排污设施。

养羊场区内净道和污道分开，人员、畜禽和物资运转采取单一流向。

小贴士：

家庭农场主对养羊场建设缺乏专业知识、不重视、随意性大，导致建成后的设施不规范、不科学。养羊场投入运营后，不合理的地方就会陆续暴露出来，不但造成资金的浪费，而且会影响养羊场正常的生产运营，最终影响的是养羊场的效益，悔之晚矣！

三、羊舍建筑与设施配置

（一）羊舍建筑

1. 羊舍分区

羊舍功能上可分区为母羊舍、公羊舍、羔羊舍、育成羊舍、育肥羊舍；或母羊舍、公羊舍、羔羊舍、育成 - 育肥羊舍。

自繁自养养羊场和羔羊繁育场宜配备独立的后备羊隔离适应舍。

2. 羊舍面积要求

单栏饲养种公羊每只羊舍占地面积为 4 ～ 6 平方米，群饲种公羊每只羊舍占地面积为 2 ～ 2.5 平方米；种母羊（含妊娠母羊）每只羊舍占地面积为 1 ～ 2 平方米；育成公羊每只羊舍占地面积为 0.7 ～ 1 平方米；育成母羊每只羊舍占地面积为

0.7 ～ 0.8 平方米；断奶羔羊每只羊舍占地面积为 0.4 ～ 0.5 平方米；育肥羊每只羊舍占地面积为 0.6 ～ 0.8 平方米；各类羊只运动场面积为羊舍面积的 2 ～ 4 倍。

3. 羊舍建设要求

羊舍的样式有多种，不同性别、不同生理阶段的羊对环境及设备的要求不同，建设羊舍内部结构时应根据羊的生理特点和生物学特性，合理布置羊栏、过道和饲料、粪便运送路线，选择适宜的生产工艺和饲养管理方式，提高劳动效率。一栋理想的羊舍应满足以下要求：

① 设计合理，能够实现“全进全出”的管理要求。“全进全出”是设计羊舍、安排栏位摆放时必须予以考虑和无条件满足的基础和前提。

② 根据本地具体情况可建成封闭式、半封闭式、开放式羊舍。

③ 羊舍建筑应满足防寒、防暑、通风和采光的要求。羊舍要求冬暖夏凉，能够保温、隔热，封闭式羊舍内温度应保持恒定。羊舍良好的保温、隔热措施可能意味着需要更多的投资，但是这样可以使羊群在极端气候条件下免受生产损失，特别是在羔羊舍，好的生产条件可能对成活率等主要生产指标产生显著影响，从而影响到整个养羊场的经济效益。南方的羊舍要具有适宜的降温系统，北方的羊舍要具有增温系统，使夏季和冬季羊舍内温度保持在适宜范围。

④ 要具有良好的通风换气设施，使舍内空气保持清洁。封闭式羊舍宜安装新风系统，可有效解决舍内空气质量差的问题。

⑤ 羊舍内应保持干燥卫生，潮湿多雨地区宜采用高床漏缝地板。要有适宜的排污系统，羊舍内的任何位置都不应有积水，舍内的栏面应易于清洁、冲洗和消毒。

⑥ 具有饲喂、饮水及清粪设施设备，供水、供电设施设备齐全，满足生产需要。要有严格的消毒措施和消毒设施装置。

⑦ 要有良好的饮水设施，舍内和运动场都要有饮水槽，并有在冬季能使饮水加温的设施，运动场饮水槽的顶部要安装遮雨棚。

⑧ 羊舍应设运动场，运动场地面平坦、不起尘土、排水良好。夏季炎热地区有遮阳设施，四周设围栏。运动场应有专用补饲设施。

⑨ 便于实行科学的饲养管理，在建筑羊舍时应充分考虑到符合养羊生产工艺流程的需要。做到操作方便，降低劳动生产强度，提高管理定额，充分提供劳动安全和劳动保护条件。

4. 羊舍建筑

羊舍是养羊的基础，在建设时必须充分考虑到各个细节，以免为以后的饲养管理带来隐患。

（1）羊舍的样式

① 房屋式羊舍。房屋式羊舍是养羊场普遍采用的羊舍类型之一，多在北方地区使用（见图 3-4、图 3-5 和视频 3-1、视频 3-2）。在建造时主要从保温的角度考虑得多，羊舍朝向多为坐北朝南，呈长方形的布局，前面有运动场，运动场内设水槽和饲槽，实行高床饲养的在床上设饲槽和水槽，地面饲养的在舍内一般不设饲槽。

视频 3-1 羊舍实例

羊舍高度应根据饲养地区气候和经营习惯而定。季节温差相对小的暖和地区舍墙高度应为 2.8 ～ 3.0 米，寒冷地区墙高为 2.4 ～ 2.6 米。羊舍净高（地面至顶棚的高度）2.0～2.4 米。羊群越大羊舍相对越高，以扩大空间，保证足量的空气流通。

视频 3-2 塑料大棚羊舍

图 3-4 房屋式羊舍

图 3-5 房顶采光式羊舍

墙壁用料根据经济条件决定，以混凝土基础彩钢夹芯板、砖混、石头结构均可。墙厚度有半砖墙（一二墙）、一砖墙（二四墙）、一砖半墙（三七墙）等。墙越厚，保暖性能越强。

羊舍屋顶有双面起脊式、单面起脊式和平顶式 3 种。屋顶材料以彩钢夹芯板为最佳，其次是水泥瓦、陶瓦、石棉瓦等。

双列式羊舍大门开在羊舍的两端，单列式羊舍大门开在中间或两端。羊入舍时经常拥挤，最好用双扇门（三七门）。门宽 2.2 ～ 2.5 米，高 1.8 ～ 2.0 米。根据羊舍长度和羊群数量的多少设置门的数量，一般长方形羊舍不少于 2 个门。门槛应与舍内地面等高，舍内地面应高于舍外运动场地面，以防止雨水倒流。

窗户面积根据各地气候条件设置，一般窗户面积与羊舍地面面积的比例为 1∶15，高度为 0.7 ～ 1.0 米，宽度为 1.0 ～ 1.2 米，窗台距离地面高 1.3 ～ 1.5 米。视羊的用途和不同生理阶段酌情放大或缩小。种公羊舍和成年母羊舍可适当大些，产羔室或育成羊舍应小些。

运动场一般单列式羊舍设在羊舍的南面，双列式羊舍南、北各设一个。运动场地面应低于羊舍地面 60 厘米以下，由舍墙根开始向外缓缓倾斜，以砂壤土质为好，以便于排水和保持干燥。周围设金属网、木板条围栏，围栏高度 1.4 ～ 1.6 米。运动场可用围栏再隔离成独立的小运动场，一般与舍内羊栏一一对应，在羊舍窗户底下开设可开闭的门洞与运动场相通，供羊只出入。

② 楼式羊舍。楼式羊舍主要是在南方气候炎热、多雨潮湿和缓坡草地面积较大的长江以南多雨地区使用。楼式羊舍又称吊脚楼羊舍，夏季羊在楼板上休息活动，可以达到凉爽、通风、防潮、防热的目的；冬季羊可以在楼下活动和休息。

楼式羊舍采用单列式木、砖或钢筋混凝土预制等结构形式，为楼式结构，吊楼下为接粪斜坡地，吊楼上是羊舍（见图 3-6、图 3-7）。楼台距离地面高 1 ～ 2 米，用水泥漏缝预制件或木条铺设，缝隙 1 ～ 1.5 厘米，楼板下为接粪坡，再与粪池连接。羊舍的运动场位于地面，用片石砌成围墙，也可用围栏代替，围墙一般高 1.5 ～ 2 米，运动场面积是羊舍的 2 ～ 3 倍。楼上设置饮水器或水槽等饮水设施，让羊随时都能喝到洁净的水。饲槽可用木板钉制，槽口高度应该与羊背相平，设置在楼上。

图 3-6 木结构楼式羊舍

图 3-7 砖瓦结构楼式羊舍

这种羊舍结构简单，投资较少。羊舍楼板与地面有一定高度，通风透气，防潮防暑，又便于冬季采取防寒保暖措施。羊只排出的粪便自行从板缝间排下，清洁卫生，无粪尿污染，羊只不与粪便接触，避免了体内寄生虫的相互感染，可减少羊只的发病率，同时又降低了饲养人员的劳动量。适合南方天气炎热、多雨潮湿地区。

楼式羊舍需要注意冬季的防风保温问题，因为寒冷的冬季，冷风可直接从漏缝地板下吹入舍内，羊舍的保暖以及羊只的生长都将受到很大的影响。

③ 棚式羊舍。棚式羊舍适宜在气候温暖的地区使用。特点是结构简单、比封闭式羊舍造价低、光线充足、通风良好（见图 3-8、图 3-9）。简易的棚式羊舍夏季可作为凉棚，雨雪天可作为补饲的场所。这种羊舍可以建成三面有墙，羊棚的开口在向阳面，前面为运动场的形式，羊群冬季夜间进入棚内，平时在运动场过夜。

图 3-8 棚式羊舍

图 3-9 棚式羊舍养羊实例

④ 塑料大棚羊舍。搭建塑料大棚羊舍，利用白天太阳能

的蓄积和羊体自身散发的热量，提高冬季羊舍内温度，改善羊舍内的生产条件，防止羊只掉膘，减少了羔羊死亡，增加了经济效益。在北方地区的寒冷季节（1～2月份和11～12月份），塑料大棚羊舍内的最高温度可达5～8℃。尽量为羊群创造一个稳定、舒适的小环境，以发挥其最大的生产潜力。

骨架材料可选用木材、钢材、竹竿、铁丝、包塑钢丝绳和铝材等。塑料薄膜可选用白色透明、透光好、强度大、抗老化、防滴和保温好的膜，如聚氯乙烯膜、聚乙烯膜、无滴膜等。塑料大棚羊舍可修成单斜面式、双斜面式、半拱形和拱形。薄膜可覆盖单层，也可覆盖双层。棚内圈舍排列，既可为单列，也可修成双列（见图3-10、图3-11）。

图3-10 塑料大棚羊舍

图3-11 塑料大棚羊舍养羊实例

面积应根据饲养规模而定，每只羊要保证1～2平方米的面积。规模化养羊场的羊舍长度以50～80米为宜。一般为中梁高2.5米，后墙高1.7米，前墙高1.2米。羊舍门高1.8米，宽1.2米，设于棚舍山墙，供羊只出入。在前沿墙基处设进气孔，棚顶设百叶窗式排气孔，一般排气孔是进气孔的2倍。羊舍的地面以砖地面适宜，便于清理与消毒。

朝向和光照角度，应考虑当地太阳高度角，要求塑料坡面与地面构成适宜的屋面角，最好使阳光垂直透过塑料。华北和西北地区修建塑料大棚时适宜的屋面角可为45°～60°，大棚宜坐北向南偏东5°～8°。东北地区塑料大棚朝向应以北朝南偏西5° 左右为宜，屋面角可为10°～30°。

北方地区冬季寒流经常来袭，西北风盛行，羊舍在搭建上要注意结实耐用，能够抵抗大风的侵袭。为防止大雪融化压垮大棚，大棚的跨度不宜过大，便于积雪清理。一般棚面以达到30° 以上的坡度为好，小雪自己下滑融化，大雪及时扫除积雪。

（2）地面　羊舍地面是羊舍建筑中重要组成部分，是羊运动、采食和排泄的地方，对羊只的健康有直接影响。

地面应具备的基本要求是：坚实、致密、平坦、有弹性、不硬、不滑；有利于消毒排污；保温、不冷、不渗水、不潮湿；经济适用等。当前羊舍建筑中，很难有一种材料能满足上述诸要求，因此在建设羊舍地面时，应综合考虑所用材料的优缺点，以及当地材料取得的难易程度，确定适合本场的地面材料。为克服材料的不足，可以采取不同部位采用不同材料，取长补短，以达到良好的效果。如舍内过道采用水泥地面，羊床采用木质、土质、砖砌、漏缝地板等地面，活动场采用黄沙、土质等地面。

通常羊舍的地面有土质地面、砖砌地面、水泥地面、黄沙地面和木质地面等，另外还有地面铺设漏缝地板的（漏缝地板的底下是粪沟）。

① 土质地面。土质地面属于暖地面（软地面）类型。土质地面柔软，富有弹性也不光滑，易于保温，造价低廉；缺点是不够坚固，遇水易变烂，容易出现小坑，易形成潮湿的环境，也不便于清扫和消毒。羊容易患腐蹄病，只适合于干燥地区。

用土质地面时，应夯实地面。也可混入石灰增强黄土的黏固性，也可用三合土（石灰∶碎石∶黏土为1∶2∶4）地面。

② 砖砌地面。砖砌地面属于冷地面（硬地面）类型，应用最普遍。优点是因砖的空隙较多，导热性小，具有一定的保温性能，便于清扫和消毒；缺点是羊舍粪尿相混的污水较多时，容易造成不良环境。又由于砖地易吸收大量水分，破坏其本身的导热性而变冷变硬。砖地吸水后，经冻易破碎，加上本身磨损的特点，容易形成坑穴，对羊蹄发育不利。

用砖砌地面时，砖宜立砌，不宜平铺。

③ 水泥地面。水泥地面也称为混凝土地面，属于硬地面类型，应用较普遍。其优点是结实、不透水、便于清扫和消毒；缺点是造价高，地面太硬，对羊蹄发育不利，导热性强，保温性能差。

为防止地面湿滑，可将表面做成麻面，且坡度不宜太大。

④ 黄沙地面。黄沙主要是普通沙，指自然山沙和河沙，是由坚硬的天然岩石经自然风化逐渐形成的疏散颗粒混合物，属于软地面类型。用黄沙铺羊舍地面，具有松软、流动性和透水性强、不伤羊蹄、管理简单等优点；缺点是导热性强，保温性能差。适合黄沙资源丰富的地区。

质量好的沙子用手攒沙不粘手、不成团。羊舍一般铺黄沙的厚度在10厘米以上，羊排出的粪便直接与黄沙混合，尿液自然蒸发。经过一段时间后，将混有羊粪便的黄沙彻底清除，再更换新的黄沙。

⑤ 木质地面。木质地面属于软质、保暖地面。具有结实、有弹性、不冷、不硬、保温、可保护羊蹄等优点；缺点是造价较高。主要用在羊床上，特别是高床养羊较为合适。一般采用木板或木条。

⑥ 漏缝地板。漏缝地板的制作材料有水泥、竹条、木条和金属网等。漏缝地板能给羊提供干燥的卧地，具有干燥、通风、粪便易于清除等优点，可以大大减少羊疾病的发生。漏缝

地板距离地面的高度为 80 ～ 100 厘米，缝隙宽度以 1 厘米左右为宜。在温度较低的地方或冬季，应在漏缝地板上放置木质羊床供羊躺卧。适合养殖条件好的规模化舍饲养羊场采用，特别是气候潮湿、温度较高的南方地区。

（二）设施配置

养羊场要配备完善的肉羊养殖设备。羊舍的主要设备包括羊床、围栏、饲喂设备、饮水设备、通风设备、人工授精设备、疾病诊疗设备、饲草料加工设备、称量设备、消毒设备、出羊平台、剪羊毛设备和其他设备和设施等。

1. 羊床

羊床是羊舍内必要的设施，尤其是高床舍饲养羊，必须使用羊床，给羊提供一个生活休息的地方。常见的羊床格栅板有：木条格栅、毛竹竖板格栅（见图 3-12）、塑料复合材料漏缝地板（见图 3-13）、水泥预制漏缝地板（见图 3-14）等。木条格栅和毛竹平板格栅容易损坏；毛竹竖板容易造成羊蹄畸形，但公羊爬跨会受抑制；塑料复合材料制和水泥预制格栅成本较高，坚固耐用，应该对羊生长最为有利。格栅一般以 1 ～ 1.5 厘米为宜，格栅缝隙太小，羊粪不易落下；缝隙太大，羊失足插入缝隙容易造成骨折，尤其在公羊爬跨时容易失足。羊床栏杆可横可竖，但要坚固，每栏之间要留门互通，便于最后卖羊操作。每栏或两到三栏设一个栏门，同时设计一个可以方便羊称重的活动栏，便于掌握平时羊群的生长情况。羊床宽度以 1.2 ～ 1.3 米为宜，过宽没有意义。羊圈分栏长度根据房屋情况，以 2 ～ 4 米为宜，不宜过长，饲养密度为 1 米栏长安排 3 ～ 4 只羊，过长则单栏羊只数过多，不利生长。羊床高度以方便清理羊粪为宜，高度大概在 0.8 ～ 1 米。

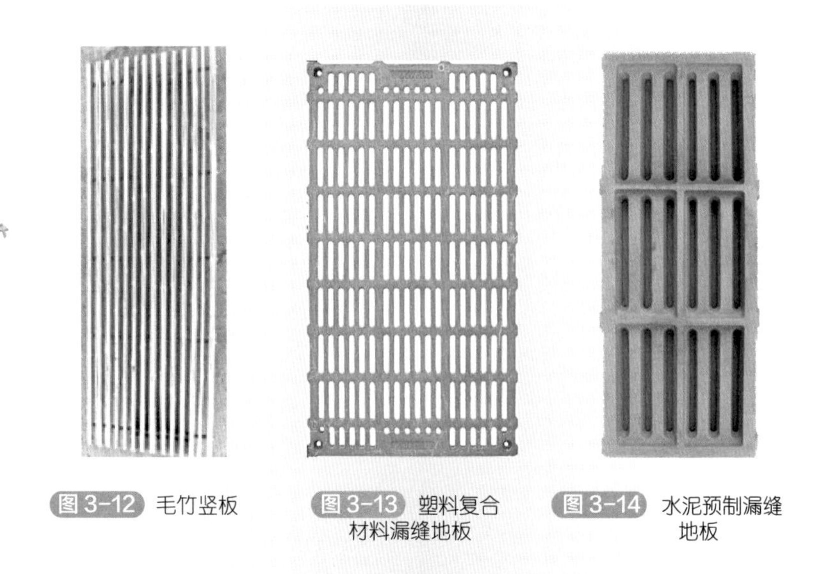

图3-12 毛竹竖板

图3-13 塑料复合材料漏缝地板

图3-14 水泥预制漏缝地板

2. 围栏

围栏有移动式和固定式，包括羔羊补饲栏、母仔栏、分群栏等，材料可用木料、钢筋、钢管和铁丝网等（见图3-15）。形状多样，长度根据羊舍的空间决定。公羊围栏高1.4～1.6米，母羊1.2～1.4米，羔羊1.0米。

（1）羔羊补饲栏　羔羊补饲栏是专门为羔羊圈出一块单独吃料的地方，栏面积可按每只羔羊0.15平方米计算。补饲栏进出口宽约20厘米，高40厘米，以不挤压羔羊为宜。母羊进不去，只有羔羊能通过。肉羊羔羊补饲的粗饲料以苜蓿干草或优质青干草为好，用草架或吊把让羔羊自由采食。

（2）母仔栏　母仔栏是养羊场母羊产羔时候采用的设施，有活动式和固定式两种，采用活动式的比较多，根据需要搭设，在产羔期间安装使用，产羔期过后卸掉（见图3-16）。优点是可充分利用羊舍面积，灵活不占用固定空间。可用钢筋、木板条、铁丝网或木板制成，高度1米、长1.2～1.5米，每个面积为3～4平方米。可以加装加热装置（红外线灯或电热板）来保证羔羊有一个适宜的温度。一般每10只母羊配备1个母仔栏。

图3-15 移动式围栏

图3-16 母仔栏

（3）分群栏　当羊群进行羊只鉴定、分群及防疫注射时，需要临时用分群栏把羊按照要求分隔开。分群栏的长度根据需要分隔羊群数量的多少决定，场地大的可专门用分群栏围出羊通道，在通道两侧设置羊圈，通道长度在7～10米左右，宽度比羊体稍宽，保证羊在通道内单向行进，不能转身即可。

3. 饲喂设备

饲喂设备包括饲槽（固定式饲槽、移动式饲槽）、饲草袋、草料架、羔羊补饲槽和喂奶设备等。

（1）饲槽　饲槽的种类很多，主要有移动式长条形饲槽、固定式长条形饲槽、栅栏式长形饲槽和精料自动落料饲槽。饲槽可用木板、塑胶（见图 3-17）、水泥、金属板材、纤维玻璃钢等制成，饲槽的大小深浅要合适，饲喂粉料的食槽上宽 25 ～ 30 厘米、下宽 22 厘米、深 20 厘米左右，饲槽长度可以根据情况自行确定。通常饲槽大小以成年羊 25 厘米一个进食位、小羊 15 厘米一个进食位为准，有多少羊设多少进食位，进食位之间用栏杆隔开。槽底呈弧形，底部留一个排水孔，便于饲槽的清洗。最好能够调节高度，羊喜欢挑食，饲槽太低，羊朝里扒；饲槽太高，羊朝外拱。

视频 3-3 羊食槽

饲槽的安装最好离栏杆 1 ～ 2 厘米，栏杆留有可使羊头通过但羊身体不能通过的 15 厘米缝隙（视频 3-3）。

为了防止饲料污染导致腹泻可采用精料自动落料饲槽，羊只能从 20 厘米宽的缝隙中采食精料。

（2）饲草袋　饲草袋是一种用帆布等结实耐用的布料做的装饲草袋子，中间开一个圆口，挂在树上或墙上，供羊吃草用（见图 3-18），具有使用方便、灵活、实用、减少饲草污染等优点。

图 3-17 塑胶饲槽

图 3-18 饲草袋

（3）草料架　草料架是给羊饲喂干草的架子，采用草料架可以减少饲草料的污染和干草的浪费，防止羊只采食互相干扰。草料架可用钢筋或木板条制成，有固定于墙根的单面草料架，有排放在饲喂场地内的双面草料架，草料架高 1 米左右，间隔出 15～20 厘米宽的采食缝隙（见图 3-19）。也可就地取材，用竹竿或树枝等制作简易的草料架。

图 3-19　草料架

（4）羔羊补饲槽　羔羊补饲槽为悬挂式饲槽，呈长方形，两端固定悬挂在羊舍补饲栏上方，用于哺乳期羔羊补饲。

（5）喂奶设备　羔羊人工哺乳可用奶瓶、搪瓷碗、奶壶等给羔羊喂奶，大型养羊场可安装带有多个乳头的哺乳器。国外大型养羊场，已有自动化的哺乳器，可自动供奶、自动调温、自动哺乳。

4. 饮水设备

饮水设备包括水槽、饮水器，一般小型养羊场，可用水桶、水缸、水槽给羊饮水；大中型规模化养羊场可用水槽或饮水器；大型集约化养羊场，可用饮水器，以防止致病微生物污染水源。

水槽有固定式和移动式，可用镀锌铁皮制成，也可用木板制作或砖、水泥砌筑而成。要求水槽上宽下窄，上宽 30 厘米、下宽 22 厘米、垂直深 20 厘米，槽底距离地面 20 ～ 30 厘米，长度一般 0.8 ～ 1.5 米。在其一侧下部设置排水口，以便于清洗水槽。但冬季结冰时不容易清洗和消毒。用木板做成的水槽可以移动，克服了水泥槽的缺点，长度可视羊只的多少而定，以搬动、清洗和消毒方便为原则。也有很多养羊场用整个铁桶一割两半，然后再焊制一个铁的支架当作水槽，效果也很好。北方冬季也可以在室外搭设灶台，灶台上放大铁锅，可以在天冷的时候烧热水供羊饮用。水槽一般固定在羊舍内或运动场上，在舍外安放的水槽，要在水槽的上面搭设一个遮挡雨水的棚，保证羊在下雨时饮水不被雨水淋着。高床舍饲或北方冬季在舍内安置水槽，可选用自动饮水器，每 3 ～ 5 只羊安装一个。

水槽的安置要既能防止羊粪掉入其中和不容易被羊拱翻，又要便于清洗，因为水槽内的水一旦受污染，羊宁可口渴也不愿喝水。

饮水器有羊铁制饮水碗（见图 3-20）、羊塑料饮水碗（图 3-21）、羊用自动饮水器（图 3-22）等。可用于牛、羊等的饮水，该饮水器设有自动出水功能，只要羊嘴巴触碰到饮水器，水就会自动流出。节约用水、干净卫生、坚实耐用、节省人力，是养殖户及养殖场最理想的饮水设备。

5. 通风设备

封闭式羊舍通常采用无动力风机或轴流式风机，安装在羊舍的屋顶或侧壁。

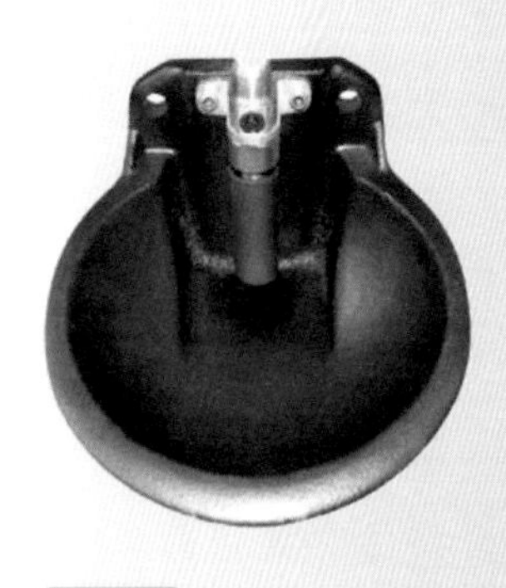

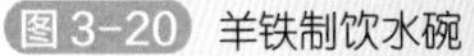
图 3-20 羊铁制饮水碗

图 3-21 羊塑料饮水碗

图 3-22 羊用自动饮水器

无动力风机是利用自然风力及室内外温度差造成的空气热对流，推动涡轮旋转，从而利用离心力和负压效应将舍内不新鲜的热空气排出，适合安装在羊舍的屋顶上使用（见图 3-23）。无动力风机具有零成本运行、24 小时无需人员操作、质量轻、绿色环保、无噪声、寿命长、安装简便迅捷、适用性广泛等特点。

轴流式风机是羊舍常见的通风换气设备，这种风机既可排风，又可送风，而且风量大（图 3-24）。

图 3-23 无动力风机

图 3-24 轴流式风机

机械风机由机械驱动空气产生气流，一为负压通风，用风机把舍内污浊空气往外抽，舍内气压低于舍外，舍外空气由进气口入舍；二为正压通风，强制向舍内送风，使舍内气压稍高于舍外，污浊空气被压出舍外。

羊舍通风不建议用吊扇压风，压风搅动下层氨气和水分，加速氨气散发和水分蒸发，增加了羊舍氨浓度和湿度，不利于夏季羊生长。

6. 人工授精设备

（1）羊用采精器　羊用采精器由内胎、集精瓶、调节钮和外壳制成，外接对假阴道内胎鼓气用的器具（见图 3-25）。

（2）内窥镜　内窥镜适用于羊人工授精和阴道、子宫、尿道、直肠的检查，操作方便，观察清楚（见图 3-26）。与羊用开膣器配合使用（见图 3-27）。内窥镜的消毒、保养及注意事项：使用前先检查电珠有无松动并旋紧，装上 2 节五号电池，灯管必须消毒，可用干热消毒或 2% 的新洁尔灭消毒，亦可用 75% 的酒精消毒，还可用 10% 福尔马林浸泡 15 分钟后，用无菌蒸馏水冲洗。使用后要及时清洗，卸下灯座、灯管擦拭干净。长期不用，应在内窥镜管表面涂上凡士林，防止铝合金氧化，并保持其表面光洁度。

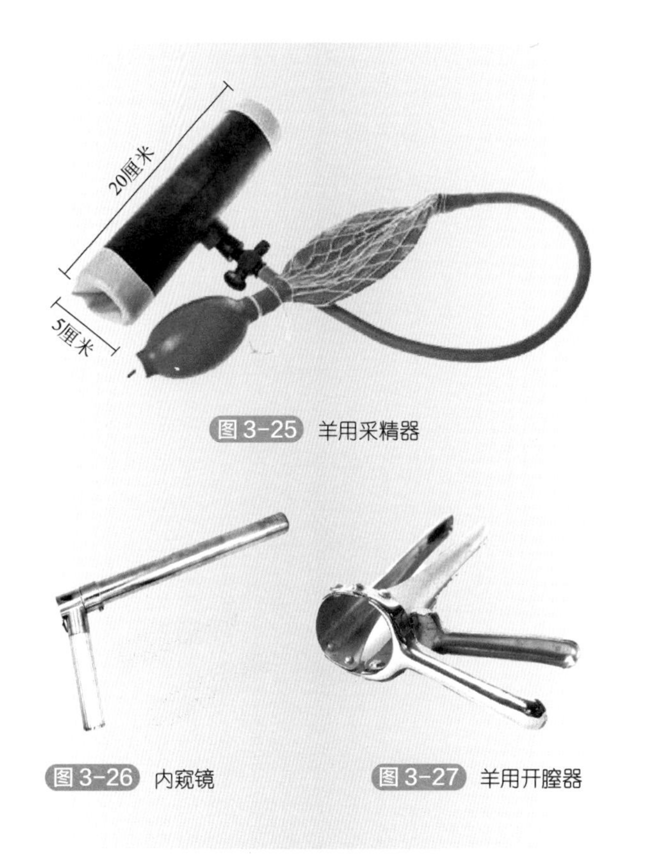

图 3-25 羊用采精器

图 3-26 内窥镜

图 3-27 羊用开膣器

7. 疾病诊疗设备

养羊场兽医室需要配备消毒器械、手术器械、诊断器械、灌药器和注射器械，以及固定羊只的颈架、修蹄工具等。

（1）无血去势钳　无血去势钳是一种兽医手术器械，用于雄性家畜的去势（又称阉割）手术（见图 3-28）。该器械通过隔着家畜的阴囊用力夹断动物精索的方法达到手术目的，不需要在家畜的阴囊上切口，故称“无血去势”。无血去势钳特别适用于公牛、公羊的去势，也可用于公马等的去势。通常在家畜至少一个月大之后再进行这种手术，是一种较为先进的兽医学器械。法国兽医外科学家 M.Dugois 对羔羊做了如下的试验观察：一组使用无血去势钳去势；另一组使用外科刀切除睾丸进行比较。结果用无血去势钳去势后的羔羊 8 天后比用手术刀切除睾丸的羔羊多增重 2 磅（1 磅 =0.4536 千克）以上，用无血去势钳去势的羔羊比用手术刀切除睾丸的羔羊在 79 天多增重了 41 磅。

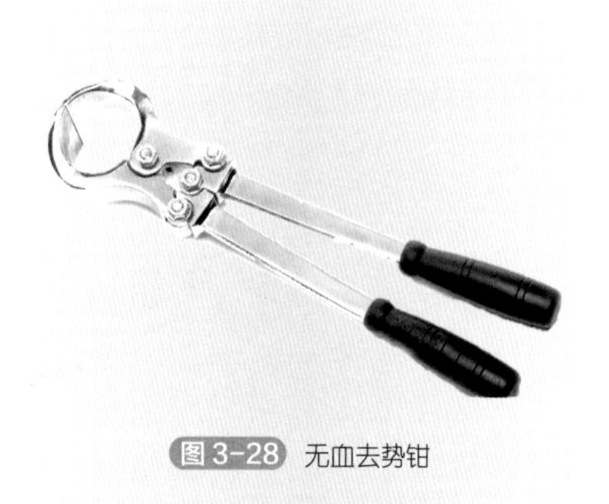

图 3-28 无血去势钳

无血去势钳通常由不锈钢等金属材料构成，类似于一把大钳子。其构造一般包括：把手，用于手术时加力；二级杠杆机构，用于将手术者的力量放大后传递到刃口部分；钳子部分，包括一个较大的环状部分，用于容纳动物的阴囊，以及钳子末端的刃口部分，用于将家畜的精索夹断而实现手术目的。与传统的外科手术式阉割方法相比，操作简便，手术者仅需要短时间训练即可掌握使用技巧，而传统的外科手术式阉割则需要接受过专门训练的兽医才能进行；安全性好，因手术中无需切开家畜的阴囊，从而降低了伤口感染的风险，避免了外科手术后破伤风感染导致家畜死亡的危险；术后护理简单，采用无血去势钳去势后的动物，无需在手术后加以特别的护理。使用时要注意手术中，必须对接受手术的家畜予以可靠的、适当的保定，以防家畜因疼痛而踢伤手术者。每次使用前应该开合几次钳子，检查钳口是否能严密啮合在一起。因为无血去势钳的状态好坏，直接关系到手术效果。

（2）弹力去势器　弹力去势器是一种兽医手术器械，用于雄性家畜的去势（又称阉割）手术（见图 3-29）。该器械通过将弹性极强的塑胶环放置在家畜的阴囊根部，压缩血管、阻碍睾丸血流的方式，来达到睾丸逐渐坏死萎缩的作用，实现手术目的。这种器械无需切开家畜阴囊，不会流血，从而降低了副作用，是一种较为先进的兽医手术器械。弹力去势器系统包括两大部分：弹力去势器本身和与之配套的塑胶环。弹力去势器本身像是一把钳子，由金属制成，包括把手、杠杆机构和钳口几部分。其中，钳口是 4 根紧密聚在一起的金属棍，用于将塑胶环穿在上面。塑胶环则是由弹力极强的橡胶材料构成，其韧性和伸缩性往往都非常好，可以在钳子的作用下被撑开成一个较大的环形，让家畜的阴囊和睾丸通过，以便固定在阴囊根部。而正是依靠这种弹性，得以有效阻断接受手术家畜睾丸的血液供应，实现手术去势的目的。与传统的外科手术式阉割的方法相比，具有同无血去势钳一样的优点，使用注意事项也同无血去势钳一样。

（3）颈架　颈架是用来固定羊只，以防止羊只在喂料时抢食和有利于在打针、修蹄、检查羊只时保定。颈架可上下移动，也可以左右移动，以方便检查和防治疾病。每 10 ～ 30 只羊可安装一个颈架。

（4）修蹄工具　修蹄工具是用来修理羊蹄子的，专门用于修蹄的工具样式和种类有多种，但用于果树修剪枝的剪子即可满足养羊场日常修蹄的需要（见图3-30）。

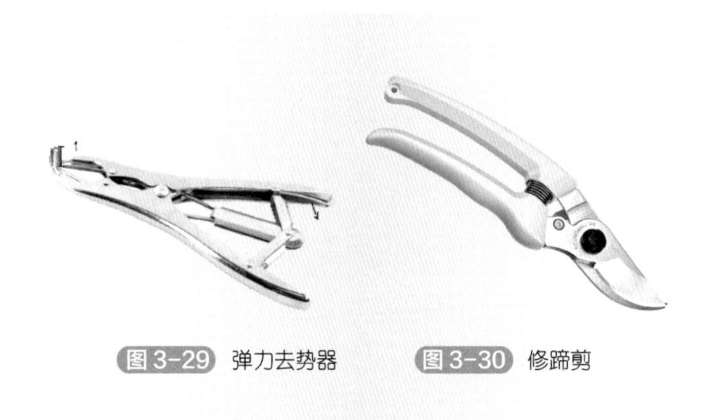

图3-29 弹力去势器　　图3-30 修蹄剪

（5）连续灌药器　连续灌药器是用来给患病的羊灌药。装药液容量大、连续可调，可连续给羊灌药，方便实用（见图3-31）。

（6）连续注射器　连续注射器是给羊注射疫苗和药物必不可少的工具（见图3-32）。规格有10毫升、20毫升、50毫升等，具有剂量精确等优点。手枪式，采用主弹簧弹力调节机构，可直接安装液瓶，对家畜家禽等进行防疫。治疗时大剂量注射，灌药液较为适宜。

8. 饲草料加工设备

养羊场的饲草料用量很大，主要是以养羊场自己加工为主，因此要配备必要的饲草料加工设备。包括饲料粉碎机、饲料颗粒机、饲草切碎机、饲草揉碎机、锤片式揉搓机、饲草切揉机和TMR饲料混合机等。

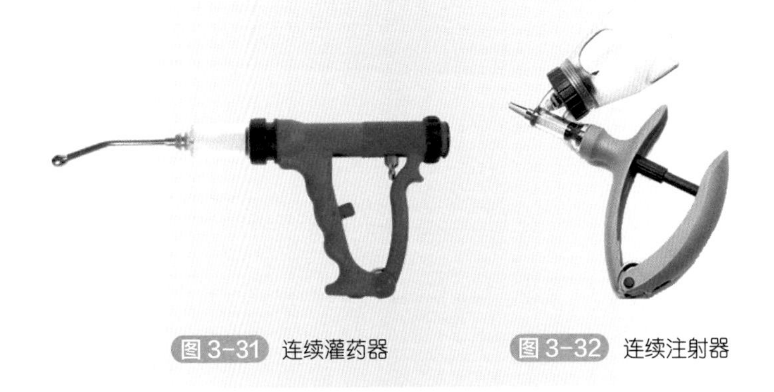

图 3-31 连续灌药器　　图 3-32 连续注射器

（1）饲料粉碎机　饲料粉碎机主要用于粉碎各种饲料，饲料粉碎的目的是增加饲料表面积和调整粒度，增加表面积提高了适口性，且在消化道内易与消化液接触，有利于提高消化率，更好吸收饲料的营养成分。调整粒度一方面减少了畜禽咀嚼耗用的能量，另一方面对输送、贮存、混合及制粒更为方便，效率和质量更高。

一般的畜禽料通常采用普通的对辊式粉碎机、锤片式粉碎机和爪式粉碎机。选择时首先应考虑所购进的粉碎机是粉碎何种原料用的。

粉碎谷物饲料为主的，可选择顶部进料的锤片式粉碎机；粉碎糠麸谷麦类饲料为主的，可选择爪式粉碎机；若是要求通用性好，如以粉碎谷物为主，兼顾饼谷和秸秆，可选择切向进料锤片式粉碎机；粉碎贝壳等矿物质饲料，可选用无筛式粉碎机；如用作预混合饲料的前处理，要求产品粉碎的粒度很细又可根据需要进行调节的，应选用特种无筛式粉碎机等。

① 对辊式粉碎机。对辊式粉碎机（见图 3-33）是一种利用一对作相对旋转的圆柱体磨辊来锯切、研磨饲料的机械，具有生产率高、功率低、调节方便等优点，多用于小麦制粉业。

在饲料加工行业，一般用于二次粉碎作业的第一道工序。

② 锤片式粉碎机。锤片式粉碎机（见图 3-34）是一种利用高速旋转的锤片来击碎饲料的机械。它具有结构简单、通用性强、生产率高和使用安全等特点。

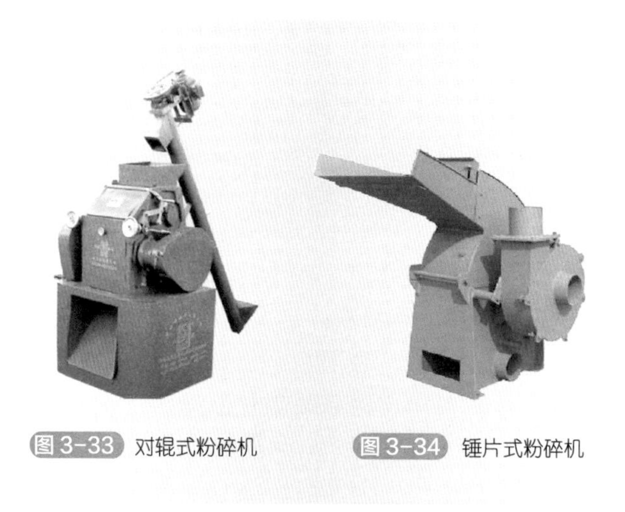

图 3-33 对辊式粉碎机　图 3-34 锤片式粉碎机

③ 爪式粉碎机。爪式粉碎机（见图 3-35）是一种利用高速旋转的齿爪来击碎饲料的机械，其特点是体积小、质量轻、工作转速高、产品粒度细、对加工物料的适应性广，但其不足之处是功率消耗大、噪声高、单机粉碎产量小。

（2）饲料颗粒机　饲料颗粒机（见图 3-36）是将已混粉状饲料经挤压一次成形为圆柱形颗粒饲料，在造粒过程中不需要加热加水，不需烘干，经自然升温达 70 ～ 80℃，可使淀粉糊化，蛋白质凝固变性，颗粒内部熟化深透，表面光滑，硬度高，不易霉烂、变质，可长期储存。提高了畜禽的适口性和消化吸收功能，缩短了畜禽的育肥期。

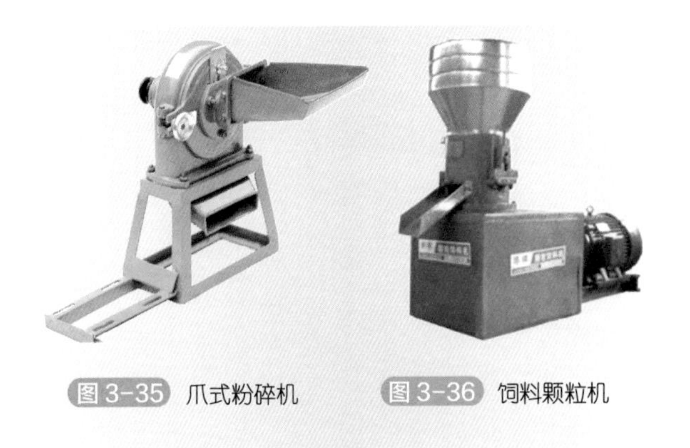

图 3-35 爪式粉碎机　　图 3-36 饲料颗粒机

（3）饲草切碎机　饲草切碎机（见图 3-37）主要用来切断茎秆类饲料，如谷草、稻草、麦秸、干草、各种青饲料和青贮玉米秆等。饲草切碎机采用倾斜式喂入饲草装置和放置式刀轮旋转的结构，利用电动机带动刀轮旋转，在饲草进入喂料口时，饲草在高速旋转的刀轮作用下被切断，切断的饲草在抛送叶片的旋转下被抛出箱体，完成切碎和抛送工作。

图 3-37 饲草切碎机

饲草切碎机的种类按机型分小型、中型和大型三种。小型饲草切碎机常称铡草机，农村应用很广，主要用来铡切谷草、稻草和麦秆，也可用来铡切青饲料和干草；中型饲草切碎机一般可以铡草和铡青贮料两用；大型饲草切碎机常用在养牛场，主要用来铡切青贮料，故常称为青贮料切碎机。

饲草切碎机按切碎部件形式不同可分为滚刀式、轮刀式。

饲草切碎机按运动方式可分为固定式、移动式。大中型饲草切碎机为了便于青贮作业常为移动式，小型饲草切碎机常为固定式。

① 滚刀式饲草切碎机由上喂入辊、下喂入辊、定刀片和切碎滚筒等组成，有的切碎机还设有风扇。工作时，上下喂入辊以相反方向转动，草料被拉入两辊之间，并被压紧送入，由滚筒上的动刀片配合定刀片将其切割成碎段，碎段由排出槽排出，或由风扇吹至指定地点。有的滚刀式切碎机在上下喂入辊之前设有链板式输送器，使喂入的饲草均匀连续，也提高了安全性。

② 轮刀式饲草切碎机由链板式输送器、上喂入辊、动刀片、抛送叶板、刀盘、定刀片和下喂入辊组成。

（4）饲草揉碎机　秸秆加工机械是提高秸秆利用率和饲用价值的基础保障和重要手段。饲草揉碎机（见图3-38）是能将玉米秸秆、豆秸、薯类藤蔓等茎秆类原料等进行揉搓切断的专用设备。加工出来的饲草质地柔软、粉碎细腻、适口性好、采食量高，而且咀嚼更容易，解决了牛羊等反刍动物在采食时过多消耗体能的问题，还解决了物料的浪费，提高了采食率和消化率，特别适合畜牧饲料生产使用。

（5）锤片式揉搓机　锤片式揉搓机是一种开式饲草揉碎机，该机的主要工作部件为一组旋转的锤片、可变高度的斜齿板和定刀。饲草料由进料口喂入，在气流和锤片的作用下，饲草料进入揉碎室，在锤片的打击下，饲草料做圆周运动和沿齿板做轴向风扇叶片方向的复合运动，由于齿板增加了饲草料的运动阻力，因此在整个揉碎过程中，饲草料受到了打击、剪切、揉搓等综合作用。饲草料经过一周的综合作用后，被揉碎成柔软且具有一定长度的饲草草段，而后由风扇经揉碎物料抛送筒抛送到机外。

图 3-38 饲草揉碎机

（6）饲草切揉机　饲草切揉机是将饲草的铡、揉功能分别实现而组合在一起的复式作业机具，主要适合玉米、高粱等较粗的农作物秸秆，具有效率高、揉碎的饲草草段整齐的特点。由于机具采用先铡后揉的工艺，因此该机的缺点一是复杂，二是也有不同形式铡草机所存在的缺点。

（7）TMR 饲料混合机　TMR 饲料混合机（见图 3-39）是新一代养羊场饲养设备，能将各种干草、农作物秸秆、青贮饲料等纤维饲料和精料直接进行混合饲喂。可直接用拖拉机牵引、边移动边混合，直接抛撒在养羊场内饲喂，节省时间和劳动力。带有自动称重装置，添加量随时设定。可充分利用各种饲草及农作物秸秆，不破坏纤维质成分，使饲料的能量效率最大化。饲料混合均匀度高，能量摄取均衡，提高产奶量。提高养羊场生产管理水平和生产效率，降低工人劳动强度。改善饲养环境，提高养羊场空间利用率。既适合于大中型养羊场，也适合于农家规模养羊场。

9. 称量设备

称量设备包括地秤和羊笼（见图3-40）。为方便称羊体重需要地秤和羊笼，特别是肉羊场经常要称羊体重。为了方便称量羊体重，养羊场应购置小型地秤（大型养羊场应购置大型地秤），在地秤上安置长1.4米、宽0.6米、高1.2米的长方形竹、木或钢筋制羊笼，羊笼两端应安置进、出活动门，这样再利用多用途栅栏围成连接到羊舍的分群栏，而把安置羊笼的地秤置于分群栏的通道入口处，则可减少抓羊时的劳动强度，很方便地称量羊体重。

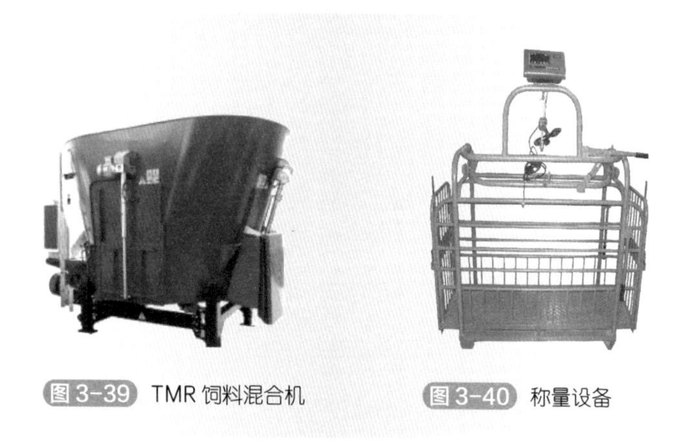

图3-39 TMR饲料混合机　　图3-40 称量设备

10. 消毒设备

（1）高压清洗机　高压清洗机（见图3-41）通过动力装置

使高压柱塞泵产生高压水来冲洗物体表面，水的冲击力大于污垢与物体表面附着力，高压水就会将污垢剥离、冲走，从而达到清洗物体表面的目的。工作时，电动机带动活塞和隔膜往复运动，清水或药液先吸入泵室，然后被加压经喷枪排出。既可冲洗圈舍，又可以消毒，还可以对车辆消毒，用途非常广，是工厂化养羊场较好的清洗消毒设备。

（2）火焰消毒器　火焰消毒器（见图 3-42）是利用煤油高温雾化、剧烈燃烧产生高温火焰对舍内的羊栏、舍槽等设备及建筑物表面进行瞬间高温燃烧，达到杀灭细菌、病毒、虫卵等消毒净化的目的。常用的是以液化石油气或天然气为燃料的火焰消毒器。其优点主要有：杀菌率高达 97%；操作方便、高效、低耗、低成本；消毒后设备和栏舍干燥，无药液残留。

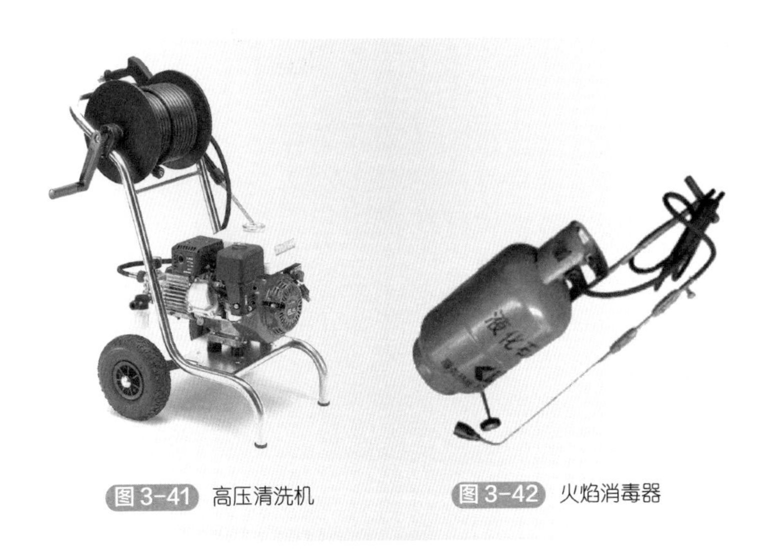

图 3-41　高压清洗机　　图 3-42　火焰消毒器

（3）紫外线消毒灯　紫外线消毒灯是以产生的紫外线来消

毒杀菌。安装简单、使用方便、购买和使用费用低，是养羊场消毒最常用的设备之一。

（4）喷雾消毒机　喷雾消毒机（见图3-43）是在高压高功率电机作用下，将消毒液加压后，送入活塞式喷头喷出，在空气中雾化，从而达到对一定空间内的所有物品及羊体、空间进行喷洒，起到带羊消毒、消毒降尘、预防疾病的作用。还可以起到干燥时加湿、高温时降温的作用。

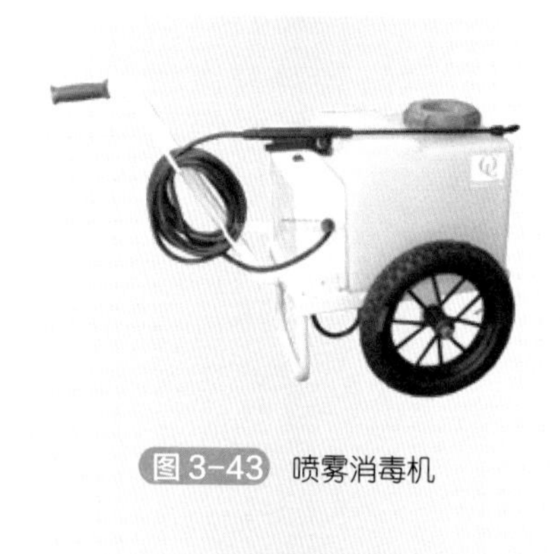

图3-43　喷雾消毒机

（5）背负式喷雾器　背负式喷雾器（图3-44），当操作者上下揿动摇杆或手柄时，通过连杆使塞杆在泵筒内做上下往复运动，行程为40～100毫米。当塞杆上行时，皮碗由下向上运动，皮碗下方由皮碗和泵筒所组成的空腔容积不断增大，形成局部真空。这时药液桶内的药液在液面和腔体内的压力差作用下冲开进水阀，沿着进水管路进入泵筒，完成吸水过程。当塞杆下行时，皮碗由上向下运动，泵筒内的药液被挤压，使药液压力骤然升高。在这个压力的作用下，进水阀被关闭，出水阀被压开，药液通过出水阀进入空气室。空气室里的空气被压缩，对药液产生压力，打开开关后药液通过喷杆进入喷头被雾化喷出。

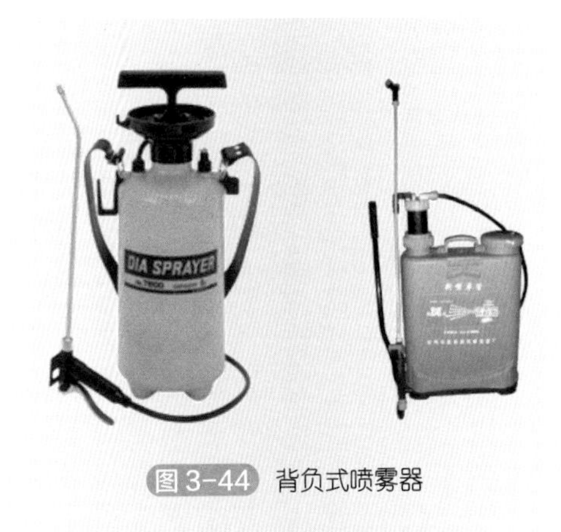

图 3-44 背负式喷雾器

以上设备各种类型的养羊场均适用。

11. 出羊平台

规模达到一定数量的养羊场应该考虑成羊销售的出羊平台，平台最好能设计成可以调节高度，以适应不同车辆装车的要求，如果可以利用出羊平台让外来人员不进养羊场也能看到羊舍、羊群则更为理想。

12. 其他设备和设施

其他设备和设施包括妊娠诊断仪器、活体超声波测膘仪、计算机及相关软件；运送饲草料的手推车和羊粪便清扫工具等。还应有青贮窖池、干草棚、精料库等饲料加工与贮存设施。

第四章 肉羊饲养品种的确定与繁殖

一、肉羊的品种

我国现有的肉羊良种较多。我国共有羊品种 127 个，产肉性能较好的品种有阿勒泰羊、小尾寒羊、湖羊、黄淮山羊、马头山羊等。还从国外引进了萨福克羊、美利奴羊、波尔山羊等世界著名的肉羊品种，形成了一定数量的肉羊群体。

（一）引进肉用绵羊品种

1. 无角道赛特羊

无角道赛特羊原产于大洋洲的澳大利亚和新西兰。该品种是以雷兰羊和有角道赛特羊为母本、考力代羊为父本进行杂交，杂种羊再与有角道赛特公羊回交，然后选择所生的无角后代培育而成（见图 4-1）。

【外貌特征】无角道赛特羊体格中等，头短而宽，光脸，羊毛覆盖至两眼连线，耳中等大，公、母羊均无角，颈短、粗，胸宽深，背腰平直，后躯丰满，四肢粗、短，整个躯体呈圆桶状，面部、四肢及被毛为白色。

图 4-1 无角道赛特羊

【生产性能】无角道赛特羊生长发育快，早熟，可全年发情配种产羔，耐热及可适应干燥气候条件。该品种成年公羊体重 90 ～ 120 千克，成年母羊为 65 ～ 75 千克，剪毛量 2 ～ 4 千克，净毛率 60%左右，毛长 7.5 ～ 10 厘米，羊毛细度 46 ～ 58 支。产羔率 137%～ 175%。经过育肥的 4 月龄羔羊胴体重，公羔为 22 千克，母羔为 19.7 千克。该品种遗传力强，是理想的肉羊生产终端父本之一。

【利用情况】20 世纪 80 年代以来，新疆、内蒙古、甘肃、北京、河北等省、自治区、直辖市和中国农业科学院北京畜牧兽医研究所等单位，先后从澳大利亚和新西兰引入无角道赛特羊。1989 年，新疆维吾尔自治区从澳大利亚引进纯种公羊 4 只、母羊 136 只，在玛纳斯南山牧场的生态经济条件下，采取了春、夏、秋季全放牧，冬季5个月全舍饲的饲养管理方式，收到了良好的效果，基本上能较好地适应当地的草场条件，不挑食、采食量大、上膘快，但由于肉用体形好、腿较短，不宜放牧在坡度较大、牧草较稀的草场，转场时亦不可驱赶太快，每天不宜走较长距离。饲养在新疆的无角道赛特羊，对某些疾病的抵抗力较差，尤其是羔羊，易患羔羊脓疱性口膜炎、羔羊痢疾、羊网尾线虫病、营养代谢病等，发病率和死亡率较高。因此，在管理和防疫上应予以加强。地处甘肃省河西走廊荒漠绿洲的甘肃省永昌肉用种羊场，2000年初，从新西兰引进无角道赛特品种1岁公羊7只、母羊38只，养羊场以舍饲为主的饲养管理方法，适应性良好。3.5岁公羊体重（125.6±11.8）千克，母羊（82.46±7.24）千克，产羔率157.14%，繁殖成活率为121.2%。与澳大利亚的无角道赛特羊相比，新西兰的无角道赛特羊腿略长，放牧游走性能较好。

2. 夏洛来羊

夏洛来羊产于法国中部的夏洛来丘陵和谷地，以英国来斯特羊、南丘羊为父本，当地的细毛羊摩尔万戴勒羊为母本杂交育成（见图4-2）。夏洛来羊是短毛型肉用细毛羊品种，欧洲各国都有分布。

图4-2 夏洛来羊

【外貌特征】公、母羊均无角，头部无毛，脸部呈粉红色或灰色，被毛同质呈白色。额宽、耳大、颈短粗、肩宽平、胸宽而深，肋部拱圆，背部肌肉发达，体躯呈圆桶状，后躯宽大。两后肢距离大，肌肉发达，呈“U”字形，四肢较短，瘦肉多，肉质好。

【生产性能】夏洛来羊早熟、耐粗饲、采食能力强，对寒冷潮湿或干热气候表现出较好的适应性，是生产肥羔的优良草地型肉用羊。公羊体重 110 ～ 150 千克，母羊体重 80 ～ 100 千克。剪毛量 3 ～ 4 千克。羔羊初生重较大，6 月龄公、母羔羊体重分别在 48 ～ 53 千克、38 ～ 43 千克，羊毛细度 56 ～ 60 支，产羔率高，经产母羊为 190%，初产母羊为 135%。属季节性发情，发情时间集中在 9 ～ 10 月份，是生产肥羔的优良品种。

【利用情况】我国在 20 世纪 80 年代末和 90 年代初引入夏洛来羊，主要饲养在河北、河南、辽宁、内蒙古等地，除用于纯种繁殖外，还可用作羔羊肉生产的杂交父本。

3. 特克塞尔羊

特克塞尔羊原产于荷兰特克塞尔岛。20 世纪初用林肯羊、莱斯特羊与当地马尔盛夫羊杂交，经过长期的选择和培育而成（见图 4-3）。该羊一般用作肥羔生产的父系品种，并有取代萨福克羊地位的趋势。

图 4-3 特克塞尔羊

【外貌特征】特克塞尔羊头大小适中，公、母羊均无角，耳短，鼻部黑色。颈中等长、粗。体格大，胸圆，背腰平直、宽，肌肉丰满，后躯发育良好，头部和四肢无毛，蹄呈黑色。

【生产性能】特克塞尔羊寿命长，产羔率高，母性好，饲料转化率高，对寒冷气候有良好的适应性。成年公羊体重90～130千克，成年母羊65～90千克。成年公羊剪毛量平均5千克，成年母羊4.5千克，净毛率60%，羊毛长度10～15厘米，羊毛细度48～50支。特克赛尔羊初生羔羊重可达5.10千克，早熟，羔羊70日龄前平均日增重为300克，在最适宜的草场条件下120日龄的羔羊体重达40千克，6～7月龄达50～60千克，屠宰率54%～60%。可常年发情，两年三产，产羔率150%～190%。

羔羊肉品质好，肌肉发达，瘦肉率和胴体分割率高，市场竞争力强。因此，该品种已广泛分布到欧洲各国，是这些国家推荐饲养的优良品种和用作经济杂交生产肉羔的父本。

【利用情况】自1995年以来，我国黑龙江、宁夏、北京、河北和甘肃等省、自治区、市先后引进。黑龙江省大山种羊场1995年引进特克塞尔品种绵羊60只，其中公羊10只、母羊50只。14月龄公羊平均体重100.2千克，母羊73.28千克。母羊产羔率200%。30～70日龄羔羊的日增重为330～425克。母羊平均剪毛量5.5千克。

江苏省用特克塞尔羊与湖羊杂交，探索提高湖羊产肉性能的试验。黑龙江省用特克塞尔羊与东北细毛羊杂交；宁夏畜牧兽医研究所用特克塞尔羊作父本，与小尾寒羊杂交，均取得较好的效果。

4. 萨福克羊

萨福克羊原产于英国英格兰东南部的萨福克、诺福克、剑桥和埃塞克斯郡等地。该品种羊是以南丘羊为父本，当地体形较大、瘦肉率高的旧型黑头有角诺福克羊为母本进行杂交培育而成，以萨福克郡命名（见图 4-4）。是世界公认的用于终端杂交的优良父本品种，广泛分布于世界各地。澳大利亚白萨福克羊是在原有基础上导入白头和多产基因新培育而成的优秀肉用品种。

图 4-4 萨福克羊

【外貌特征】萨福克羊无角，体格大，鼻梁隆起，头、耳较长，颈粗长，胸宽深，背腰和臀部长宽平，四肢粗壮，后躯发育丰满，呈桶形。体躯被毛白色，但偶尔可发现有少量的有色纤维，头和四肢呈黑色或深棕色，并且无羊毛覆盖。萨福克羊是目前世界上体格、体重最大的肉用品种。

【生产性能】萨福克羊的特点是早熟，体形外貌整齐，肉用体形突出，繁殖率、产肉率、日增重高，生长发育快，肉质好，成年公羊体重 100 ～ 136 千克，成年母羊 70 ～ 96 千克。剪毛量成年公羊 5 ～ 6 千克，成年母羊 2.5 ～ 3.6 千克，毛长 7 ～ 8 厘米，羊毛细度 50 ～ 58 支，净毛率 60%左右，产羔率 141.7%～ 157.7%。产肉性能好，经育肥的 4 月龄公羔胴体重

24.2 千克，4 月龄母羔为 19.7 千克，并且瘦肉率高，是生产大胴体和优质羔羊肉的理想品种。美国、英国、澳大利亚等国都将该品种作为生产肉羔的终端父本品种。

在北美洲，饲养的萨福克公羊体重 113 ～ 159 千克、母羊 81 ～ 110 千克，但由于该品种羊的头和四肢为黑色，被毛中有黑色纤维，杂交后代杂色被毛个体多。因此，在细毛羊产区，在群众不习惯饲养杂色羊的地区使用时要慎重。

【利用情况】我国从 20 世纪 70 年代起先后从澳大利亚、新西兰等国引进，主要分布在新疆、内蒙古、北京、宁夏、吉林、河北和山西等省、自治区、市。

根据李颖康等（2003）的资料，引入宁夏畜牧所的萨福克羊，周岁公羊体重（114.2±6.0）千克，周岁母羊（74.8±5.6）千克；2 岁公羊体重（129.2±6.7）千克，2 岁母羊（91.2±10.9）千克；3 岁公羊体重（138.5±4.4）千克，3 岁母羊（95.8±7.2）千克。头胎母羊产羔率 173%，第二胎产羔率 204.8%。

根据唐道廉（1988）报道，内蒙古自治区用萨福克品种公羊与蒙古羊、细毛低代杂种羊进行杂交试验，在全年以放牧为主，冬、春季稍加补饲的条件下，与母本蒙古羊和细毛低代杂种羊比较，萨福克杂种一代羔羊生长发育快、产肉多，而且适合于牧区放牧育肥，经宰杀 115 只 190 日龄的萨福克一代杂种羯羔测定，宰前活重为 37.25 千克，胴体重为 18.33 千克，屠宰率为 49.21%，净肉重为 13.49 千克，脂肪重为 1.14 千克，胴体净肉率为 73.6%。同时，试验研究还指出：用萨福克公羊与蒙古羊或乌珠穆沁羊杂交，可以提高后代的产毛量，减少被毛中死毛的数量和改进有髓毛的细度。但是，杂种羊花羔率高，毛色也较杂，有黑色、褐色、灰色、浅黄色等。然而，随着杂种羔羊日龄的增长，特别是经过一次剪毛后，从被毛外表看，大部分都变为白色，但被毛中还有一部分有色纤维。据统计，萨福克羊杂一代被毛中有 81.4%的个体、二代中有 41.8%的个体含有程度不等的有色纤维。

钱建共等（2002）引入萨福克品种公羊与湖羊进行杂交试验。试验采用人工授精配种，参试母羊在配种期至配种后一个月、产前一个月至哺乳期补饲精料，每只每天补饲 250 克，青粗饲料足量供应。初生羔羊视产羔数进行寄养，随母羊自由采食鲜绿青草和精料至 2 月龄断奶。断奶羔羊饲养采用木板高床，公、母羔分开，每栏 4 ～ 6 只，每只占地约 1.5 平方米；每天饲喂 4 次青料，晚上增加投料量，计量不限量，并补饲精料，用羊用自动饮水器自由饮水。2 ～ 4 月龄补饲的精料每 1 千克含粗蛋白质 18%、消化能 13.38 兆焦，每只每天补饲 350 克；4 ～ 6 月龄补饲的精料每 1 千克含粗蛋白质 17%、消化能 12.96 兆焦，每只每天补饲 300 克；补饲精料均为自配料，另加肉用羊饲料添加剂。羔羊 60 日龄肌注阿福丁驱虫，70 日龄接种羊快疫、黑疫、肠毒血症、羔羊痢疾疫苗，3 月龄接种牛口蹄疫疫苗，4 月份和 9 月份分别进行药浴。试验结果指出：萨 × 湖一代杂种羊 6 月龄体重（38.02±4.65）千克，平均日增重从初生至2月龄为（285±53）克，初生至6月龄为（183±21）克；比同龄对照组湖羊分别提高了 26.61 %、46.15 % 和 24.49% ；7 月龄羔羊屠宰结果，宰前活重为（37.33±1.20）千克，胴体重（18.45±0.64）千克，屠宰率（48.92±2.00）%，胴体净肉率（74.55±2.76）%，骨肉比 1∶3.99，眼肌面积（14.51±3.23）平方厘米，胴体脂肪含量值（1.03±0.17）厘米，各项指标都优于对照组湖羊，其中宰前活重提高 33.75%，胴体重提高 43.8%，眼肌面积提高 42.25%。

张秀陶等（2001）用萨福克羊与宁夏土种绵羊杂交，试验结果表明，在放牧加补饲的饲养方式下，萨杂一代羊表现出良好的杂种优势和对贺兰山东麓半干旱荒漠草场的适应性，生长快，耐粗饲，体躯丰满、结实，很适宜农户饲养，特别是在 11 ～ 12 月份枯草期，利用农副产品进行短期舍饲育肥，适时屠宰，即可实现年内出栏，缩短饲养周期，提高商品率，是农户养羊致富的一条可行途径。

在山西省，毛杨毅等（2002）用萨福克公羊与引入山西的小尾寒羊杂交，试验羊群基本按当地羊的饲养方式进行饲养，即在夏、秋季完全采用全天放牧，夏季放牧不补饲，冬季和春秋采用放牧加补饲方法饲养，主要补饲玉米秸秆以及玉米、麸皮、棉籽饼、豆腐渣等混合饲料。秋季配种，春季产羔，年产羔一次，羔羊4月龄断奶。通过对比试验，试验者认为，在山西省，萨福克羊杂交改良当地羊的效果比用无角道赛特羊、夏洛莱羊和边区来斯特羊效果好。

在甘肃省河西走廊农区，袁得光用萨福克羊与引入当地的小尾寒羊进行“肉羊杂交改良及配套技术”试验，并用小尾寒羊做对照。羔羊出生30天后开始补饲精料，使其逐步适应全精饲料饲喂。2月龄羔羊断奶、称重，进入试验期。日粮组成：玉米（粉碎）65%，麸皮20%，黑豆（粉碎）8%，菜籽饼5%，石粉1%，食盐0.5%，生长素0.5%。试验期50天，在试验期内全天供应饲料和饮水，严格注意圈舍卫生，羔羊每天出圈活动1～2小时。试验结果：萨寒杂种4月龄体重为（37.62±4.13）千克，平均日增重（375.6±5.25）克，50天育肥期总增重（18.78±3.61）千克，与小尾寒羊相比，分别提高了13.21%、18.86%和18.86%；胴体重（19.46±1.53）千克，净肉重（16.16±1.42）千克，屠宰率（51.88±1.64）%，胴体净肉率（83.04±1.73）%，胴体重比小尾寒羊提高了13.4%，净肉重提高了14.94%。

5. 杜泊羊

杜泊羊原产于南非共和国，是该国在1942～1950年间，用从英国引入的有角道赛特公羊与当地的波斯黑头母羊杂交，经选择和培育而成的肉羊品种，是世界著名的肉羊品种（见图4-5、图4-6）。杜泊羊分长毛型和短毛型，大多数南非人喜欢饲养短毛型杜泊羊，因而，现在该品种的选育方向主要是短毛型。

图 4-5　白头杜泊羊

图 4-6　黑头杜泊羊

【外貌特征】杜泊羊根据其头颈的颜色，分为白头杜泊羊和黑头杜泊羊两种。这两种羊体躯和四肢皆为白色，但有的羊腿部有时也出现色斑。杜泊羊个体中等高度，体躯丰满，体重较大。一般无角，头顶部平直、长度适中，额宽，鼻梁隆起，耳大稍垂，既不短也不过宽。颈粗短，肩宽厚，背平直，肋骨拱圆，前胸丰满，后躯肌肉发达，长瘦尾。四肢强健而长度适中，肢势端正。

【生产性能】杜泊绵羊分长毛型和短毛型两个品系。长毛型羊可生产地毯毛，较适应寒冷的气候条件；短毛型羊被毛较短，能较好抵抗炎热和雨淋，杜泊羊一年四季不用剪毛，因为它的毛可以自由脱落。杜泊羊早熟，生长发育快，成年公羊体重100～110千克，成年母羊75～90千克；羔羊生长迅速，断奶体重大。3.5～4月龄的杜泊羊体重可达36千克，屠宰胴体约为16千克，品质优良，羔羊平均日增重81～91克。100日龄公羔体重34.72千克，母羔31.29千克。杜泊羊不受季节限制，可常年繁殖，母羊产羔率在150%以上，母性好、产奶量多，母羊泌乳力强，能很好地哺乳多胎后代。

杜泊羊体质结实，对炎热、干旱、潮湿、寒冷多种气候条件有良好的适应性；杜泊羊具有早期放牧能力，同时抗病力较强，但在潮湿条件下，易感染肝片吸虫病，羔羊易感染球虫病。

【利用情况】我国山东、河南、辽宁、北京等省、市近年来已有引进。

6. 德国肉用美利奴羊

德国肉用美利奴羊原产于德国，是用泊力考斯和英国莱斯特公羊同德国原产地的美利奴母羊杂交培育而成（见图4-7）。德国肉用美利奴羊适于舍饲、半舍饲和放牧等各种饲养方式，是世界著名的肉羊品种。

图4-7 德国肉用美利奴羊

【外貌特征】德国肉用美利奴羊体格大，体质结实，结构匀称，头颈结合良好，胸宽而深，背腰平直，臀部宽广，肌肉丰满，四肢坚实，体躯长而深呈良好肉用型。公、母羊均无角，颈部及体躯皆无皱褶。被毛白色，密而长，弯曲明显。

【生产性能】德国肉用美利奴羊在世界优秀肉羊品种中，是唯一具有除个体大、产肉多、肉质好优点外，还具有产毛量高、毛质好的特性，是肉毛兼用最优秀的父本。成年公羊体重为100～140千克，母羊为70～80千克。羔羊生长发育快，日增重300～350克，130天可屠宰，活重可达38～45千克，胴体重8～22千克，屠宰率47%～50%。具有高的繁殖能力，性早熟，12个月龄前就可第一次配种，繁殖没有季节性，常年发情，可两年三产，产羔率为135%～150%。母羊保姆性好，泌乳性能强，羔羊死亡率低。

【利用情况】近年来我国由德国引入该品种羊，饲养在内蒙古自治区和黑龙江省，除进行纯种繁殖外，与细毛杂种羊和本地羊杂交，杂交改良效果良好，后代生长发育快、产肉性能好。该品种对气候干燥、降水量少的地区有良好的适应能力且耐粗饲。另外，曾与蒙古羊、西藏羊、小尾寒羊和同羊杂交，后代被毛品质明显改善，生长发育快，产肉性能良好，是育成内蒙古细毛羊的父系品种之一。对这一品种资源要充分利用，可用于改良农区、半农半牧区的粗毛羊或细杂母羊，增加羊肉产量。

7. 澳洲肉用美利奴羊

澳洲肉用美利奴羊原产于澳大利亚和新西兰（图4-8）。

【外貌特征】澳洲肉用美利奴羊分细毛型、中毛型和强壮型，每个类型中又分有角和无角两种。体形近似长方形，体宽，背平直，后躯肌肉丰满，腿短。公羊颈部有1～3个横皱褶，母羊有纵皱褶。腹毛好。

图 4-8 澳洲肉用美利奴羊

细毛型：体格结实，有中等大的身躯，毛密柔软、有光泽。

中毛型：体格大毛多，前身宽阔，体形好，被毛长而柔软，油汗充足，光泽好。

强壮型：体格大而结实，体形好。

【生产性能】澳洲肉用美利奴成年公羊，剪毛后体重平均为 90.8 千克，剪毛量平均为 16.3 千克，毛长平均为 11.7 厘米。细度均匀，羊毛细度为 58 ～ 64 支，有明显的大弯曲，光泽好，净毛率为 48.0%～ 56.0%。油汗呈白色，分布均匀，油汗率平均为 21.0%。澳洲美利奴羊具有被毛毛丛结构好、羊毛长、油汗洁白、弯曲呈明显大中弯、光泽好、剪毛量和净毛率高等优点。主要为毛用型羊。

【利用情况】在中国澳洲肉用美利奴羊主要分布于新疆、吉林、内蒙古、黑龙江等省、自治区。

8. 考力代绵羊

考力代绵羊为著名毛肉兼用品种。原产于大洋洲的新西兰考力代地方。系 1880 ～ 1910 年间，以英国长毛型林肯羊、莱斯特羊为父本，美利奴羊为母本杂交培育而成（见图 4-9）。

图 4-9 考力代绵羊

【外貌特征】头宽而大，额上覆盖羊毛，公、母羊大多数无角，个别公羊有小角。头、耳、四肢带黑斑，嘴唇及蹄为黑色。颈短而粗，皮肤无皱褶，胸深宽，背腰平直，体躯呈圆桶状。肌肉丰满，后躯发育较好，四肢结实。腹毛着生良好。被毛白色，闭合紧密。

【生产性能】具有早熟、产肉和产毛性能好的特点。成年公羊体重 100 ～ 105 千克，母羊 45 ～ 65 千克；4 月龄羔羊可达 35 ～ 40 千克。剪毛量公羊 10 ～ 12 千克，母羊 5 ～ 6 千克，净毛率 60%～ 65%。产羔率 110%～ 130%。屠宰率成年羊可达 52%。

【利用情况】我国在 20 世纪 40 年代中期首次从新西兰引入近千只，分别饲养在江苏、浙江、山东、河北、甘肃等省份。20 世纪 60 年代中期及 80 年代后期又从澳大利亚和新西兰引入，饲养在黑龙江、吉林、辽宁、内蒙古、山西、安徽、山东、贵州、云南等省、自治区。除进行纯种繁育外，可用来改良蒙古羊、西藏羊等，使本地羊质量的改善和新品种类群羊的培育均获得明显效果。作为父系参与培育了东北半细毛羊、陵川半细毛羊、贵州半细毛羊、云南半细毛羊品种群；作为母系与林肯公羊杂交，后代被毛品质和肉用体形明显改进。

9. 南非肉用美利奴羊

南非肉用美利奴羊（见图4-10）原产于德国，后由南非引入并重新进行了选育，该品种早熟，羔羊生长发育快，产肉多，繁殖力高，被毛品质好。具有除个体大、产肉多、肉质好优点之外，还具有产毛量高、毛质好的特性，是肉毛兼用最优秀的父本。

图4-10 南非肉用美利奴羊

【外貌特征】公、母均无角，全身被毛白色，体格大，颈部无皱褶，胸宽深，背腰平直，肌肉丰满，后躯发育良好。

【生产性能】南非肉用美利奴羊是一个肉毛兼用型品种。羊毛平均细度64支，成年公羊剪毛量4.5～6千克，成年母羊剪毛量4～4.5千克，净毛率65%～70%，毛丛自然长82毫米，细度变异系数19.0%，毛纤维的舒适系数94.0%。成年公羊体重120～130千克，成年母羊体重75～80千克。在放牧条件下，平均产羔率150%；在营养充足的条件下，产羔率可达250%。放牧条件下，100日龄羔羊活重平均35千克；舍饲条件下，100日龄公羔羊活重可达56千克。南非肉用美利奴羊饲料转化率高，在羔羊舍饲育肥阶段，饲料转化率为3.91∶1。南非肉用美利奴羊泌乳量高，母羊性情温顺，母性好，最高日泌乳量可达到4.8升，正常情况下可以哺乳2～3只羔羊，是理想的肉用羊母系品种。

【利用情况】南非肉用美利奴羊作为父本，对巴美肉羊提高各项生产性能指标起到了至关重要的作用；与东北细毛羊母本杂交也取得了非常好的效果。2010年6月内蒙古自治区从澳大利亚引进了145只。

（二）我国的绵羊品种

1. 小尾寒羊

小尾寒羊起源于古代北方蒙古羊，随着历代人民的迁移，把蒙古羊引入自然生态环境和社会经济条件较好的中原地区以后，经过长期选择和精心培育，逐渐形成具有多胎高产的裘（皮）肉兼用型优良绵羊品种（见图4-11）。现分布于河北省南部、东部和东北部，山东省西南及皖北、苏北一带。在世界羊品种中小尾寒羊产量高、个头大、效益佳，被国家定为名畜良种，被人们誉为中国"国宝"、世界"超级羊"及"高腿羊"品种。

【外貌特征】小尾寒羊体形结构匀称，侧视略呈正方形；鼻梁隆起，耳大下垂；短脂尾呈圆形，尾尖上翻，尾长不超过跗关节；胸部宽深、肋骨开张，背腰平直。体躯长呈圆筒状；四肢高，健壮端正。公羊头大颈粗，有发达的螺旋形大角，角根粗硬；前躯发达，四肢粗壮，有悍威、善抵斗。母羊头小颈长，大都有角，形状不一，有镰刀状、鹿角状、姜芽状等，极少数无角。全身被毛白色、异质，有少量干死毛，少数个体头部有色斑。按照被毛类型可分为裘毛型、细毛型和粗毛型三类，裘毛型毛股清晰、花弯适中美观。

图 4-11 小尾寒羊

【生产性能】小尾寒羊具有早熟、多胎、多羔、生长快、体格大、产肉多、裘皮好、遗传性稳定和适应性强等优点。成年公羊平均体重为 94 千克，成年母羊平均体重为 49 千克，周岁公羊体重可达到成年公羊的 64.6%，母羊相应为 84.9%。4 月龄即可育肥出栏，年出栏率 400% 以上，体重 6 月龄时可达 50 千克，周岁时可达 100 千克，成年羊可达 130 ～ 190 千克。剪毛量公羊平均为 3.5 千克，母羊平均为 2.1 千克。屠宰率：周岁羊为 55.6%，3 月龄为 50.6%。全年四季均可发情，性早熟，母羊 5 ～ 6 月龄即可发情，公羊 7 ～ 8 月龄即可用于配种，年产 2 胎，胎产 2 ～ 6 只，有时高达 8 只，平均产羔率每胎达 266%。

2. 湖羊

湖羊原产自我国太湖流域（图 4-12），主要分布于浙江省嘉兴市、湖州市、杭州市余杭区，以及江苏省苏州市和上海市部分地区。

图 4-12 湖羊

【外貌特征】湖羊属短脂尾绵羊，为白色羔皮羊品种。湖羊体格中等，被毛全白色，公、母羊均无角，头狭长，鼻梁稍隆起，多数耳大下垂，颈细长，体躯偏狭长，背腰平直，腹微下垂，尾扁圆，尾尖上翘，四肢偏细而高。公羊体形大，前躯发达，胸宽深，胸毛粗长。

【生产性能】湖羊为我国特有的羔皮用绵羊品种，羔皮毛色洁白，具有扑而不散的波浪花、片花及其他花纹，光泽好，板皮软薄而致密。湖羊早期生长发育较快，初生重 2.0 千克以上，45 日龄断奶重 10 千克以上。成年公羊平均体重为 52.0 千克，成年母羊平均体重为 39.0 千克。公羊剪毛量平均为 1.65 千克，母羊剪毛量平均为 1.17 千克。羔羊生长发育快，3 月龄断奶体重公羔 25 千克以上，母羔 22 千克以上；6 月龄羔羊平均体重为 34 千克。成年羊屠宰率为 40%～50%，净肉率 38%左右。

湖羊性成熟早，四季发情、排卵，终年配种产羔，3 ～ 4 月龄羔羊就有性行为表现，5 ～ 6 月龄达性成熟，初配年龄为 8 ～ 10 月龄，可一年两胎或两年三胎，每胎一般两羔，经产母羊平均产羔率在 229%。

3. 多浪羊

多浪羊是新疆的一个优良肉脂兼用型绵羊品种，因其中心产区在麦盖提县，故又称麦盖提羊（见图 4-13）。多浪羊体形大、产肉多、肉质鲜嫩，被毛含绒毛多，毛质较好。繁殖率高，具有早熟性，是组织羔羊肉生产的理想品种。

图 4-13 多浪羊

【外貌特征】多浪羊头较长，鼻梁隆起，耳大下垂，眼大有神，公羊无角或有小角，母羊无角，颈窄而细长，胸深宽，肩宽，肋骨拱圆，背腰平直，躯干长，后躯肌肉发达，尾大而不下垂，尾沟深，四肢高而有力，蹄质结实。初生羔羊全身被毛多为褐色或棕黄色，也有少数为黑色、深褐色、白色。第一次剪毛后，体躯毛色多变为灰白色或白色，但头部、耳部及四肢仍保持初生时毛色，一般终生不变。

【生产性能】多浪羊属肉脂兼用型绵羊品种。初生重公羊为6.8千克，母羊为5.1千克；一岁体重公羊为59.2千克，母羊为43.6千克；成年体重公羊为98.4千克，母羊为68.3千克。成年屠宰率公羊为59.8%，母羊为55.2%。成年剪毛量公羊为2.6千克，母羊为1.6千克。绒毛约占总产毛量的60%～70%。性成熟早，公羔为6～7月龄，母羔为6～8月龄。四季发情，以4～5月份和9～11月份为发情旺季。产羔率为118%～130%，在良好饲养条件下，产羔率可达250%，双羔率较高，可达33%，也有产三羔、四羔的。

4. 洼地绵羊

洼地绵羊主要分布在山东省滨州市的惠民、无棣、沾化和阳信等县（区）。洼地绵羊是生长在鲁北平原黄河三角洲地域的地方绵羊品种（见图4-14），是长期适应在低湿地带放牧、肉用性能好、耐粗饲、抗病的肉毛兼用地方优良品种，畜牧专家眼中难得的“法宝”。

(a) 公洼地绵羊

(b) 母洼地绵羊

图4-14 洼地绵羊

【外貌特征】洼地绵羊是国内外罕见的四乳头母羊。洼地绵羊鼻梁微隆起，耳稍下垂，公、母羊均无角，胸较深，背腰平直，肋骨开张良好，后躯发达，四肢较矮，低身广躯，呈长方形，中等脂尾，不过跗关节。尾底向内上方卷曲，尾沟明显，尾尖上翻，紧贴在尾沟中，尾部呈方圆形。公羊前躯发达，睾丸下垂；母羊臀部宽大，乳房发育好。全身被毛白色，少数羊头部有褐色或黑色斑点。

【生产性能】羊皮有一定的制裘价值，属短脂尾羊。性情温顺不抵斗，适宜密集型饲养。成年公羊体重为60千克，成年母羊体重为40千克。3月龄公羊体重不低于17千克，母羊体重不低于15千克。6月龄公羊体重为26千克，母羊体重为24千克。被毛由细毛（51%）、两型毛（16%）、有髓毛（30%）、干死毛（3%）组成。产毛量为1.5～2.0千克。春毛长7～9厘米。净毛率为51%～55%。屠宰率为50%左右。一年四季发情，发情没有明显季节性，初配月龄公羊为8月龄，母羊为6月龄，年均产羔五只，产羔率为215%。核心群母羊繁殖率可达280%。

5. 巴美肉羊

巴美肉羊是以林肯、边区莱斯特、罗姆尼和强毛型澳洲肉用美利奴公羊，对当地蒙古羊进行杂交改良，在选育基础上，引入德国肉用美利奴羊作父本，采取复杂育成杂交育种方法，经选择和培育而成（见图4-15）。于2007年5月15日通过国家畜禽资源委员会审定验收，并正式命名。2009年被农业部认定为农业主导新品种。巴美肉羊具有适合舍饲圈养、耐粗饲、抗逆性强、适应性好、羔羊育肥增重快、性成熟早等特点。

【外貌特征】巴美肉羊体格较大，无角，早熟；体质结实，结构匀称，胸宽而深，背腰平直，四肢结实，后肢健壮，肌肉丰满，呈圆桶形，肉用体形明显；被毛同质白色，闭合良好，密度适中，细度均匀。

图 4-15 巴美肉羊

【生产性能】巴美肉羊生长发育速度较快，产肉性能高，成年公羊平均体重 103 千克，年产毛 7 千克；成年母羊平均体重 72 千克，年产毛 4 千克。育成母羊平均体重 50.8 千克，育成公羊平均体重 71.2 千克。羔羊初生重平均 4.5 千克，6 月龄平均日增重 230 克，胴体重 24.95 千克，屠宰率 51.13％。繁殖率较高，经产羊大都两年三胎，繁殖率接近 150％。

6. 新疆细毛羊

新疆细毛羊为肉毛兼用型地方细毛羊良种。该羊系引进苏联种羊与当地羊杂交，经整群、选育而成的新品种（见图 4-16），是我国 20 世纪 50 年代初育成的第一个细毛羊品种，1954 年经农业部批准正式命名。1978 年在全国科学大会上，被评为我国农业方面的十大科研成果之一。推广至全国各省、自治区、市，对改良各地粗毛羊起到重要作用。

图 4-16 新疆细毛羊

【外貌特征】新疆细毛羊体质结实，结构匀称。公羊鼻梁微隆起，母羊鼻梁呈直线或近乎直线。公羊大多数有螺旋形角，母羊大部分无角或者只有小角。公羊颈部有 1 ～ 2 个完全或不完全的横褶皱，母羊有一个横褶皱或者发达的纵褶皱，体躯皮肤宽松但无皱纹。胸宽深，背直而宽，体躯深长，后躯丰满，四肢结实，肢势端正。个别羊的眼圈、耳、唇部皮肤有小的色斑，被毛闭合性良好。头毛着生至两眼连线，前肢到腕关节，后肢至跗关节或以下，腹毛着生良好。

【生产性能】新疆细毛羊体形较大，成年公羊体高、体长和胸围分别为 75 厘米、81 厘米和 101 厘米；成年母羊分别为 65 厘米、72 厘米和 86 厘米。周岁公、母羊剪毛后体重平均 42.5 千克和 35.9 千克；成年公、母羊剪毛后体重平均为 88 千克和 48.6 千克。毛质良好，平均净毛率在 45%，高者达 51.25%。平均毛长 9 厘米，最长者 13 厘米。毛的细度均匀，平均直径 25 微米，细度支数 58 ～ 75 支，其中 64 ～ 66 支者占 92%左右。

经产母羊产羔率在 130%左右。2.5 岁以上的羯羊经夏季牧场放牧后的屠宰率为 49.5%～51.4%，净肉率为 40.8%。

（三）引进肉用山羊品种

1. 波尔山羊

波尔山羊是一个优秀的肉用山羊品种（见图 4-17）。该品种原产于南非，作为种用，已被非洲许多国家以及新西兰、澳大利亚、德国、美国、加拿大等国引进，是世界上公认的肉用山羊品种，有“肉羊之父”美称。

图 4-17 波尔山羊

【外貌特征】目前世界各国引进的主要是改良型波尔山羊。改良型的波尔山羊，体躯为白色，头、耳和颈部为浅红色或深红色，但不超过肩部，并有完全的色素沉着，广流星（前额及鼻梁部有一条较宽的白色）明显；除耳部以外，种用个体的头部两侧至少有直径为 10 厘米的色块，两耳至少有 75%的部位为红色，并要有相同比例的色素沉着。波尔山羊具有强健的头，眼睛清秀、呈棕色，鼻梁隆起，头颈部及前肢比较发达，体躯长、宽、深，肋部发育良好，胸部发达，背部结实宽厚，臀腿部丰满，四肢结实有力。

【品种标准】

头部：头部坚实，有大而温顺的棕色双眼，有一坚挺稍带弯曲的鼻子和宽的鼻孔，有结构良好的口与颚，至4牙时应完全相称，6牙以后有6毫米突出，恒齿应在适宜的解剖学位置。额部突出的曲线与鼻和角的弯曲相应。角坚实，长度中等，渐向后适度弯曲，暗色，圆而坚硬。耳宽阔平滑，由头部下垂，长度中等。耳太短者不理想。应排除的特征性缺陷：前额凹陷；角太直或太扁平；颚尖、长且位低，短基颚；耳褶叠，突出且短；蓝眼。

颈部和前躯：适当长度的颈部且与体长相称。肌肉丰满的前躯。宽阔的胸骨且有深而宽的胸肌。肌肉肥厚的肩部与体部和鬐甲相称，鬐甲宽阔不尖突。前肢长度适中，与下体部的深度相称。四肢强健，系部关节坚韧，蹄黑。应排除的特征性缺陷：太长或太短且瘦弱的颈部和松弛的肩部。

体躯：理想型应有一长、深且宽阔的体躯。多肉的开张肋骨与腰部相称，背部宽阔平直，肩后不显狭窄。应排除的特征性缺陷：背部凹陷，肋骨开张不良，肩后呈圆柱状或狭窄。

后躯：波尔山羊应有一宽而长的尻部，不宜过于倾斜。多肉的臀部不宜太平直。有丰满多肉的腿部。尾平直，由尾根长出，可向两边摆动。应排除的特征性缺陷：尻部太悬垂或太短；胫部太长，可向两边摆动。

四肢：四肢强健结构好，肌肉太多者属非理想型。所谓强壮的四肢是指结实，适应性强，这是波尔山羊重要的基本特征。应排除的特征性缺陷：X状肢和外弯肢，太纤细或肉太多的四肢；系部弱，蹄尖向外或向内。

皮肤和被毛：松软的皮肤，有充足的颈部和胸部褶皱，尤以公羊为甚，这是一个基本特征。眼睑和无毛部分有色素，尾下无毛的皮肤应有75％的色素区，种羊则以100％的色素为理想。毛短有光泽。少量绒毛有利于耐受冬季的寒冷。应排除的特征性缺陷：被毛太长且粗，绒毛太多。

性器官：母羊有结构良好的乳房，每边有不多于两个的乳头。公羊在一个阴囊中有两个较大、正常、结构良好和同等大小的睾丸。阴囊的圆周不少于25厘米。应排除的特征性缺陷：乳头为串状、葫芦状或双乳头；小睾丸，阴囊有大于5厘米的裂口。

体色：理想型应为头、耳呈红色的白山羊。有丰富的色素沉着，具明显光泽，允许淡红至深红。种羊头部两边除耳部外至少有10厘米直径的红色斑块，两耳至少有75％红色区和同样比例的色素沉着区。

【生产性能】波尔山羊适应性极强，几乎适合于各种气候条件饲养，在热带、亚热带、内陆甚至半沙漠地区均有分布，耐粗饲、抗病力强、性情温顺、活泼好动、群居性强、易管理。成年波尔山羊公羊、母羊的体高分别达75～90厘米和65～75厘米，体重分别为95～120千克和70～95千克。羔羊初生重3～4千克，周岁平均日增重200克，6月龄公羊体重可达42千克、母羊37千克。波尔山羊繁殖性能优良，一般常年发情，7月龄即可配种，一年两胎或两年三胎，产羔率180％～200％。波尔山羊可维持生产价值至7岁，是世界上著名的生产高品质瘦肉的山羊。屠宰率较高，在52％以上。肉厚而不肥，肉质细、肌肉内脂肪少、色泽纯正、多汁鲜嫩。板皮质地致密、坚牢，可与牛皮相媲美。此外，波尔山羊的板皮品质极佳，属上乘皮革原料。

【利用情况】波尔山羊可用于改良本地山羊，杂交一代生长速度快、产肉多、肉质好，体重比本地山羊提高50％以上，显示出很强的杂交优势，故被推荐为杂交肉羊生产的终端父系品种。是提高我国山羊生产性能，加速山羊生产产业化的重要举措。

2. 萨能奶山羊

萨能奶山羊即萨能奶羊，是世界上公认的最优秀奶山羊品种，原产于气候凉爽、干燥的瑞士伯龙县萨能山谷，是世界著名的奶用羊品种之一（见图 4-18）。它以遗传性能稳定、体形高大、泌乳性能好、乳汁质量高、繁殖能力强、适应性广、抗病力强而遍布世界各地，20 世纪 30 年代引进我国。

图 4-18 萨能奶山羊

【外貌特征】萨能奶山羊具有奶畜特有的楔形体形，被毛粗短，全身白毛，皮肤薄，呈粉红色，体格高大，结构匀称，结实紧凑。具有头长、颈长、体长、腿长的特点。额宽，鼻直，耳薄长，眼大凸出，眼球微黄，多数无角，有的有肉垂。母羊胸部丰满，背腰平直，腹大而不下垂；后躯发达，乳房基部宽广，形状方圆，质地柔软，乳头 1 对，大小适中。公羊颈部粗壮，前胸开阔，体质结实，外形雄伟，尻部发育好，四肢端正，部分羊肩、背及股部生有长毛。

【生产性能】羊只体质强健，适应性强，瘤胃发达，消化能力强，能充分利用各种青绿饲料、农作物秸秆。嘴唇灵活，门齿发达，能够啃食矮草，喜欢吃细枝嫩叶；活泼好动，善于攀登，喜干燥，爱清洁，合群性强，适于舍饲或放牧。

成年公羊体高 80 ～ 90 厘米，体重 75 ～ 95 千克；成年母羊体高 70 ～ 78 厘米，体重 55 ～ 70 千克。年泌乳期为 300 天，以 3 ～ 4 胎泌乳量最高。产奶量为 600 ～ 1200 千克，个体最高产奶量达 3080 千克，乳脂率为 3.8%。萨能奶山羊性成熟时间在 2 ～ 4 月龄，9 月龄即可配种。利用年限可达 10 年以上。繁殖率高，产羔率为 200%。

【利用情况】萨能奶山羊以其突出的产奶性能和广泛的适应性被输出到世界各地，成为世界上分布最广的奶用山羊。它抗病力强，在平原、丘陵、山区，北方、南方均可饲养。用于改良品种效果也十分显著，许多国家都用它来改良地方品种，选育出了不少地方奶山羊新品种，如英国萨能奶山羊、以色列萨能奶山羊、德国萨能奶山羊和我国的关中奶山羊及西农萨能奶山羊新品种等。

陕西是我国萨能奶山羊发源地，是全国最大的萨能奶山羊良种繁育基地。其奶羊存栏数占全国奶羊总数的 45%，羊奶产量占全国羊奶总产量的 34%。

3. 安哥拉山羊

安哥拉山羊原产自土耳其首都安卡拉（旧称安哥拉）周围，主要分布于气候干燥、土层瘠薄、牧草稀疏的安纳托利亚高原（见图 4-19）。产毛量高，毛长而有光泽、弹性大且结实，国际市场上称马海毛。“马海”为阿拉伯语 mohair 的音译，系非常漂亮的意思。土耳其语称“狄福的克”（tiftic），意谓柔软如丝。

用于高级精梳纺，是羊毛中价格最昂贵的一种。

图4-19 安哥拉山羊

【外貌特征】安哥拉山羊体格较小，公、母羊均有角，角白色扁平，长度短或中等，向后上方延伸并略有弯曲，耳下垂，颜面平直，嘴唇端或耳缘有深色斑点。颈短，体躯较窄，骨骼细，四肢短而端正，蹄质结实。全身被毛白色，羊毛有丝样光泽，手感爽滑柔软，由螺旋状或波浪状毛辫组成，毛辫长可垂至地面。

【生产性能】成年公羊体重40～45千克，成年母羊30～35千克。安哥拉山羊性成熟较晚，一般母羊18月龄开始配种，多产单羔，繁殖率及泌乳量均低。羔羊在大群粗放条件下放牧，成活率为75%～80%。安哥拉山羊被毛主要由无髓同型毛纤维组成，部分羊只的被毛中含有3%左右的有髓毛。剪毛量公羊3.5～6.0千克，母羊2.5～3.5千克。毛自然长度18～25厘米，最长可达35厘米，毛纤维直径35～52微米，羊毛细度随年龄增大而变粗。羊毛含脂率6%～9%，净毛率

65%～85%。土耳其每年剪毛1次，美国和南非年剪2次。与土种羊的杂交，其后代产毛量和羊毛品质一般随杂交代数的增加而提高，但体重则降低。

【利用情况】自1984年起，我国从澳大利亚引进该品种，目前主要饲养在内蒙古、山西、陕西、甘肃等省（区）。国内用安哥拉山羊分别与陕北土种山羊、太行山土山羊、中卫山羊、内蒙古白绒山羊、凉山山羊、海门山羊、藏山羊等进行了杂交，以提高中国地方山羊的生产性能。试验表明，杂交一代羊生长发育快、体质健壮、被毛密度增加、无髓毛比例大幅度提高。

国内引进安哥拉山羊的大多数省（区）在杂交改良提高当地山羊生产性能的基础上，以培育本地区的毛用山羊新品种为最终目的。陕西省制定了陕北马海毛山羊选育方案，并在国家科委和省科委的支持下开展了大规模的杂交育种工作，采用的育种方案为级进杂交。到1996年，各类杂种羊的数量达到7.58万只，级进代数最高到4代。杂交试验结果为随着级进代数的增加，被毛中无髓毛比例逐代提高、长度增加、直径变粗、产量提高；有髓毛则相反，比例下降、长度变短、直径变细、产量下降。到第3代，周岁母羊的无髓毛比例达到96.96%，有髓毛为3.04%，有髓毛中的死毛比例为2.34%，毛辫长度为21.63厘米，产毛量1520克，净毛率80.46%，被毛品质达到了马海毛的质量要求。到1998年已经完成了杂交试验研究工作，确立了培育陕北马海毛山羊的育种模式，同时还完成了陕北马海毛山羊选育中饲养、繁殖、疫病防治等配套技术的研究。甘肃省从1991年开始，用安哥拉山羊和中卫山羊采用复杂杂交育成的方法培育甘肃毛用山羊新品种，5年杂交中卫山羊近5万只，与中卫山羊级进杂交的F2代群体被毛同质或基本同质，羊的外形特征、被毛性状和品质已接近安哥拉山羊。尤其是F2代的被毛中没有发现干死毛现象，为培育中国毛用山羊提供了良好的育种素材。国内的宁夏、山西等省（区）也制定了毛用山羊的培育方案，在杂交育种方面进行了大量的研究工作，为国内毛用山羊的发展作出了积极贡献。

4. 努比山羊

努比山羊又名纽宾山羊，因原产于埃及尼罗河上游的努比地区而得名（见图 4-20），现在分布于非洲北部和东部的埃及、苏丹、利比亚、埃塞俄比亚、阿尔及利亚，以及美国、英国、印度等地。努比山羊因原产于干旱炎热的地区，所以耐热性好，对寒冷潮湿的气候适应性差。用它来改良地方山羊，在提高肉用性能和繁殖性能方面效果较好。

图 4-20 努比山羊

【外貌特征】努比山羊头短小，罗马鼻，鼻梁隆起，耳大下垂，颈长，躯干较短，尻短而斜，四肢细长。公、母羊有角或无角。母羊乳房发育良好，多呈球形。毛色较杂，有暗红色、棕色、乳白色、灰白色、黑色及各种斑块杂色，以暗红色居多，被毛细短、有光泽。

【生产性能】属肉乳兼用型。成年公羊平均体重 80 千克，体高82厘米，体长85厘米。成年母羊平均体重55千克，体高75厘米，体长78.5厘米。

泌乳期一般5～6个月，产奶量一般300～800千克，盛产期日产奶量2～3千克，高者可达4千克以上，乳脂率4%～7%，奶风味好。

努比山羊繁殖力强，母羊6～7月龄性成熟，一年可产两胎，每胎2～3羔。四川省简阳市饲养的努比山羊，妊娠期149天，产羔率190%。

【利用情况】我国广西、四川等地都曾引入过该品种，努比山羊具有生长快、体格大、泌乳性能好等优点。利用努比公羊和马头羊母羊杂交，其杂交优势十分明显，所产杂交山羊的初生重、日增重、成年体重、日产奶量及屠宰率均在马头山羊的基础上分别提高了1.6千克、65克、32千克、1.2千克、4%以上。很多地方将其作为第一父本，进行杂交改良利用。

（四）我国的山羊品种

1. 南江黄羊

南江黄羊原产自四川南江县，是经我国畜牧科技人员应用现代家畜遗传育种学原理，采用多品种复杂杂交方法人工选择培育而成的我国第一个肉用山羊新品种（见图4-21）。1995年和1996年先后通过农业部和国家畜禽遗传资源管理委员会现场鉴定、复审、认定。南江黄羊是我国目前肉用性能最好的山羊新品种，于1998年4月17日被农业部批准正式命名，并颁发了《畜禽新品种证书》。

【外貌特征】南江黄羊被毛呈黄色，沿背脊有一条明显的黑色背线，毛短紧贴皮肤，富有光泽，被毛内侧有少许绒毛，有角或无角，耳大微垂，体格高大，前胸深广，颈肩结合良好，背腰平直，四肢粗长，结构匀称。公羊毛色较黑，前胸、颈肩、腹部及大腿被毛黑而长，头略显粗重；母羊颜面清秀。

图 4-21 南江黄羊

【生产性能】南江黄羊体格高大，生长发育快。成年最高体重公羊、母羊可分别达 80 千克和 65 千克。成年阉羊可达 100 千克以上。

繁殖力高，性成熟早。南江黄羊 2 月龄即有性行为表现，3 月龄可出现初情，4 月龄可配种受孕。最佳初配年龄母羊 8 ～ 12 月龄，公羊 12 ～ 18 月龄。经产母羊群年产平均 1.82 胎，胎平均产羔率为 205.42%，群体繁殖成活率达 90.18%。

产肉性能好，胆固醇含量低，蛋白质含量高，口感好。南江黄羊羯羊 6 月龄、8 月龄、10 月龄、12 月龄胴体重分别为 8.83 千克、10.78 千克、11.38 千克、15.55 千克；屠宰率为 43.98%、47.63%、47.70%、52.71%；成年羯羊屠宰率为 55.65%，而且具有早期（哺乳阶段）屠宰利用的特点，最佳适宜屠宰期为 8 ～ 10 月龄，肉质鲜嫩，营养丰富，含有人体必需的 17 种氨基酸、无膻味，具有南江黄羊特有的产肉特征，更是美容、长寿的绿色食品，特别是老人、孕妇的最佳食品。

板皮品质优，质地良好。南江黄羊板皮细致结实、厚薄均匀、抗张力强、延伸率大、弹性好，主要成革性能指标均达到经工业部颁发的《山羊板皮正面服革标准》。

适应性强，杂交利用效果明显。南江黄羊具有较强的适应性，现已推广到21个省（区、市）。经推广验证，南江黄羊在北纬20°～42°、东经93°～122°、海拔10～4359米的自然生态区域内能保持正常的繁殖和生长，不仅适宜我国南方气候，也适宜于北方部分省（区）。如秦巴山区、太行山区、沿海一带的生态环境，无论是放牧与圈养都能表现出优良特性，特别是利用南江黄羊公羊改良各地的本地山羊效果十分显著。周岁F1代羊体重的杂交优势率为18.48%～38.49%，与同龄本地羊比较，体重提高范围在66.32%～111.32%。

2. 黄淮山羊

黄淮山羊因广泛分布在黄淮流域而得名（见图4-22、图4-23），黄淮山羊的饲养历史悠久，五百多年前就有历史记载。主要分布在河南、安徽和江苏等地区，是黄淮平原地区优良山羊品种。

图4-22 黄淮山羊（公）

图4-23 黄淮山羊（母）

【外貌特征】黄淮山羊结构匀称，骨骼较细。鼻梁平直，面部微凹，下颌有髯。分有角和无角两个类型，有角者，公羊角粗大，母羊角细小，向上向后伸展呈镰刀状；无角者，仅有0.5～1.5厘米的角基。颈中等长。胸较深，肋骨开张良好，背腰平直，体躯呈桶形。种公羊体格高大，四肢强壮。母羊乳房发育良好，呈半圆形。被毛白色，毛短有丝光，绒毛很少。

【生产性能】黄淮山羊成年公羊平均体高、体长、胸围和体重分别为：（65.98±8.16）厘米、（67.37±8.74）厘米、（77.66±9.99）厘米、33.9千克；成年母羊分别为：（54.32±4.55）厘米、（58.09±6.08）厘米、（71.17±5.99）厘米、25.7千克。7～10月龄的羯羊宰前重平均为21.9千克，胴体重平均为10.9千克，屠宰率平均为49.29%；母羊宰前重平均为16.0千克，胴体重平均为7.5千克，屠宰率平均为47.13%。

黄淮山羊具有性成熟早、生长发育快、四季发情、繁殖率高的特性，公羊性成熟期为10～12月龄，适时配种期在1.5岁左右。配种方式以自然交配为主，配种比例为1∶25，种羊场辅助以人工授精。配种期种公羊1次射精量一般为1.5毫升，精子密度30亿/毫升～50亿/毫升，精子活力在0.7以上。种公羊一般利用年限6～8年。繁殖母羊初情期在5～7月龄，可全年发情，但发情季节多集中在秋、春季，以秋季最多，发情周期平均21天。妊娠期150～154天，成年羊一般一年两胎或两年三胎，平均产羔率在250%，断奶羔羊成活率在95%以上，种母羊一般利用年限6～7年。

黄淮山羊板皮呈蜡黄色，细致柔软，油润光亮，弹性好，是优良的制革原料。黄淮山羊对不同生态环境有较强的适应性，板皮质量好。

3. 马头山羊

马头山羊是湖北省、湖南省肉皮兼用的地方优良品种之一（见图4-24），主产于湖北省十堰、恩施等地区和湖南省常德、黔阳等地区。马头山羊体形、体重、初生重等指标在国内地方品种中荣居前列，是国内山羊地方品种中生长速度较快、体形较大、肉用性能最好的品种之一。1992年被国际小母牛基金会推荐为亚洲首选肉用山羊品种。农业部将其作为“九五”星火开发项目并加以重点推广。

【**外貌特征**】马头山羊公、母羊均无角，头形似马，性情迟钝，群众俗称“懒羊”。头较长，大小中等，公羊 4 月龄后额顶部长出长毛（雄性特征），并渐伸长，可遮至眼眶上缘，长久不脱，去势一月后即全部脱光，不再复生。

图 4-24 马头山羊

马头山羊体形呈长方形，结构匀称，骨骼坚实，背腰平直，肋骨开张良好，臀部宽大，稍倾斜，尾短而上翘。乳房发育尚可。四肢坚强有力，行走时步态如马，频频点头。马头山羊皮厚而松软，毛稀无绒。被毛以白色为主，有少量黑色和麻色。按毛长短可分为长毛型和短毛型两种类型。按背脊可分为“双脊”和“单脊”两类。以“双脊”和长毛型品质较好。

【**生产性能**】体重：成年公羊为 43.8 千克，母羊为 33.7 千克，羯羊为 47.4 千克。幼龄羊生长发育快，一岁龄羯羊体重可达成年羯羊的 73%。育肥性能好，在放牧情况下成年羯羊屠宰率为 62.6%，7 月龄羊为 52%。板皮幅面大，洁白，弹性好。另外，一张皮可烫退毛 0.3 ～ 0.5 千克，是制毛笔、毛刷的好原料。产羔母羊日产奶为 1 ～ 1.5 千克。

马头山羊性成熟早，四季发情，在南方以春、秋、冬季配种较多。母羔 3 ～ 5 月龄、公羔 4 ～ 6 月龄性成熟，一般在 8 ～ 10 月龄配种，妊娠期 140 ～ 154 天，哺乳期 2 ～ 3 个月，当地群众习惯一年两产或两年三产。由于各地生态环境的差异和饲养水平的不同，产羔率差异较大。根据湖南省调查资料，在正常年景产羔率为 182%左右，每胎产羔 1 ～ 4 只。据调查 1196 胎统计：单羔率 26%，双羔率 46%，三羔率 16%，四羔率 8.5%，五羔率 2.17%，六羔率 0.17%。初产母羊多产单羔，经产母羊多产双羔或多羔。

4. 成都麻羊

成都麻羊分布于四川成都平原及其附近丘陵地区，成都市的双流区、金堂县和龙泉市，温江区的彭州市、灌县（现都江堰市）、崇州市、大邑县、邛崃市等。目前引入河南、湖南等省，是南方亚热带湿润山地丘陵补饲山羊，为肉乳兼用型（见图 4-25）。

图 4-25 成都麻羊

【外貌特征】公、母羊大多数有角，少数无角。公羊角粗大，向后方弯曲并略向两侧扭转；母羊角较短小，多呈镰刀状。公羊及大多数母羊下颌有髯，部分羊颈下有肉垂。公羊前躯发达，体形呈长方形，体态雄壮；母羊后躯深广，背腰平直，尻部略斜，四肢粗壮，蹄呈黑色、坚实，乳房呈球形，体形较清秀，略呈楔形。成都麻羊全身被毛呈棕黄色，色泽光亮，为短毛型。单根纤维颜色可分成三段，毛尖为黑色，中段为棕黄色，下段为黑灰色，各段毛色所占比例和颜色深浅在个体之间和体躯不同部位略有差异。整个被毛有棕黄而带黑麻的感觉，故称麻羊。毛色一般腹部比体躯较浅。在体躯上还有两处异色毛带，一处从角基部中点至颈背，背线延伸至尾根有一条纯黑色毛带；另一处沿两侧肩胛经前肢至蹄冠节又有一条纯黑色毛带，两条纯黑色毛带在鬐甲部交叉，构成明显的十字形。十字形的宽窄和完整程度因性别和个体而异。黑色毛带，公羊较宽，母羊较窄。从角基部前缘，经内眼角沿鼻梁两侧，至口角各有一条纺锤形浅黄色毛带，形似画眉鸟。

【生产性能】成都麻羊具有生长发育快、早熟、繁殖力高、适应性强、耐湿热、耐粗放饲养、遗传性能稳定等特性，尤以肉质细嫩、味道鲜美、无膻味及板皮面积大、质地优为显著特点。成年个体体高 59 ～ 68 厘米，体长 63 ～ 65 厘米，胸围 70 ～ 81 厘米、体重 29 ～ 39 千克。屠宰率为 46.9%～ 51.4%。4～5月龄性成熟，12～14月龄初配，常年发情，每年产两胎，妊娠期 142 ～ 145 天，一胎产羔率为 215%。母羊泌乳期为 5 ～ 8 个月，共产乳 70 千克左右。成都麻羊的板皮致密、张幅大、弹性好、板皮薄，深受国际市场欢迎。

二、种羊的引进

（一）品种的选择

肉羊品种的选择在考虑适应性的前提下，宜选择生产指数高的品种。生产指数高具体表现在肉用山羊能达到每产2羔，年产3羔，两年三产，初生重3.63千克，断奶前平均日增重170克；肉用绵羊能达到每产2羔，年产3羔，两年三产，初生重4.5千克，断奶前平均日增重280克。选择时要参考以上标准，选择生产指数与之相接近的品种，高于该指标的品种最好，严重低于该指标的坚决不选。

在南方多数地区宜养殖肉用山羊；北方应以生产力高的绵羊为主，兼顾山羊。具体来说，在中原肉羊优势生产区域，小尾寒羊、洼地绵羊、湖羊、黄淮山羊、长江三角洲山羊等可为母本，公羊可选杜泊羊、萨福克羊、德国或南非肉用美利奴羊、波尔山羊、马头山羊、努比山羊等。

西南肉羊优势区内盛产繁殖力强、肉用性能良好的黑山羊，金堂黑山羊、乐至黑山羊、大足黑山羊、简阳大耳羊、成都麻羊、南江黄羊、贵州白山羊等都可为优良的母本，公羊可选波尔山羊、努比山羊等。

在中东部农牧交错带肉羊优势生产区域，应选夏洛莱羊、道赛特羊等，与地方良种绵羊杂交。

在西北肉羊优势生产区域，宜饲养道赛特羊、萨福克羊、白头萨福克羊等品种羊，改良本地低产绵羊。

（二）种羊选种的方法

种羊选种时，首先要看体形外貌符合品种标准，还要求繁殖力和产肉力强。一定要选健康无病、生产性能好、适应性强、耐粗饲、遗传性能稳定，具有本品种特征的羊只。

1. 年龄的选择

理论上，最好选择有繁育经历的成年羊，不宜选择年龄过大的老羊和年龄过小的羊。因为年龄过大的老羊利用时间有限，生产性能下降；而年龄太小的羊无法确定未来的繁殖能力。根据经验，最好选择 2 ～ 3 岁的经产母羊。

现在比较可靠的年龄鉴定法仍然是牙齿鉴定。牙齿的生长发育、形状、脱换、磨损、松动有一定的规律。因此，人们就可以利用这些规律，比较准确地进行年龄鉴定。成年羊共有 32 枚牙齿，上颌有 12 枚，每边各 6 枚，上颌无门齿；下颌有 20 枚牙齿，其中 12 枚是臼齿，每边 6 枚，8 枚是门齿，也叫切齿。利用牙齿鉴定年龄主要是根据下颌门齿的发生、更换、磨损、脱落情况来判断的。羔羊一出生就长有 6 枚乳齿；约在 1 月龄，8 枚乳齿长齐；1.5 岁左右，乳齿齿冠有一定程度的磨损，钳齿脱落，随之在原脱落部位长出第一对永久齿；2 岁时中间齿更换，长出第二对永久齿；约在 3 岁时，第四对乳齿更换为永久齿；4 岁时，8 枚门齿的咀嚼面磨得较为平直，俗称齐口；5 岁时，可以见到个别牙齿有明显的齿星，说明齿冠部已基本磨完，暴露了齿髓；6 岁时，已磨到齿颈部，门齿间出现了明显的缝隙；7 岁时，缝隙更大，出现露孔现象。为了便于记忆，总结出顺口溜：一岁半，中齿换；到两岁，换两对；两岁半，三对全；满三岁，牙换齐；四磨平；五齿星；六现缝；七露孔；八松动；九掉牙；十磨尽。

2. 种公羊的选留

选择好种公羊，是发展养羊业的重要环节之一。因为一只种公羊能配很多只母羊，对其后代的影响很大。公羊应具备本品种的外貌特征，有雄性外貌，体高身长，额头宽，嘴稍长，头颈结合良好，前胸要求宽、深。并要求背腰宽而平直，四肢粗，腹围不大，两侧睾丸发育匀称而且大小适中，无隐睾。活泼好动，眼大有神，健康，毛质好，毛量多。实践证明，从种公羊的臊腥味和鸣叫声，也能判断其性欲的强弱，而且此法非常准确。臊腥味较浓、鸣叫声高昂洪亮的，其性欲都很强。还可通过精液质量检查、后裔鉴定，及时发现和剔除不符合要求的种公羊。

3. 种母羊的选留

种母羊要求体大，前后躯发达，骨盆宽大，腹围宽阔，乳房结构良好，富有弹性，乳静脉明显，乳头大小、长短适中。产乳量高，高产期长。采食量大，产仔多，性情温顺、母性强，哺乳性能好。注意膘情超常的母羊，这样的母羊可能没有繁殖能力。

4. 后备种羊的选留

选留时按品种标准中选择指标的要求，采用选择指数法选择。选择指数低于全群平均数加一个标准差者不予选留，选留种羊按需要更新头数，依选择指数高低一次选留，编入制种群，并进行种羊登记。

要从以下四个方面进行：一是要父母羊优良，从全窝都发育良好的羔羊、并且是优良的公、母羊杂交后代中选择。二是选个体，要从初生重和生长各阶段增重快、体尺优良、发育早的羔羊中选择。三是要看产羔性能，羊的繁殖力具有遗传性。据统计，由双羔育成的母羊，其所产双羔的比例较一般母羊高，特别是在第一胎产双羔的母羊，其后代产双羔的重复率较高。双羔或多羔是盈利的主要因素，通常母羊需要第二胎以上的经产多羔羊。四是选后代，要看种羊所产后代的生产性能，是不是将优良性能传给了后代，否则不能选留。

5. 种羊挑选原则

（1）性器官

① 母羊。乳房结构良好，有不少于两个的功能性乳头。允许的缺陷：若不能看出乳头分离，但有两个泌乳口；双乳头前 50%应分开。

② 公羊。在一个阴囊中有两个较大、正常、结构良好和

同等大小的睾丸。阴囊的圆周不小于25厘米。

应淘汰的缺陷：母羊的乳头为串状、葫芦状或双乳头；公羊小睾丸，阴囊有大于5厘米的裂口。

（2）头部　头部强健，有大而温顺的棕色双眼，罗马鼻。4牙时必须完全吻合，6牙以上可能有6毫米突出。角逐渐后弯，且应尽可能圆而坚硬，色暗。耳宽阔、光滑且长度适中。应淘汰的缺陷：额凹，角太直或太扁平，耳皱、突出且太短。

（3）颈与前躯　颈长适中，与体长相称。胸骨应宽，并有一深而宽的前胸。肩部应多肌肉，与身体相称。前腿长度中等，与体长呈一定比例，腿短而强健，且位置适当。应淘汰的缺陷：颈太长、太细或太短，肩部松弛。

（4）后躯　尻部宽而长，大腿、尻部肌肉丰满，凹凸不平。应淘汰的缺陷：尻部太短或翘起太高，腿太长或尻部太平。

（5）四肢　四肢强健、结构好，肌肉太多者属非理想型。所谓强壮的四肢是指结实，适应性强。应淘汰的缺陷：X状肢和外弯肢，太纤细或肉太多的四肢；膝部弱，蹄尖向外或向内。

（6）躯体　理想型应有一长、深且宽阔的体躯。多肉的开张肋骨与腰部相称，背部宽阔平直，肩后不显狭窄。应淘汰的缺陷：背部凹陷，肋骨开张不良，肩后呈圆柱状或狭窄。

（7）体色　理想的山羊为白色，头与耳为棕红色，前额及鼻梁部有一条较宽的白毛，皮肤充分着色，种公羊头两侧除耳部外至少有直径10厘米的棕色斑，双耳应至少有75%的棕红色区以及同样比例的皮肤着色。

（8）皮肤和被毛　皮肤松软，有充足的颈部和胸部褶皱，尤以公羊为甚，这是一个基本特征。眼睑和无毛部分有色系，尾下无毛的皮肤应有75%的色素区，种羊则以100%的色素为理想。毛短有光泽，少量绒毛有利于耐受冬季的寒冷。应淘汰的缺陷：被毛太长且粗，绒毛太多。

（三）引进

1. 引进方式

引进方式有购买种羊、胚胎或冷冻精液，采用哪种方式引进要根据本地实际情况来确定。购买种羊，价格高，但是配种简单、使用效果好，是目前最主要的引进方式。人工授精技术现在已经很成熟，鲜精受胎率在人工授精技术和公羊精液品质比较好的情况下可以达到85%左右，但是冷冻精液受胎率低只有40%左右，种羊价格昂贵，对财力不足而具备人工授精的地区，可少引进公羊或购买冻精，开展高倍稀释与冻精配种。精液鲜精活力在0.6以上，冻精活力在0.35以上方可配种。

2. 引羊出发前的准备

在引羊出发前，应根据当地农业生产、饲草料、地理位置等因素加以分析，有针对性地考察几个品种羊的特性以及对当地的适应性，进而确定引进山羊还是绵羊，具体引进什么品种。

3. 选择引羊时间

引羊最适合季节为春秋两季，这是因为春秋两季气温不高不低，天气不冷不热。最忌在夏季引种，6～9月份天气炎热、多雨，大都不利于远距离运输。如果引羊距离较近，不超过一天的时间，可不考虑引羊的时间。

4. 选购羊只

羊只的挑选是养羊业能够顺利发展的关键一环，首先要了解该养羊场是否有畜牧部门签发的《种畜禽生产许可证》《种羊合格证》《系谱耳号登记》，三者是否齐全。挑选时，要看它的外貌特征是否符合本品种特征，公羊要选择1～2岁，手摸睾丸富有弹性；手摸有痛感的多患有睾丸炎，膘情中上等但不要过肥过瘦。母羊多选择周岁左右，这些羊多半正处在配种期，母羊要强壮，乳头大而均匀，视群体大小确定公羊数，一般比例要求1∶（15～20），群体增大，应适当增加公羊数量，以防近交。

5. 运输

（1）专车运输　在运载种羊前24小时，应使用高效的消毒剂对车辆和用具进行两次以上的严格消毒，最好能空置一天后装羊，在装羊前用刺激性较小的消毒剂（苛性钠、石灰、来苏水等，口服可用0.1%高锰酸钾）彻底消毒一次，并开具消毒证明。

（2）降低应激　在运输过程中应减少种羊应激和肢蹄损伤，避免在运输途中死亡和感染疫病。要求供种场提前2小时对准备运输的种羊停止投喂饲料。上车时不能装得太急，注意保护种羊的肢蹄，装羊结束后应固定好车门。

（3）科学装车　长途运输的车辆，车厢最好能铺上垫料，可铺上稻草、谷壳等，以降低种羊肢蹄损伤的可能性。所装载种羊的数量不要过多，装得太密会引起挤压而导致种羊死亡；运载种羊的车厢隔成若干个隔栏，安排每10平方米15～20只为一个隔栏，隔栏最好用光滑的塑料水管制成，避免刮伤种羊，达到性成熟的公羊应单独隔开。

（4）防止疲劳　长途运输的种羊，应对种羊口服维生素C或碳酸氢钠，以防过度疲劳。临床表现特别兴奋的种羊，可注射适量氯丙嗪等镇静剂。

（5）安全行驶　长途运输的运羊车应尽量行驶高速公路，避免堵车，每辆车应配备两名驾驶员交替开车，行驶过程中应尽量避免急刹车；途中应注意选择没有停放其他运载动物车辆的地点就餐，绝不能与其他装运动物的车辆一起停放。

（6）保暖防暑　冬季要注意保暖，夏天要重视防暑，尽量避免在酷暑期装运种羊，夏天运种羊时应避免在炎热的中午装羊，可在早晨和傍晚装运；途中应注意供给饮水，防止种羊中暑，一般每天两次以上。

（7）通风散热　运羊车辆应备有汽车帆布，若遇到烈日或暴风雨时，应将帆布遮于车顶上面，防止烈日直射和暴风雨袭击，车厢两边的篷布应挂起，以便通风散热；冬季帆布应挂在车厢前上方以便挡风保暖。

（8）路途饲喂　准备好水和饲草料，最好从引进羊场带一些原来吃的草料，并准备配好的电解质溶液，在路上供种羊饮用。避免引起换料和长途运输的双重应激，长途运输上车前应先将种羊喂饱，长途运输时要在途中饮水、喂料，特别是不能断水。

（9）观察羊群　运输途中要适时停歇，检查有无病羊，每走一段路程就要停车检查一下，对趴下、跌倒的羊只及时拉起，否则就会因被踩、挤压而窒息死亡，特别是上下坡时更要注意经常检查。如出现呼吸急促、体温升高等异常情况，应及时采取有效的措施，可注射抗生素和镇痛退热针剂，必要时可采用耳尖放血疗法。随车应准备一些必要的工具和药品，如绳子、铁线、钳子、抗生素、镇痛退热以及镇静剂等。

6. 严格实行隔离观察、防止疾病传入

种羊到达后，必须在隔离舍隔离 2 ～ 3 周，确认没有任何疫病风险后，才能进场混群饲养。

三、繁殖管理

养羊的目的是获取羊的增殖，即羊的数量和羊产品的增加，以及品质的提高，以获得养殖效益。因此，做好羊的繁殖工作，是养羊生产中不可忽视的重要环节，家庭农场必须重视羊的繁殖管理。

（一）羊的繁殖现象和规律

1. 性成熟和初次配种年龄

当羊的性器官已经发育完全，具有产生繁殖能力的生殖细胞和性激素时，称为性成熟。此时公羊可以产生成熟的精子，母羊可以产生成熟的卵子，如果交配即可受孕。性成熟时期绵羊和山羊不同，山羊性成熟时期比绵羊略早。

绵羊的性成熟期一般为 5 ～ 8 月龄，同时和体重有关，一般性成熟羊的体重约为成年羊体重的 40%～ 60%。此外，还因受品种遗传、气候、营养因素的影响而表现略有差异。

虽然性成熟时期羊的生殖器官已发育完全，具备了正常的繁殖能力，但因羊身体其他系统的生长发育还未完全，故性成熟初期的母羊一般不宜配种。过早配种妊娠将影响母羊自身的生长发育，也将影响胎儿的正常发育，长此下去，必将引起羊群品质下降。根据这种情况，要求公、母羊断奶时，一定要分群管理，以避免偷配。

通常绵羊的初配年龄多为 12 ～ 18 月龄，山羊的初配年龄多为 10 ～ 12 月龄。山羊的初配年龄较早，与气候条件、营养状况有很大的关系。南方有些山羊品种 5 月龄即可进行第一次配种，而北方有些山羊品种初配年龄需到 1.5 岁。分布于江浙一带的湖羊生长发育较快，母羊初配年龄为 6 月龄。凡是草场或饲养条件良好、绵羊生长发育较好的地区，初次配种多在 1.5 岁时开始，而在草场或饲养条件较差的地区，初次配种年龄往往推迟到 2 ～ 2.5 岁才进行。

由此看来，分布于全国各地不同的绵羊、山羊品种其初配年龄均不一致。根据经验，以羊的体重达到成年体重的 70% 时，进行第一次配种较为适宜。

2. 发情

发情是母羊在性成熟以后，所表现出的一种具有周期性的性活动现象。完整的发情包括卵巢上的变化、生殖道上的变化和行为上的变化。

母羊发情时，表现为兴奋不安，一般不抗拒公羊接近或爬跨，或者主动接近公羊并接受公羊的爬跨交配。

外阴部充血肿大，柔软而松弛，阴道黏膜充血发红，上皮细胞增生，前庭腺分泌增多，子宫颈开张，子宫蠕动增多，输卵管的蠕动、分泌和上皮黏毛的波动也增强。

卵巢上有卵泡发育成熟，发育成熟后卵泡破裂，卵子排出。

母羊从开始表现以上发情特征到特征消失为止，这一时期称为发情持续期。母羊的发情持续期与品种、个体、年龄和配种季节等均有密切关系，如小尾寒羊为（30.23±4.84）小时，波尔山羊为 1 ～ 2 天。

羊在发情期内，如果未经配种，或虽经配种但未受孕时，经过一定时期会再次出现发情现象，由上次发情开始到下次发情开始的时间，称为发情周期。发情周期受品种、个体和饲养管理条件等因素的影响，如阿勒泰羊为 16 ～ 18 天，湖羊为 17.5 天，成都麻羊为 20 天，波尔山羊为 14 ～ 22 天。

3. 妊娠

羊从开始妊娠到分娩，这一时期称为妊娠期或怀孕期。妊娠期的长短，因品种、多胎性、营养状况等的不同而略有差异。早熟品种多半是在饲料比较丰富的条件下育成的，妊娠期较短，平均为 145 天左右；晚熟品种多是在放牧条件下育成的，妊娠期较长，平均为 149 天左右。如萨福克羊 147 天，罗姆尼羊 148 天，无角陶赛特羊为（146.72±1.89）天，小尾寒羊为（148.29±2.06）天，波尔山羊为（148.2±2.6）天，南江黄羊为（147.94±2.56）天。

4. 羊的繁殖季节

由于羊的发情表现受光照长短变化的影响，而光照长短变化是有季节性的，所以羊的繁殖也具有季节性规律。母羊大量正常发情的季节，称为羊的繁殖季节，也称配种季节。繁殖季节是通过长期的自然选择逐渐演化而形成的，主要决定因素是分娩时的环境条件要有利于羔羊的存活。

一般是在夏、秋、冬三个季节母羊有发情表现。

繁殖季节也因地区不同、品种不同而发生变化。生长在热带、亚热带地区或经过人工培育选择的绵羊，繁殖季节较长，甚至没有明显的季节性表现，我国的湖羊和小尾寒羊就可以常年发情配种。在气候温暖、海拔较低、牧草饲料良好的地区，饲养的绵羊、山羊品种一般一年四季都发情，配种时间不受限制。

不管是山羊还是绵羊，公羊都没有明显的繁殖季节，常年都能配种。但公羊的性欲表现，特别是精液品质，也有季节性变化的特点，一般还是秋季最好。在气温高的季节，公羊性欲减弱或完全消失，精液品质下降，精子数目减少、活力降低，畸形精子增多。

（二）杂种优势的利用

由于经济杂交所产生的杂交后代在生活力、抗病力、繁殖力、育肥性能、胴体品质等方面均比亲本具有不同程度的提高，因而成为当今肉羊生产中所普遍采用的一项实用技术。

我国的羊遗传资源极其丰富，在全国有着广泛的分布。但大量的地方品种以毛皮为主，我国缺乏叫得响的地方肉羊品种。现有的肉羊生产主要是以原有的地方品种当肉羊来养和以进口肉羊品种与我国地方羊品种进行经济杂交两种方式。

因此，利用杂种优势生产肉羊，是目前我国肉羊生产的主要形式，生产出比原有品种、品系更能适应当地环境条件和高产的杂种肉羊，极大地提高了肉羊产业的经济效益。如杜泊羊与小尾寒羊的多胎高产肉羊培育模式，南非肉用美利奴羊与东北细毛羊的肉毛兼用型肉羊培育模式，巴美肉羊与地方品种杂交模式，德国肉用美利奴羊与乌珠穆沁羊杂交模式，萨福克羊与蒙古羊杂交模式，道赛特羊与蒙古羊杂交模式。四川省政府先后开展了6个育种攻关项目，培育出了南江黄羊、简阳大耳羊、乐至黑山羊和金堂黑山羊4个新品系，并建立了地方品种保护名录。内蒙古大力开展巴美肉羊新品系选育研究工作，目前新品系群体规模已达到4000只以上。内蒙古同时还组织力量开展了地方品种多脊椎乌珠穆沁羊的选育研究工作。养羊场应根据不同品种特性并结合当地生态条件来确定合理的杂交组合。

小贴士：

肉羊生产杂交化已成为获取量多、质优和高效生产肉羊的主要手段。在西欧、大洋洲、美洲等肉羊生产发达国家，用经济杂交生产肥羔肉羊的比率已高达75%以上。利用杂种优势的表现规律和品种间的互补效应，一方面可以改进繁殖力、成活率和总生产力，进行更经济、更有效的生产；另一方面可通过选择来提高断奶后羊的生长速度和产肉性状。

（三）配种时期的选择

羊配种时期的选择，主要是根据在什么时期有利于羔羊的成活和母仔健壮情况来决定。生产实践中，在年产羔一次的情况下，产羔时间可分为两种，即冬羔和春羔。

1. 冬羔

冬羔是指每年的7～9月份配种，12月份至翌年1～2月份产的羔羊。

优点：母羊在妊娠期，由于营养条件比较好，所以羔羊初生重大，在羔羊断奶以后就能吃上青草，因而生长发育快，第一年越冬度春能力强；羔羊成活率比较高；绵羊冬羔的剪毛量比春羔的高。

缺点：产冬羔需要有一定的条件，一是冬季产羔，羔羊哺乳后期正值枯草季节，故冬季须贮备充足的饲草、饲料，做好母羊补饲，不然会造成母羊缺奶，影响羔羊生长发育；二是冬季气候寒冷，需要保温、通风性能好的圈舍供母羊产羔，否则不利于羔羊成活和培育。

2. 春羔

春羔是指在每年的 10 ～ 12 月份配种，翌年 3 ～ 5 月份所产的羔羊。

优点：由于春季气候已转暖，母羊产羔后很快可以采食青草，奶水足，羔羊发育好；羔羊出生后不久，也可吃到青草，羔羊生长较快；春季气候已转暖和，对产圈保暖性能的要求不高，一般产圈即可。

缺点：由于春季气候多变，常有风霜，遇到寒流或下雪，母羊及羔羊皆易患病，特别是绵羊发病率较高、成活率低；春季牧草长出后羔羊年龄小，不宜跟群放牧。特别是晚春羔，当年出栏率较低；另外，由于春羔断奶时已是秋季，故对断奶后母羊的抓秋膘有影响。特别是草场不好的地区，对于母羊的发情配种及当年的越冬度春都有不利的影响。

小贴士：

在气候寒冷或饲养管理条件较差的牧区或山区，适宜产春羔。一般来说，早春羔比晚春羔好。在条件较好的地区或有舍饲条件的地方，以产冬羔为宜。

（四）配种方法

羊的配种方法有两种：一种是自然交配，另一种是人工授精。自然交配是让公羊和母羊自行直接交配的方式，这种配种方式又称为本交。由于生产计划和选配的需要，自然交配又分为自由交配和人工辅助交配。

1. 自由交配

自由交配是按一定公母比例，将公羊和母羊同群放牧饲养，一般公母比为 1∶（15 ～ 20），最多 1∶30。母羊发情时便与同群的公羊自由进行交配。这种方法又叫群体本交，其优点是省工省事，也可以减少发情母羊的失配率。这种方法对居住分散的家庭小型养羊场很适合，若公母羊比例适当，可获得较高的受胎率。但也有以下的不足之处：一是公母羊混群放牧饲养，配种发情季节，性欲旺盛的公羊经常追逐母羊，无限交配，不安心采食，耗费精力，影响采食和抓膘。二是公羊需求量相对较大，一头公羊负担 15 ～ 30 头母羊，种公羊利用率低，不能充分发挥优秀种公羊的作用。特别是在母羊发情集中季节，无法控制交配次数，公羊体力消耗很大，将降低配种质量，也会缩短公羊的利用年限。三是由于公母混杂，无法进行有计划的选种选配，后代血缘关系不清，并易造成近亲交配和早配，从而影响羊群质量，甚至引起退化。四是无法控制产羔时间，不能记录确切的配种日期，也无法推算分娩时间，给产羔管理造成困难，易造成意外伤害和妊娠母羊流产。五是由生殖器官接触传播的传染病不易预防和控制。

为了克服以上缺点，在非配种季节公母羊要分群放牧管理，配种期内如果是自由交配，可按 1∶25 的比例将公羊放入母羊群，配种结束后将公羊分隔出来。每年群与群之间要有计划地进行公羊调换，以交换血统。

还有一种公羊间歇跟群竞争本交的方法。该方法是到了繁殖季节，将几只体质健壮、精力充沛和精液品质良好，并且体格大小与母羊相当的种公羊同时投入繁殖母羊群中，让公母羊自由交配。注意每天必须将公羊从母羊群中分隔出来休息半天。实践证明，这种方法效果十分理想，可在使用人工授精技术比较困难的牧区应用，使配种季节自由交配的公、母羊比例由1∶（30～40）提高到1∶（80～100），每只参加配种的公羊按比例平均可获得断奶羔羊70只，加速了牧区（300只以上大羊群）绵羊、山羊良种化的进程。此方法是80年代赵有璋教授在无锡总结的经验，值得借鉴。

2. 人工辅助交配

人工辅助交配是平时将公母羊分群隔离放牧饲养，经发情鉴定，把发情的母羊从羊群中选出来和选定的公羊交配。交配时间，一般是早晨发情的母羊傍晚配种，下午或傍晚发情的母羊于次日早晨配种。为确保受胎，最好在第一次交配后间隔12小时左右再重复交配1次。这种方法克服了自由交配的一些缺点，可防止近亲交配和早配，也减少了公羊的体力消耗，有利于母羊群采食抓膘，能记录配种时间，做到有计划地安排分娩和产羔管理等。不仅可以提高种公羊的利用率，增加利用年限，而且能够有计划地选配，提高后代质量。

该方法的缺点是：人工辅助交配需要对母羊进行发情鉴定、试情和牵引公羊等，花费的人力物力较多，在牧区不宜采用；对安静发情或发情症状不明显的母羊易造成漏配。

小贴士：

我国农村一些养羊专业户以“羊亲家”的管理形式开展配种工作，就是典型的人工辅助交配方式。所谓“羊亲家”就是在母羊发情配种季节，由一家专门养公羊，然后按人工辅助交配形式与养母羊的农家羊群配种。

3. 人工授精技术

人工授精是用器械采取公羊的精液，经过品质检查、稀释等处理后，再将经过处理的精液输入发情母羊生殖道内的一种人工繁殖技术。

（1）采精 采精的方法有假阴道法和电刺激法两种。假阴道法采精比较容易操作，应用最广泛。电刺激法采精需要借助电刺激采精仪器，操作难度相对大一些，适用于性欲差、肥胖、爬跨困难或不易调教用假阴道采精的种公羊。这里介绍假阴道法采精，采精前应准备好人工授精器械、种公羊、母羊及制订好选配计划，同时选好台羊。台羊应与采精公羊的体格大小相适应。

① 假阴道的准备。安装假阴道时，先将内胎插入硬质外胎中，将两端回套在外胎两端，注意内胎不要出褶。装好后用75%酒精棉球消毒，再用生理盐水棉球擦洗数次。假阴道的一端装上集精杯，在另一端内腔前部1/3～1/2处涂擦少量凡士林，然后向假阴道夹层内灌注50～55℃的热水约150毫升，吹气加压，使未装集精杯的一端内胎呈三角形，松紧适度，不漏气、漏水。采精前，用消毒的温度计检查假阴道内的温度，以39～42℃为宜。

② 采精操作方法。选择发情旺盛、个体中等以上的母羊作台羊，保定在采精架上。台羊的外阴部用2%来苏水溶液消毒，再用温水水洗，洗净擦干。也可用木制的假台羊。采精前应将公羊腹下的污染物擦拭干净。采精员右手紧握假阴道，用食指、中指夹好集精杯，使假阴道活塞朝下方，蹲在台羊右侧后方。待公羊爬跨台羊、阴茎伸出时，采精人员用左手轻托（勿捉）公羊包皮（采精员顺着公羊的动作将假阴道慢慢向后移动轻轻取下，将假阴道安装集精杯的一端向下，以接触龟头阴茎），将阴茎导入假阴道内。当公羊耸身向前完成射精从台羊身上滑下时，避免精液流失。放出假阴道内的空气，擦干外

壳，取下集精杯，收集精液，待检查（见图 4-26）。采精动作要稳、快、轻柔。一般每只公羊每天采精 1 次，每周不超过 5 次。采精期间必须给公羊补饲足量的精饲料，并加喂鸡蛋，加强运动，使公羊保持充沛体力，提高精子质量。

图 4-26 采精操作

（2）精液品质检查　精液品质和受胎率有着密切的关系，必须经过检查，评定合格者方可用于输精。通过精液品质检查确定稀释倍数和能否用于输精，这是保证输精效果的一项重要措施，也是对种公羊种用价值和配种能力的检验。精液品质检查要快速准确，取样要有代表性。检查的方法采用肉眼检查和显微镜检查。项目主要包括色泽、气味、射精量、活力和密度等。

① 肉眼检查。正常精液颜色呈乳白色或乳黄色，略有腥味。其他颜色或有腐臭味的均不能用来输精。肉用羊精液量一般为 0.5 ～ 2 毫升，外观呈回转滚动的云雾状态者，说明品质优良。

② 显微镜检查。在 18 ～ 25℃室温下进行。用滴管取一滴新鲜精液置于洁净载玻片上，加盖玻片（不要产生气泡），置于 400 ～ 600 倍的显微镜下检查精子活力、密度及形态。

a. 精子活力：在显微镜下（30 ～ 40℃）观察，做直线运动的精子所占的比例占 80%以上者，也就是鲜精的精子活力要达到 0.8 以上，方可用于输精。

b. 密度：镜检的视野中，精子间可容一个精子时，评密度为“中”；高于或低于测评“密”或“稀”。优质精子密度一般在 20 亿～ 30 亿个 / 毫升。用血细胞计数器和分光光度计比色法等度量精子密度结果更准确。

c. 形态：凡断尾、无尾、卷曲、双头等均属畸形精子。畸形精子所占比例超过 15%时，不能用于输精。

（3）精液的稀释　稀释精液的目的在于扩大精液量，提高优良种公羊的配种效率，提高精子活力，延长精子存活时间，使精子在保存过程中免受各种物理、化学、生物因素的影响。

人工授精所选用的稀释液要力求配制简单、费用低廉。常用的稀释液有生理盐水稀释液、葡萄糖卵黄稀释液和牛奶（羊奶）稀释液 3 种。

① 生理盐水稀释液。用注射用的 0.9%生理盐水，即可作为精液稀释液，此法简单易行，但是保存时间短，稀释倍数不宜超过 5 倍，稀释后要尽快输精。

② 葡萄糖卵黄稀释液。用葡萄糖 3 克、柠檬酸钠 1.4 克、蒸馏水 80 毫升，溶解调整溶液 pH 值至 7，过滤除菌后冷却至 30℃，加新鲜卵黄 20 毫升，青霉素、链霉素各 10 万国际单位，充分混合后备用。

③ 牛奶（羊奶）稀释液。新鲜牛奶（羊奶）用脱脂纱布过滤，蒸汽灭菌 15 分钟，冷却至 30℃，吸取中间奶液即可作为稀释液。每毫升稀释液加入 500 国际单位青霉素和链霉素。

经鉴定合格的精液，应及时进行等温稀释，将消毒的稀释液按一定比例缓慢加入精液中，根据精液的密度，一般可作

1～6倍稀释。

（4）精液保存

① 常温保存。精液稀释后，保存在18～20℃的室温环境中，只能保存1天。

② 低温保存。精液稀释后，由30℃缓慢降低到2～5℃。保存的有效时间为2～3天。低温保存精液可远距离运输，扩大输精范围。

③ 冷冻保存。肉用羊精液的冷冻保存，即在液氮中将精液冻成固态，使精子长期保持受精能力，可最大限度地提高优秀公羊的利用率。采用此方法，精液可长期保存。

（5）输精技术

① 鲜精的使用。采精、稀释后马上输精的不需特殊处理。如需向输精点输送精液，可用广口保温瓶输送；用灭菌试管为容器输送精液时，一定要装好封严，装入广口保温瓶内。小试管外面，应贴一个标签，注明公羊号、采精时间、精液量及其等级。运送时尽可能缩短途中时间，严防剧烈震动。如运送精液的距离较远，可先将广口保温瓶用冷水浸一下，填装半瓶冰块，使温度保持在0～5℃。精子对温度变化极为敏感，所以降温、升温都须缓慢进行。精液送到取出后，置于18～25℃室温下慢慢升温，经镜检合格后即可用于输精。

② 冷冻精液的使用。冻精解冻后，精子活力不低于0.3，输精量为0.2毫升，每一输精剂量中含活精子数不少于0.9亿个。安瓿及细管精液，解冻后精子活力要求在0.35以上，输精量中的活精子数要在0.8亿个以上。

③ 输精前的准备。输精前所有的器材要消毒灭菌，输精器及开膣器最好蒸煮或在高温干燥箱内消毒。输精器以每只母羊准备1支为宜，当输精器不足时，可在每次用后先用蒸馏水棉球擦净外壁，再以酒精棉球擦洗，待酒精挥发后再用生理盐水冲洗3～5次，才能使用。连续输精时，每输完1只羊后，输精器外壁要用生理盐水棉球擦净，才可继续

输精。

④ 输精人员的准备。输精人员穿好工作服，修好手指甲，手洗净擦干，用75%酒精消毒，再用生理盐水冲洗。

⑤ 待输精母羊的准备。把待输精母羊放在输精室，如没有输精室，可在一块平坦的地方进行。保定母羊正规操作应设输精架；若没有输精架，在地面埋上两根木桩，相距1米宽，绑上一根5～7厘米粗的圆木，距地面约70厘米，将输精母羊的两后肢提在横杠上悬空，前肢着地，一次可使3～5只母羊同时提在横杠上。另一种较简便的方法是由一人保定母羊，使母羊自然站立在地面，输精人员蹲在输精坑内，给母羊输精。还可采用两人抬起母羊后肢保定的方法，抬起的高度以输精人员能较方便地找到子宫颈口为宜。

⑥ 输精。用小块消毒纱布擦净发情母羊的外阴部。纱布使用后必须洗净，蒸煮消毒，以备下次再用。输精时，输精员左手握开膣器，右手持输精器，先将开膣器慢慢插入母羊阴道，轻轻旋转，打开开膣器，找到子宫颈口，然后把输精器插入子宫颈0.5～1厘米，拇指轻轻推动输精器活塞，注入定量精液（见图4-27），鲜精输精量为0.05～0.1毫升，冷冻精液输精量在0.1～0.2毫升。有的初产母羊阴道狭窄，开膣器无法充分展开或找不到子宫颈口，可采用阴道输精，但精液量至少要提高1倍。输精后，先取出输精器，然后使开膣器保持一定的开张度而取出，以免夹伤阴道黏膜。一般在母羊发情开始后12小时进行第一次输精为宜，但生产上较难掌握适时输精，故一般采用早晨一次试情，早、晚两次输精；对第二天继续发情的母羊，重输1次。对已输精的母羊及试情挑出的发情母羊，应分别做好标记，以便识别。人工授精中必须做好种公羊精液品质检查、发情母羊输精情况及选配记录工作。记录务必清晰、准确，并进行统计分析，以便不断改进工作。

图 4-27 输精操作实例

4. 母羊配种要求

（1）适时配种　母羊一般在发情后 30 ～ 40 小时排卵，应在发情后 12 ～ 24 小时配种为宜。实践表明，老母羊发情期较短，发情后排卵早一点；而初配母羊往往发情期较长，发情后排卵时间要往后拖。因此，提倡“老配早，少配晚，不老不少配中间”。

（2）双重配种　为了提高受胎率和产羔率，可分别于母羊发情中期和末期，进行两次输精或本交。还可在发情中，用 2 只不同年龄的公羊与其交配。

（3）催情配种　对于饲养管理粗放、羊体况瘦弱或过肥而影响发情的，要采取相应的措施。通过加强饲养管理，增加精料，多喂青饲料，对后者可减少些精料，多喂干草和青草，使瘦羊增膘复壮，肥羊适当减膘，促其正常发情。对体况正常的母羊，还可注射妊娠马血清，促使卵子成熟和排卵，配种怀胎。

> **小贴士：**
>
> 人工授精可提高优秀种公羊的利用率，还可节省种公羊饲养管理费用，加速羊群遗传进展，防止疾病传播。人工授精成本较低，技术难度相对较小，是规模化养羊场应该具备的繁殖技术之一。

（五）母羊的发情鉴定技术

发情鉴定是羊繁殖工作中的重要技术之一。可以判断母羊是否发情和发情程度，以便确定配种适宜期，提高受胎率。还可以及时发现问题、解决问题。羊发情鉴定通常采用外部观察法、公羊试情法和阴道检查法。

1. 外部观察法

外部观察法就是通过直接观察母羊的外部表现和精神状态，来判断母羊是否发情或发情程度的方法。外部观察法是鉴定母羊是否发情最基本、最常用的方法。

观察到母羊表现不安，目光滞钝，食欲减退，咩叫，外阴部红肿，流黏液，发情初期黏液透明，中期黏液呈牵丝状、量多，末期黏液呈胶状。发情母羊被公羊追逐或爬跨时，往往叉开后腿站立不动，接受交配。此时母羊正处于发情期。需要注意的是，初配羊发情不明显，需要认真观察，以免错过配种时机。

2. 公羊试情法

公羊试情法是根据母羊在性欲及性行为上对公羊的反应，

判断其是否发情和发情程度的方法。对外部发情症状不明显或不能确定排卵时间的母羊更适合。

试情应在每天清晨进行，试情公羊进入母羊群后，会用鼻去嗅母羊，或用蹄子去挑逗母羊，甚至爬跨到母羊背上，如果母羊不动、不拒绝，或伸开后腿排尿，这样的母羊即为发情羊。初配母羊对公羊有畏惧心理，当试情公羊追逐时，不像成年发情母羊那样主动接近，但只要试情公羊紧跟其后者，即为发情羊。饲养员应及时将发情母羊从羊群中挑出，并做上记号。试情时公、母羊比例以（2 ～ 3）∶100 为宜。

试情公羊要选择身体健壮、性欲旺盛、无疾病、年龄 2 ～ 5 岁、生产性能较好的公羊。试情公羊应单独喂养，加强饲养管理，远离母羊群，防止偷配。对试情公羊每隔 1 周应本交或排精一次，以刺激其性欲。

为避免试情公羊偷配母羊，可给试情公羊进行输精管结扎或系上试情布。试情布长 40 厘米、宽 35 厘米，四角系上带子，将其拴在试情羊腹下，使其无法直接交配（见图 4-28）。

图 4-28 试情公羊肚子上系上试情布

3. 阴道检查法

通过观察阴道黏膜、分泌物和子宫颈口的变化来判断是否发情的方法称为阴道检查法。

进行阴道检查时，先将母羊保定，外阴部冲洗干净，开膣器清洗、消毒、烘干后，涂上灭菌润滑剂或用生理盐水浸湿。检查人员将开膣器前端闭合，慢慢插入阴道，轻轻打开开膣器，通过反光镜或手电筒光线检查阴道变化。当观察到母羊阴道黏膜充血，表面光亮湿润，有透明黏液流出，子宫颈口充血、松弛、开张时，即可确认母羊已经发情。

（六）妊娠检查与预产期计算

1. 妊娠检查

及时而准确的妊娠诊断，特别是早期妊娠诊断，是提高母羊受胎率、减少空怀、保证产羔的重要技术措施。

（1）外部观察　母羊配种 21 天后不再发情，就可能已经妊娠。母羊妊娠后，食欲增加，毛色变光变亮，体态逐渐丰满，性情温顺，行动谨慎，好静，喜卧，阴唇收缩，阴门紧闭，阴道黏膜苍白，黏液浓稠、滞涩。妊娠后期，乳房膨胀，腹围增大，体重增加，呼吸加快，排粪、尿的次数增多。头胎母羊妊娠 60 天后乳房开始发育，颜色红润，乳头周围有蜕掉的皮屑和污垢，乳头基部厚而松软。

（2）腹部检查　对妊娠 2 个月以后的经产羊，可采取腹部检查进行妊娠诊断。检查者背向着羊头部，面向着后躯，用双腿夹住羊的颈部，用两手兜住羊的腹部，向上轻掂，左手在羊右侧腹下触摸是否有硬物，反复掂摸几次，如有硬块，即为胎儿。

（3）激素测定法　根据母羊的激素变化与妊娠的密切关系，可通过测定激素进行早期妊娠诊断。据研究，当母羊血液中孕酮含量达到 1.5 微克 / 毫升，可诊断为妊娠，准确率达 90% 以上。但按每增加 1 个胎儿母羊血液中孕酮含量相应增加

1 微克 / 毫升来判断妊娠数，其准确率只有 63%～69%。

（4）公羊试情　母羊配种后的下一个发情期若不表现发情征候，可初步判断已经妊娠。用公羊试情时，妊娠母羊已无性欲，不接受公羊爬跨。

（5）采用 B 超法　将母羊站立保定，用单绳固定颈部，分直肠和体外两个途径检查，先从直肠进行，当直肠检测不到时用体外检查。直肠检查时，先掏出直肠内蓄粪，探头涂耦合剂后由手指带入直肠内，送至盆腔入口前后，向下呈 45°～90°角进行扫描。体外检查时，主要在两股根部内侧或乳房两侧的少毛区，不必剪毛，探头涂耦合剂后，贴皮肤对准盆腔入口子宫方向进行扫描，选择典型图像进行照相和录像（见图 4-29）。

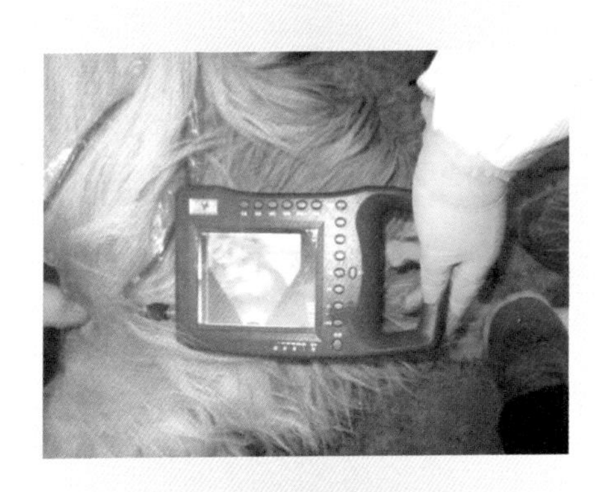

图 4-29　母羊妊娠检查

妊娠母羊，子宫角断面呈暗区，因羊水对超声不产生反射，配种后 16～17 天最初探到时为单个小暗区，直径超过 1 厘米，称胎囊，一般位于膀胱前下方。由于扫描角度不同，子宫断面呈多种不规则的圆形等。胎体的断面呈弱反射，位于子宫颈区的下部，贴近子宫壁，初次探到时还不成形，为一团块，仔细观察可见其中有一规律闪烁的光点，即胎心搏动。

未孕羊子宫角的断面呈弱反射，位于膀胱的前方或前下方，形状为不规则圆形，边界清晰，直径超过 1 厘米，同时可观察到多个这样的断面，并随膀胱积尿程度而移位。有时在断面中央可见到一很小的无反射区（暗区），直径 0.2 ～ 0.3 厘米，可能是子宫的分泌物。

妊娠早期胎囊不大，胚胎很小，需要慢扫细察才能探到。对影像的分析需要积累丰富的实践经验。特别是区分卵泡和黄体在羊用 B 超上的超声影像特征。

母羊卵泡在羊用 B 超上的超声影像特征：从形状上看，大部分为圆形，有少部分为椭圆形、梨形；从羊用 B 超影像的回声强度看，由于卵泡内充满卵泡液，羊用 B 超声扫描为无回声，在影像上为暗区，和卵泡壁及周围组织的强回声（亮）区形成明显的对照。

黄体在羊用 B 超声上的超声影像特征：从形状上看，黄体组织大部分为圆形或卵圆形。由于黄体组织超声扫描为弱回声，因此从羊用 B 超影像颜色上看没有卵泡的颜色深，另外卵巢与黄体在羊用 B 超影像上的最大区别是黄体组织内有小梁、血管的存在，因此在成像上有散在的点、线亮区存在，而卵泡没有。

2. 预产期计算

准确判断母羊产羔时间，可以合理饲养妊娠母羊，及时做好接羔准备。

羊的妊娠时间有时因品种、营养及羔羊数量等因素而有所变化。一般山羊的妊娠期为 152 天（141 ～ 159 天），绵羊为 150 天（140 ～ 158 天）。实践中羊的妊娠期一般按 150 天左右计算。

母羊预产期的推算方法如下：配种月份加 5，配种日期减 2 或减 4，如果妊娠期超过 2 月份，预产日期应减 2，其他月份减 4。如果配种月份加 5 超过 12 个月，将年份推迟一年，即把该年月份减去 12 个月，余数就是来年预产月。

例如：一只母羊在 2017 年 11 月 3 日配种，妊娠期超过 2 月份了，则该羊的产羔日期为 2018 年 4 月 1 日。

（七）接产与助产

1. 产羔前的准备

要准备专门的接产育羔舍。舍内要有采暖设施，但尽量不要在产房内点火升温，以免烟熏而导致羔羊患肺炎或其他疾病。产羔间要保持恒温和干燥，一般温度以 5 ～ 15℃为宜，湿度保持在 50%～ 55%。

产羔前 3 ～ 5 天把产房打扫干净，墙壁和地面用 5%碱水或 2%～ 3%来苏水消毒 2 ～ 3 次。产羔母羊尽量单栏饲养避免其他羊干扰，又便于母羊认羔。

产羔栏数按待产母羊数的 10%设计。要准备充足的碘酒、酒精、高锰酸钾、药棉、纱布以及产羔、助产器械。

2. 分娩征兆

母羊在分娩前，机体的某些器官在组织学上发生显著变化，母羊的全身行为也与平时不同，这些变化是以适应胎儿产出和新生羔羊哺乳的需要而做的生理准备。全面观察这些变化，往往可以大致预测分娩时间，以便做好助产准备（见视频 4-1）。

视频 4-1 母羊要分娩的征兆

乳房在分娩前迅速发育，腺体充实，临近分娩时乳头增大变粗，可以从乳头中挤出少量清亮胶状液体，或少量初乳。阴唇逐渐柔软，肿胀增大，阴唇皮肤上的皱襞展开，皮肤稍变红。阴道黏膜潮红，黏液由浓厚黏稠变为稀薄滑润，排尿频繁。骨盆的耻骨联合，荐髂关节以及骨盆两侧的韧带活动性增强，在尾根及两侧松软，肷窝明显凹陷。用手握住尾根做上下活动，感到荐骨向上活动的幅度增大。母羊精神不安，食欲减退，回顾腹部，时起时卧，不断努责和咩叫，腹部明显下陷是临产的典型征兆（见图 4-30），应立即送入产房。

图 4-30 腹部明显下陷

3. 正常接产

母羊产羔时，最好让其自行产出。接产人员的主要任务是监视分娩情况和护理初产羔羊。正常接产时先剪净临产母羊乳房周围和后肢内侧的羊毛，以免妨碍初生羔羊哺乳和吃下脏毛。有些品种细毛羊，眼睛周围密生有毛，为不影响视力，也应剪去。然后用温水洗净乳房，并挤出几滴初乳，再将母羊的尾根、外阴部、肛门洗净，用 1%来苏水消毒。

一般情况下，经产母羊比初产母羊产羔快，羊膜破裂数分钟至 30 分钟左右，羊羔便能顺利产出。正常分娩出的羔羊一般是两前肢和头部先出，头部附于两前肢之上，随着母羊的努责，羔羊可自然产出。若先看到前肢的两个蹄，接着是头也露出来，这属于正常分娩，不必助产。产双羔时，约间隔10～20分钟，当母羊产出第一只羔羊后，仍有努责、阵痛表现，是产双羔的征候，此时接产人员要仔细观察和认真检查。

羔羊出生后，先将羔羊口、鼻和耳黏液掏出擦净，以免误吞羊水，引起窒息或异物性肺炎。在接产人员擦拭羔羊身上黏液的同时，还要让母羊舔干，这样既可促进新生羔羊的血液循环，又有助于母羊认羔。

羔羊出生后，一般母羊站起，脐带自然断裂，这时可用5%碘酊在脐带断端处消毒，如羔羊不能自己扯断脐带时，先把脐带内的血向羔羊脐部顺捋几次，在离羔羊腹部3～4厘米的适当部位人工扯断，进行消毒处理。母羊分娩后1小时左右，胎盘即可自然排出，应及时取走胎衣，防止被母羊吞食养成恶习。若产后2～3小时母羊胎衣仍未排出，应及时采取措施。

4. 助产

母羊骨盆狭窄、阴道过小、胎儿过大或母羊身体虚弱、子宫收缩无力或胎位不正等均会造成难产，此时应实施人工助产。

如发现羊膜破水30分钟后，母羊努责无力，羔羊仍未产出时，应立即助产。助产人员应将手指甲剪短、磨光，消毒手臂，涂上润滑油，根据难产情况采取相应的处理方法。如胎位不正，先将胎儿露出部分送回阴道，将母羊后躯抬高，手入产道校正胎位，然后才能随母羊有节奏地努责，将胎儿拉出；如胎儿过大，可将羔羊两前肢数次拉出和送入，然后一手拉前肢，一手扶头，随母羊努责缓慢向下方拉出。切忌用力过猛，或不根据努责节奏硬拉，以免拉伤阴道。

羔羊产出后，如不呼吸，但发育正常，心脏仍跳动，称为“假死”。假死是由于羔羊吸入羊水，或分娩时间较长、子宫内缺氧等。抢救“假死”羔羊的方法很多。首先应把羔羊呼吸道内吸入的黏液、羊水清除掉，擦净鼻孔，向鼻孔吹气或进行人工呼吸。可以把羔羊放在前低后高的地方仰卧，手握前肢，反复前后屈伸，用手轻轻拍打胸部两侧；或提起羔羊两后肢，使羔羊悬空并拍击其背、胸部，使堵塞咽喉的黏液流出，并刺激肺呼吸。

严寒季节，放牧离舍过远或对临产母产护理不慎，羔羊可能产在室外。羔羊因受冷，呼吸迫停、周身冰凉。遇此情况时，应立即移入温暖的室内进行温水浴，洗浴时水温由38℃逐渐升到42℃，羔羊头部要露出水面，切忌呛水，洗浴时间为20～30分钟。同时要结合急救“假死”羔羊的其他办法，使其复苏。

5. 产后处理

应加强产后母羊的饲养管理。产后前几天内应给予质量好、容易消化的饲料，量不宜太多，三天后饲料即可转变为正常饲料。羔羊出生后，应使羔羊尽快吃上初乳。瘦弱的羔羊或初产母羊，以及保姆性差的母羊，需要人工辅助哺乳。如因母羊有病或一胎多羔奶水不足时，应找保姆羊代乳。有的母羊由于遗传、免疫、营养、环境等因素，以及产出时顺利与否等原因，常有新生羔羊出生后不久，便出现一些疾病现象。因此，应积极采取预防措施，如做好配种时公、母羊的选择，加强母羊妊娠期的饲养管理，注意畜舍的环境卫生及羔羊的个体卫生等，减少疾病的发生，提高羔羊的繁殖成活率。

6. 产后母羊及新生羔羊护理

（1）产后母羊护理　母羊产后，应让其很好地休息，并饮一些温水，第一次不宜过多，一般1～1.5升即可。最好喂一些麸皮和青干草。若母羊膘情较好，产后3～5天不要喂精料，以防消化不良或产生乳腺炎。胎衣通常在分娩后3～4小时排出，注意及时拿走，防止母羊吞食。产后母羊应注意保暖，避免贼风，预防感冒。在母羊哺乳期间，要勤换垫草，保持羊舍清洁、干燥。

（2）初生羔羊护理　初生羔羊体质较弱，适应能力低，抵抗力差，容易发病。因此，要加强护理，保证成活及健壮。

① 吃好初乳。初乳中含丰富的营养物质，容易消化吸收，还含有较多的抗体，能抑制消化道内病菌繁殖。如吃不足初乳，羔羊抗病力降低，胎粪排出困难，易发病，甚至死亡。

② 羔羊出生后，一般十几分钟即能站起，寻找母羊乳头。第一次哺乳应在接产人员护理下进行，使羔羊尽早吃到初乳；如果一胎多羔，不能让第一个羔羊把初乳吃净，要使每个羔羊都能吃到初乳。

③ 羔羊舍保温。羔羊出生后体温调节功能不完善，羔羊舍温度过低，会使羔羊体内能量消耗过多，体温下降，影响羔羊健康和正常发育。一般冬季羔羊舍温度要保持在 0 ～ 5℃为宜。冬季注意产后 3 ～ 7 天内，不要把羔羊和母羊牵到舍外有风的地方。但在保温的同时，也要注意通风减少圈舍内的不良气味，避免羔羊生病。7 日龄后母羊可到舍外放牧或食草，但不要走得太远。不要让羔羊随母羊去舍外。

④ 疫病防治。羔羊出生后一周，容易患痢疾，应采取综合措施防治。在羔羊出生后 12 小时内，可饲喂土霉素，每只每次 0.15 ～ 0.2 克，每天 1 次，连喂 3 天。

对羔羊要经常仔细观察，做到有病及时治疗。一旦发现羔羊有病，要立刻隔离，认真护理，及时治疗。羊舍粪便、垫草要焚烧。被污染的环境及土壤、用具等要用 3%～ 5%来苏水喷雾消毒。

（八）提高母羊受胎率的措施

1. 经常抓膘与配种前短期优饲相结合

养羊的生产实践证明，营养状况对羊只的繁殖力影响很大。全年使母羊保持中等以上的膘情，可使其正常发育。因此，要加强母羊平时的饲养管理，满足其对各种营养物质的需要。在此基础上，配种前对母羊还要实行短期优饲，增加蛋白质、优质牧草和其他精料。这样不但能保持母羊发情正常，而且排卵数量增加，双胎率高。

2. 改善种公羊的营养状况

种公羊的营养水平对母羊的受胎率和产羔率影响很大。为此，在羊的配种季节，要加强对种公羊的饲养。最好用全价饲料饲喂种公羊。这样，种公羊的性欲高，射精量多，精子密度大、活力强，母羊排的卵子易受精，双胎率也高。

3. 配种前给母羊喂燕麦

有人用两组羊做过试验，放牧和其他饲养条件相同，试验组在配种前的一个发情周期每日饲喂燕麦 250 克，同比多产羔 15%。因此，配种前多喂燕麦好。

4. 选留多羔种羊

利用羊的多羔性具有较强的遗传性，通过适当选配方法可使母羊的繁殖力不断提高。实践证明，用出生时三羔羊或四羔羊的母羊留作种用，其产羔率最高；二羔的母羊留种，产羔率次之；一羔的母羊留种，产羔率最低。因此，要选留多羔母羊作种用。要从头胎产多羔的公、母羊后代中选留优秀个体，如泌乳和哺乳性能好的多胎母羊。

5. 科学地安排配种时间

年产 1 胎的母羊，有冬季产羔和春季产羔两种。冬季产羔时间在 1 ～ 2 月份，需要在 8 ～ 9 月份配种；春季产羔时间在 4 ～ 5 月份，需要在 11 ～ 12 月份配种。两年 3 产的母羊，第一年5月份配种，10月份产羔；第二年1月份配种，6月份产羔；9月份配种，翌年2月份产羔。对于一年两产的母羊，可于4月初配种，当年9月初产羔；第二胎在10月初配种，翌年3月初产羔。主要是根据各地区、各养羊场的年产胎次和产羔时间决定。

6. 适时配种

母羊的排卵时间多在发情后期，此时配种容易受胎。母羊年龄与发情持续期的长短有关，故配种时间也不一样。一般老龄母羊的发情持续时间短，宜在发情后早些配种；幼龄母羊发情持续时间长，配种时间应适当延后；中年母羊发情时间介于两者之间，应于发情中期配种。采用多次输精或重复配种，能有效提高受胎率。

7. 利用双羔素、激素和生物学刺激

① 利用双羔素。成本低、效果佳，应用推广价值大。双羔素分油剂和水剂两种。油剂制品应于配种前14天在母羊臀部一次肌内注射2毫升；水剂制品宜在母羊配种前5周和2周在颈部皮下注射，每只母羊每次1毫升，发情后及时配种可明显提高受胎率。

② 利用激素。实践证明，秋季母羊发情不配种，13天后肌内注射促卵泡激素180国际单位，分两次注射，头一天注100单位，第二天注80单位，放入公羊试情，母羊发情当天静脉或肌肉再注射促黄体素80国际单位，并立即配种，可提高产羔率30%～50%。

③ 利用生物学刺激。该法主要是调节光照周期和配种季节，在配种开始之前引入公羊逗情，时间人工控制在8小时以内，可使母羊很快发情。母羊妊娠期150天，在分娩后即实行光照控制，从而达到一年产两胎的目的。

第五章 肉羊的饲料保障

一、羊的营养需要

营养需要是指羊在维持正常生命健康、正常生理活动和保持最佳生产水平时，对各种营养物质的必需种类和数量。主要有蛋白质、碳水化合物、脂肪、矿物质、维生素和水等。这些营养物质是羊生命活动所必需的，也是转变成羊各种产品的原料。

（一）蛋白质

蛋白质是由氨基酸组成的含氮化合物，是羊体各种细胞的主要构成物质，肌肉、皮肤、内脏、血液、神经、骨骼、毛、角等的基本成分都是蛋白质，其产品肉、奶、蛋等的主要成分也是蛋白质。另外，蛋白质可以形成羊体内活性物质如酶、激素、抗体等，也是修补和更新机体组织的原料，蛋白质还可以分解产生能量，作为机体的能源。离开了蛋白质，生命就无法维持。在维持饲养条件下，蛋白质的需要主要是满足组织新陈代谢和维持正常生理功能的需要。羊对蛋白质的需要量随年龄、品种、产品方向而不同。瘤胃中的大量细菌含有65%的蛋白质，细菌蛋白以蛋氨酸、缬氨酸和胱氨酸居多。

羊的生命活动离不开蛋白质，羊的各种产品也离不开蛋白质。蛋白质是羊的主要营养物质之一，在饲料中缺乏蛋白质，则羊生长发育受阻，羊毛变细或生长停滞，孕羊产死胎或弱羔，哺乳母羊无奶，公羊性欲不强，精液品质降低。因此，蛋白质在羊的营养上具有特殊地位。

由于羊是反刍动物，它能利用瘤胃中的微生物制造氨基酸，合成高品质的菌体蛋白质，因此对饲料蛋白质的品质要求不是很严格。瘤胃微生物能利用非蛋白质含氮化合物（如尿素、铵盐），将之转化为羊体所需要的蛋白质，根据这一特点，可在羊的日粮中添加适量尿素作为饲料蛋白质的替代品。一般山羊日粮中蛋白质含量在6%～10%时，添加尿素的效果最好。

（二）碳水化合物

碳水化合物的主要作用是为机体提供能量，参与糖胺聚糖、糖蛋白等合成，是维持正常体温和生命活动的必需物质。碳水化合物是组成羊日粮的主体。饲料中的碳水化合物主要是淀粉和纤维性物质，它们主要经羊的瘤胃微生物作用而被分解、吸收。山羊对粗纤维的消化率可达50%～90%，为提高山羊对粗纤维的消化率，一是日粮中的粗蛋白质水平应达到10%～14%；二是饲料中粗纤维的含量不能过高，一般应控制在16%～18%；三是在日粮中添加适量盐可提高粗纤维的消化率；四是将粗饲料适当切短后饲喂，但如切得过短或粉碎，反而会降低消化率，一般切成3～4厘米为好。

（三）脂肪

脂肪是构成机体组织的重要成分，所有器官和组织都含有脂肪。脂肪是体内储存能量的最好形式，脂肪也可以转化为能量，脂肪还是脂溶性维生素A、维生素D、维生素E、维生素K的溶剂。另外，还可提供体内不能合成，必须由饲料供给的必需脂肪酸。在羊产品（如奶、肉）中也含有相当数量的脂肪。种羊一般不直接补饲脂肪，但杂种羊在育肥阶段可采用高能日粮。

（四）矿物质

羊体内各部位都含有矿物质，占体重的3%～5%，矿物质是体组织和细胞，特别是骨骼的重要成分，是保障健康、维持生长和繁殖、进行生产必不可少的营养物质。羊即使处于完全饥饿的状态下，为维持正常的代谢活动，仍需消耗一定的矿物质。许多矿物质是机体新陈代谢和生命活动必需的物质。所以，在维持饲养时，必须保证一定水平的矿物质含量。

在羊营养中重要的矿物质主要有钙、磷、镁、钾、钠、氯、硫、铁、铜、锌、钴、碘、硒等，成年羊体内钙的90%、磷的87%存在骨组织中，钙、磷比例应为2∶1，但其比例随幼龄羊的年龄增加而减少，生长后钙、磷比例应调整为（1～1.2）∶1。羊最易缺乏的矿物质是钙、磷和食盐。在放牧条件较好的季节，可不必补充钙和磷，但妊娠母羊、哺乳母羊、种公羊和生长发育羊，以及舍饲期，需补充一定量的钙和磷。钙、磷丰富的矿物质饲料主要有骨粉、磷酸钙等，一般种公羊每日需补骨粉10克左右，其他羊和杂种羊每日需补5克左右。植物性饲料中所含的钠和氯，不能满足羊的需要，必须在饲料中补充氯化钠（食盐），补盐还能刺激羊的食欲。一般将盐和其他需补充的矿物质制成砖，任羊舔食。此外，还应补充必要的矿物质微量元素。

（五）维生素

维生素是维持羊正常生理功能所必需的物质，其主要功能是控制、调节代谢作用。维生素不足可引起体内营养物质代谢作用的紊乱，严重时会造成死亡。维生素是调节物质代谢过程、提高抗病力、保障繁殖功能不可缺少的营养物质。维生素分为脂溶性和水溶性两大类。脂溶性维生素可溶于脂肪，在体内有一定的储存，短时供应不足，对羊的生长无不良影响。水溶性维生素可溶于水，在体内不能储备，需每天由日粮提供，包括B族维生素和维生素C，维生素C可在畜体内合成。成年羊瘤胃微生物可合成B族维生素和维生素K。因此，羊的饲料中一般只需补充脂溶性维生素A、维生素D、维生素E。羊在维持饲养时也要消耗一定的维生素，必须由饲料补充，特别是在冬春枯草季节和舍饲期、母羊妊娠期和种公羊配种高峰期，要经常在饲料中补充一些胡萝卜、青干草、大麦芽、青贮饲料等，保证羊的维生素需要。也可直接购买多种维生素，按说明拌入精料中饲喂。

（六）水

水是羊体重要组成成分之一。水最容易得到，所以有时不把水作为营养物质，这种看法是不完全的。水分是饲料消化与吸收、营养物质代谢、排泄及体调节等生理活动所必需的物质，是羊生命活动不可缺少的。一般水分可占体重的60%～70%。当体内水分不足时，羊的胃肠蠕动减慢，消化紊乱，体温调节功能遭到破坏。特别是在缺水情况下脂肪过度沉积（肥育），会促进肠毒血症的发生，食欲减退，并出现肾炎等症状。饮水不足还会影响食物的适口性。当体内水分损失5%时，羊有严重的渴感，食欲废绝；损失10%的水分时，代谢紊乱，生理过程遭到破坏；损失20%时，可引起死亡。

羊需要的水主要由饮水供应。需水量因年龄、体重、气温、日粮及饲养方式不同而异，一般按采食饲料中的干物质含量来计算需水量，一般每采食1千克干物质需水3～4升。每日应让羊自由饮水2～3次。

二、羊采食特点

羊只具有自己独特的采食特点，主要有以下几个方面。

① 羊嘴尖齿利，唇薄灵活，上下颌有力，门齿向外有一定的倾斜度，有利于啃食地面低矮的牧草和灌木枝叶，对草籽的咀嚼也很充分。羊啃食能力强，采食的植物种类广泛，天然牧草、灌木和树叶、藤蔓、农副产品都可以作为羊的饲料。山羊采食范围比绵羊广泛，除采食各种杂草外，还喜欢啃食灌木枝叶和树果、树皮。

② 因为羊只善于啃食很短的牧草，故可以进行牛羊混牧，或不能放牧马、牛的短草牧场也可放羊。据试验，在半荒漠草场上，有66%的植物种类为牛所不能利用，而绵、山羊则仅38%。在对600多种植物的采食试验中，山羊能食用其中的88%，绵羊为80%，而牛、马、猪则分别为73%、64%和46%，说明羊的食谱较广，也表明羊对过分单调饲草料最易感到厌腻。

③ 绵羊和山羊的采食特点有明显不同：山羊后肢能站立，有助于采食高处灌木或乔木的嫩幼枝叶，而绵羊只能采食地面上或低处的杂草与枝叶；绵羊与山羊合群放牧时，山羊总是走在前面抢食，而绵羊则慢慢跟随后边低头啃食；山羊舌上苦味感受器发达，对各种苦味植物较乐意采食。粗毛羊和细毛羊比较，爱吃"走草"即爱挑草尖和草叶，边走边吃，移动较勤，游走较快，能扒雪吃草，对当地毒草有较高的识别能力；而细毛羊及其杂种羊，则吃的是"盘草"（站立吃草），游走较慢，常落在后面，扒雪吃草和识别毒草的能力也较差。

④ 羊喜欢采食含蛋白质多、粗纤维少的豆科牧草，能够依据牧草的外表和气味，识别不同的植物，如牧草青嫩，则采食时间长、反刍时间短；若是粗纤维含量高的青草或干草，则采食时间短、反刍时间长。

⑤ 羊喜爱清洁，对有异味的草料及受粪尿污染的水源拒食。羊采食前先用鼻子闻，然后再吃，带有异味、粘有粪便或腐败变质的饲草、饲料，或经践踏过的牧草羊都不会采食。补饲牧草、精料时要在饲槽中进行，并且要经常打扫饲槽，更换

饮水，保证水、草、用具清洁。

三、消化功能特点

（一）羊消化器官特点

羊属于反刍类家畜，具有复胃，分为瘤胃、网胃、瓣胃和皱胃四个室。其中，前三个室称为前胃，胃壁黏膜无胃腺，犹如单胃的无腺区；皱胃称为真胃，胃壁黏膜有腺体，其功能与单胃动物相同。据测定，绵羊的胃总容积约为30升，山羊为16升左右，各胃室容积占总容积比例明显不同。瘤胃容积大，其功能是储藏在较短时间采食未经充分咀嚼而咽下的大量饲草，待休息时反刍，内有大量能够分解消化食物的微生物。瓣胃黏膜形成新月状的瓣叶，对食物起机械压榨作用。皱胃黏膜腺体分泌胃液，主要是盐酸和胃蛋白酶，可对食物进行化学性消化。

羊的小肠细长曲折，约为25米，相当于体长的25倍左右。胃内容物进入小肠后，经各种消化液（胰液和肠液等）进行化学性消化，分解的营养物质被小肠吸收。未被消化吸收的食物，由于小肠的蠕动而被送入大肠。

大肠的长度比小肠短，约为8.5米。大肠的主要功能是吸收水分和形成粪便。在小肠未被消化的食物进入大肠，也可在大肠微生物和由小肠带入大肠的各种酶作用下，继续消化吸收，余下部分被排出体外。

（二）羊消化生理特点

1. 反刍

反刍是指反刍动物在食物消化前把食团吐出经过再咀嚼和

再咽下的活动。其机制是饲料刺激网胃、瘤胃前庭和食管黏膜引起的反射性逆呕。反刍是羊的重要消化生理特点，反刍停止是疾病征兆，不反刍会引起瘤胃胀气。

2. 瘤胃微生物的作用

瘤胃微生物的区系十分复杂，且常因饲料种类、饲喂时间、个体差异等因素而变化。瘤胃微生物主要为细菌、原生动物（主要包括鞭毛虫、纤毛虫）、真菌，但在消化中以厌氧性纤毛虫和细菌为主，它们的种类和数量也最多。1 克瘤胃内容物中，约含细菌 150 亿～ 250 亿和纤毛虫 60 万～ 100 万，其总容积约占瘤胃液的 3.6%，其中细菌和纤毛虫约各占 50%（按容积计）。但就代谢活动的强度和其作用的重要性来说，细菌远远超过纤毛虫。

瘤胃微生物的主要作用是：消化碳水化合物，尤其是消化纤维素；可同时利用植物性蛋白质和非蛋白氮构成微生物蛋白质；对脂类有氢化作用；瘤胃微生物能合成 B 族维生素和维生素 K 等，所以日粮中缺乏此类维生素并不影响反刍动物的健康。

（三）羔羊生长发育及消化特点

① 初生羔羊的瘤胃、网胃和瓣胃都很小，结构和功能都不完善，仅皱胃在起作用。刚出生的羔羊和其他哺乳动物一样，整个消化道没有细菌。经过与母羊的接触，从呼吸道和消化道接受细菌定值，才可建立正常的微生物群体。羔羊出生后数周内主要靠母乳为生。在吸吮时反射性引起食管沟闭合，形成管状结构，避免乳汁流入瘤胃。吸吮的母乳直接经封闭的食管沟到达皱胃，被皱胃分泌的消化酶消化，消化规律与单胃动物相似。

② 初生羔羊前胃不发达，瘤胃微生物区系尚未形成，所

以它们不能消化利用青粗饲料中的粗纤维。但在出生后 1 周左右，羔羊就有随母羊学习采食嫩草和饲料的表现。20 ～ 40 日龄羔羊出现反刍行为，开始具有反刍动物的消化功能，对各种粗饲料的消化逐步增强。到 1.5 个月，羔羊的瘤胃和网胃质量占整个胃重的比例已经达到成年羊的程度，而皱胃比例缩小。因此，在哺乳的第 8 ～ 15 天里，可适当给羔羊补饲一些易消化的精饲料和优质干草，以刺激胃肠系统发育，锻炼胃肠消化功能，使反刍行为提早出现，促进羔羊的健康生长。

③ 羊的小肠吸收功能随着年龄的变化而变化，新生羔羊的肠黏膜对大分子物质具有高度的通透性，小肠可通过胞吞作用吸收免疫球蛋白等完整蛋白质，从而获得被动免疫功能。在出生 12 小时后，羔羊对初乳的吸收能力将逐步下降，到出生后 180 小时左右，羔羊就完全失去了吸收大分子免疫球蛋白的功能。因此，要保证羔羊出生后及时吃到足量的初乳。

针对羔羊生长发育及消化特点，出生至 3 日龄前必须供给充足的初乳，3 ～ 4 周龄内以母乳为主要食物，3 周龄后可逐步利用植物性饲料。

四、羊的常用饲料原料

羊的常用饲料原料有青绿饲料、青贮饲料、粗饲料、能量饲料、蛋白质饲料、矿物质饲料、饲料添加剂等 7 类。

（一）青绿饲料

按饲料分类原则，这类饲料主要是指天然水分含量高 60% 的青绿多汁饲料。青绿饲料以富含叶绿素而得名，种类繁多，有天然草地或人工栽培的牧草，如黑麦草、紫云英、紫花苜蓿、白三叶草、象草、羊草、大米草和沙打旺等；叶菜类和藤蔓类，其中不少属于农副产品，如甘薯蔓、甜菜叶、白菜帮、萝卜缨、南瓜藤等；水生饲料，如绿萍、水浮莲、水葫芦、水花生等；野生饲料，如各类野生藤蔓、树叶、野草等；块根块茎类饲料，如胡萝卜、山芋、马铃薯、甜菜和南瓜等。不同种类的青绿饲料间营养特性差别很大，同一类青绿饲料在不同生长阶段，其营养价值也有很大的不同。

青绿饲料具有以下特点：一是含水量高，适口性好。鲜嫩的青绿饲料水分含量一般比较高，陆生植物牧草的水分含量为75%～90%，而水生植物约为95%。二是维生素含量丰富。青绿饲料是家畜维生素营养的主要来源。三是蛋白质含量较高。禾本科牧草和蔬菜类饲料的粗蛋白质量一般可达到1.5%～3%，豆科青绿饲料略高，为3.2%～4.4%。四是粗纤维含量较低。青绿饲料含粗纤维较少，木质素低，无氮浸出物较高。青绿饲料干物质中粗纤维不超过30%，叶菜类不超过15%，无氮浸出物在40%～50%。五是钙、磷比例适宜。青绿饲料中矿物质占鲜重的1.5%～2.5%，是矿物质营养的较好来源。六是青绿饲料是一种营养相对平衡的饲料，是反刍动物的重要能量来源，青绿饲料与由它调制的干草可以长期单独组成草食动物日粮，并能维持较高的生产水平，为养羊基本饲料，且较经济。六是容积大，消化能含量较低，限制了其潜在的其他方面营养优势，但是，优良的青绿饲料仍可与一些中等能量饲料相比拟。

下面介绍几种常见的牧草。

1. 黑麦草

黑麦草（见图5-1和视频5-1）属禾本科黑麦草属，一年生或多年生草本，是重要的栽培牧草和绿肥作物。本属约有10种，我国有7种，其中多年生黑麦草（*L.perenne*）和多花黑麦草（*L.multiflorum*）是具有经济价值的栽培牧草。

图 5-1 黑麦草

视频 5-1 黑麦草

黑麦草含粗蛋白质 4.93%，粗脂肪 1.06%，无氮浸出物 4.57%，钙 0.075%，磷 0.07%。其中粗蛋白质、粗脂肪比本地杂草含量高出 3 倍。在春、秋季生长繁茂，草质柔嫩多汁，适口性好，是羊的好饲料。供草期为 10 月份至次年 5 月份，夏天不能生长。

黑麦草的利用：

① 放牧利用。黑麦草生长快、分蘖多、能耐牧，是优质的放牧用牧草，也是禾本科牧草中可消化物质产量最高的牧草之一。常以单播或与多种牧草作物如紫云英、白三叶草、红三叶草、苕子等混播。羊尤喜欢其混播草地，不仅增膘长肉快、产奶多，还能节省精料。羊一般在播后 2 个月即可轻牧一次，以后每隔 1 个月可放牧一次。放牧时应分区进行，严防重牧。每次放牧的采食量，以控制在鲜草总量的 60%～70%为宜。每次放牧后要追肥和灌水一次。

② 青刈舍饲。黑麦草营养价值高，富含蛋白质、矿物质和维生素，其中干草粗蛋白质含量高达 25%以上，且叶多质嫩，适口性好，可直接喂羊。羊饲用尤以孕穗期至抽穗期刈割为佳，可采取直接投喂或切段饲喂；青刈舍饲应现刈现喂，不要刈割太多，以免浪费。

③ 青贮。黑麦草青贮，可解决供求上出现的季节不平衡和地域不平衡问题，同时也可解决盛产期雨季不易调制干草的困难，并可获得较青刈玉米品质更为优良的青贮料。青贮在抽穗期至开花期刈割，应边割边贮。如果黑麦草含水量超过75%，则应添加草粉、麸糠等干物，或晾晒一天消除部分水分后再贮。发酵良好的青贮黑麦草，具有浓厚的醇甜水果香味，是最佳的冬季饲料。

④ 调制干草和干草粉。黑麦草属于细茎草类，干燥失水快，可调制成优良的绿色干草和干草粉。一般可在开花期选择连续 3 天以上的晴天刈割，割下就地摊成薄层晾晒，晒至含水量在 14%以下时堆成垛。也可制成草粉、草块、草饼等，供冬春季饲喂；或作商品饲料；或与精饲料混配利用。

2. 紫花苜蓿

紫花苜蓿（见图 5-2）别名紫苜蓿、苜蓿、苜蓿花，是豆科蝶形花亚科苜蓿属，多年生草本植物。有“牧草之王”的称号，是当今世界种植面积最大，分布国家最广的优良栽培牧草。

图 5-2 紫花苜蓿

紫花苜蓿产草量高，其产草量因生长年限和自然条件不同而变化很大，播后2～5年每亩鲜草产量一般在2000～4000千克，干草产量500～800千克。在水热条件较好的地区每亩可产干草733～800千克；在干旱低温的地区，每亩可产干草400～730千克；在荒漠绿洲的灌区，每亩可产干草800～1000千克；利用年限长，寿命可达30年之久，田间栽培利用年限多达7～10年。但其产量，在进入高产期后，随年龄的增加而下降；再生性强，刈割后能很快恢复生机，一般一年可刈割2～4次，多者可刈割5～6次；适口性强，茎叶柔嫩鲜美，不论青饲、青贮、调制青干草、加工草粉、用于配合饲料或混合饲料，各类畜禽都最喜食，是养羊业首选青绿饲料；营养丰富，苜蓿干物质中粗蛋白质18.6%、粗脂肪2.4%、粗纤维35.7%、无氮浸出物34.4%、粗灰分8.9%。茎叶中含有丰富的蛋白质、矿物质、多种维生素及胡萝卜素，特别是叶片中含量更高。紫花苜蓿鲜嫩状态时，叶片质量占全株的50%左右，叶片中粗蛋白质含量比茎秆高1～1.5倍，粗纤维含量比茎秆少一半以上。苜蓿干草喂畜禽可以替代部分粮食，据美国研究，按能量计算其替代率为1.6∶1，即1.6千克苜蓿干草相当于1千克粮食的能量。苜蓿富含蛋白质，如按能量和蛋白质综合效能，苜蓿的代粮率可达1.2∶1。

紫花苜蓿的利用：

① 放牧利用。紫花苜蓿用于放牧利用时，以猪、鸡、马等家畜最适宜。放牧羊、牛等反刍家畜易得臌胀病，结荚以后就较少发生。用于放牧的草地要划区轮牧，以保持苜蓿的旺盛生机，一般放牧利用4～5天，间隔35～40天的恢复生长时间。如放牧羊、牛等反刍家畜时，混播草地禾本科牧草要占50%以上的比例；应避免家畜在饥饿状态下采食苜蓿，放牧前要先喂以燕麦、苏丹草等禾本科干草，可防止家畜腹泻。为了防止臌胀病，可在放牧前口服普鲁卡因青霉素钾盐，成畜每次50～75毫克。

② 青刈舍饲。青刈舍饲是饲喂畜禽最为普遍的一种方法，

但应注意苜蓿的最佳刈割时间，不同生长阶段影响紫花苜蓿的营养价值。青刈利用以在株高30～40厘米时开始为宜，早春掐芽和细嫩期刈割减产明显。紫花苜蓿的营养成分与收获时期关系很大，苜蓿在生长阶段含水量较高，但随着生长阶段的延长，干物质含量逐渐增加，蛋白质含量逐渐减少，粗纤维则显著增加，纤维的木质化加重。可见，刈割过晚，尽管收获的数量最大，茎的总量也增加了，但叶茎比变小了，营养成分明显改变，饲用价值降低。由于苜蓿含水量大，青饲时应注意补充能量和蛋白质饲料，反刍家畜多食后易产生臌胀病，一般与禾本科牧草搭配使用。

③ 青贮利用。苜蓿青贮或半干青贮，养分损失小，具有青绿饲料的营养特点，适口性好、消化率高、能长期保存，畜牧业发达国家大都以干草为重点的调制方式向青贮利用方式转变。主要采用以下半干青贮、包膜青贮、加添加剂青贮方式（常用的添加剂有甲酸乳酸菌制剂和酶制剂等）和与禾本科牧草或其他饲料作物如玉米、苏丹草和高粱草等的混合青贮。

④ 制备干草。调制干草的方法很多，主要有自然干燥法、人工干燥法等。自然干燥法制得的苜蓿干草的营养价值和晾晒时间关系很大，其中粗蛋白质、粗灰分、钙的含量和消化率随晾晒天数的增加而减少，粗纤维含量随晾晒天数的延长而增加。米脂（1994）对苜蓿干物质消化率与其化学成分关系的统计分析结果表明，提高苜蓿消化利用率的关键是控制苜蓿纤维木质化程度和减少粗蛋白质损失。由此看来适时刈割和减少运输和干燥过程中的叶片损失非常重要，因为苜蓿叶片的蛋白质含量占整株的80%以上。

⑤ 叶蛋白的利用。紫花苜蓿叶蛋白（ALP）是将适时刈割的苜蓿粉碎、压榨、凝固、析出和干燥而形成的蛋白质浓缩物。一般粗蛋白质50%～60%、粗纤维0.5%～2%、消化能12.5～13.5兆焦/千克，代谢能12.4～12.9兆焦/千克，并含有丰富的维生素、矿物质等。

3. 紫云英

紫云英（见图 5-3）又称红花草、翘摇，豆科黄芪属，一年生或越年生草本植物，是重要的绿肥、饲料兼用作物。按生育期和成熟期可分早、中、晚 3 个类型。分布于我国的长江地区，生长于海拔 400 ～ 3000 米的地区，多生长在溪边、山坡及潮湿处，农村家庭的农田里常有种植。

图 5-3 紫云英

紫云英养分含量和饲料价值均较高。紫云英植株中氮（N）、磷（P）、钾（K）的含量因生育期、组织器官、土壤及施肥的不同而异。一般花蕾期和初花期养分含量高于盛花期和结荚期。随着生育期的变化，鲜草产量增加，氮、磷、钾养分总量亦相应增加。紫云英各组织器官的养分平均含量（以干物质计）约为 N（氮）2.18％～ 5.50％、P_2O_5（五氧化二磷）0.56％～ 1.42％、K_2O（氧化钾）2.83％～ 4.30％、CaO（氧化钙）0.60％～ 1.86％、MgO（氧化镁）0.40％～ 0.93％。其中以叶和花中的氮、磷含量较高，茎秆中钾的含量较高。紫云英含有较多的蛋白质、脂肪、胡萝卜素及维生素 C 等营养物质，且纤维素、半纤维素、木质素含量较低，是一种优良牧草。

紫云英的利用：

紫云英为优等饲料，牛、羊、马、兔等均喜食。紫云英茎、叶柔嫩多汁，叶量丰富，富含营养物质。可青饲，也可调制干草、干草粉或青贮料。

① 青刈舍饲。以鲜紫云英直接饲喂。

② 青贮。青贮的优点是贮存时间长、贮存量大、成本低，且养分的损失也较少，口感也佳。紫云英的青贮料猪很爱吃，一般可掺用50%左右。应当注意的是，牛、羊、马等反刍动物虽然可以紫云英作饲料，但不宜吃得过多，以免引起腹胀。

紫云英鲜草无论是水泥窖、土窖、聚乙烯袋以及罐、桶都可青贮，各地可因地制宜推广应用。聚乙烯袋因容易破损，一般贮存时间不宜超过3个月。

紫云英鲜草收获后应先晒2～3天，使含水量降至70%左右，再切碎青贮，以免青贮期间因水分过多而造成养分损失。紫云英含蛋白质较高，但含碳水化合物较少，是属于较难青贮的青绿饲料。添加酒糟、米糠、禾本科牧草等含碳水化合物较多的饲料可有效解决干物质和粗蛋白质损失问题。在青贮时间较长时，一般以不要加盐为好。

4. 羊草

羊草（见图5-4）又名碱草，禾本科赖草属，是广泛分布的多年生禾草，也是欧亚大陆草原区东部草甸草原及干旱草原上的重要建群种之一。我国东北部松嫩平原及内蒙古东部为其分布中心，在河北、山西、河南、陕西、宁夏、甘肃、青海、新疆等省（区）亦有分布。羊草最适宜于我国东北、华北诸省（区）种植，在寒冷、干燥地区生长良好。春季返青早，秋季枯黄晚，能在较长的时间内提供较多的青绿饲料。

图 5-4 羊草

羊草叶量多、营养丰富、适口性好，各类家畜一年四季均喜食，有“牲口的细粮”之美称。牧民形容说：“羊草有油性，用羊草喂牲口，就是不喂料也上膘。”花期前粗蛋白质含量一般占干物质的 11% 以上，分蘖期高达 18.53%，且矿物质、胡萝卜素含量丰富。每千克干物质中含胡萝卜素 49.5 ～ 85.87 毫克。羊草调制成干草后，粗蛋白质含量仍能保持在 10% 左右，且气味芳香、适口性好、耐贮藏。羊草产量高，增产潜力大，在良好的管理条件下，一般每公顷产干草 3000 ～ 7500 千克，产种子 150 ～ 375 千克。

羊草的利用：

① 放牧利用。4 月中旬株高 30 厘米左右后开始放牧，到 6 月上中旬抽穗后，质地粗硬，适口性降低，应停止放牧。要划区轮牧，严防过重放牧。每次放牧至吃去总产量的 1/3 左右即可。也可在冬季利用枯草放牧牛、羊、马。

② 调制干草。以在孕穗期至开花初期，根部养分蓄积量较多的时期刈割。经调制的干草切短喂或整喂效果均好。羊草干草也可制成草粉或草颗粒、草块、草砖、草饼，供作商品饲草。

5. 大米草

大米草（见图 5-5）又名食人草，禾本科米草属，多年生草本植物，具根状茎。在我国分布于辽宁、河北、天津、山东、江苏、上海、浙江、福建、广东、广西等省（自治区、直辖市）的海滩上。为优良的海滨先锋植物，耐淹、耐盐、耐淤，在海滩上形成稠密的群落，有较好的促淤、消浪、保滩、护堤等作用。秆叶可饲养牲畜，或作绿肥、燃料、造纸原料等。

图 5-5 大米草

嫩叶和地下茎有甜味、草粉清香，马与骡、黄牛、水牛、山羊、绵羊、奶山羊、猪、兔皆喜食。根据 7 个月地上部分营养成分的分析，粗蛋白质含量在旺盛生长抽穗期之前最高可达 13%，盛花期下降到 9% 左右。胡萝卜素含量变化大体和粗蛋白质含量变化一致。粗灰分和钙的含量在秋末冬初比春夏高 1 倍。18 种氨基酸 5 个月含量分析结果以谷氨酸和亮氨酸最高，天冬氨酸、丙氨酸次之。十种必需氨基酸和国外有代表性禾本科牧草的平均含量相比，六种超过（苯丙氨酸、亮氨酸、异亮氨酸、蛋氨酸、苏氨酸、缬氨酸），四种不及（赖氨酸、色氨酸、组氨酸和精氨酸）。

国外曾做过两个样品营养成分测定，其营养成分分别为：粗脂肪 39%、40.5%，粗蛋白质 39.3%、45.5%，粗纤维 63.6%、66%，无氮浸出物 46%、48.5%。大米草对反刍动物消化率也较高，是一种优良牧草。草场一般亩产鲜草 1000 ～ 2000 千克。茎叶比 1∶(2.1 ～ 3.5)，较低滩面为 1∶1.5 左右。

大米草的利用：

在江浙沿海可全年放牧，割草堆贮全年均可用。由于赖氨酸含量较少，宜混饲。鲜草、干草、青贮、草粉、粉浆发酵等方式均可。饲鲜草前最好先浸泡一夜，待凉后用，否则需多给家畜饮水。

① 放牧利用。在海滩大米草草场上可全年放牧牛、马、羊等家畜。应注意放牧时要划区轮牧，以利再生草的生长。

② 刈割青饲。大米草每年可刈割 3 次，第 1 次在 6 ～ 7 月份，大米草抽穗时进行；第 2 次在 9 月中下旬，再生草长至 30 厘米左右时刈割；第 3 次在 11 月上中旬，即临冬前刈割。刈割时应选择晴天进行。每次刈割之后晾晒至叶片萎蔫，就可切碎或整株直接饲喂畜禽，还可粉浆发酵喂猪。如果刈割的青草在近期内喂不完，就可青贮、晒制干草或粉碎成草粉贮存，等缺草时饲喂畜禽。

6. 沙打旺

沙打旺（见图 5-6）又名直立黄芪、斜茎黄芪、麻豆秧等，豆科黄芪属，短寿命多年生草本植物。可与粮食作物轮作或在林果行间及坡地上种植，是一种绿肥、饲草和水土保持兼用型草种。20 世纪中期我国开始栽培，主要的优良品种有辽宁早熟沙打旺、大名沙打旺和山西沙打旺等。沙打旺抗逆性强，适应性广，具有抗旱、抗寒、抗风沙、耐瘠薄等特性，且较耐盐碱，但不耐涝。野生种主要分布在俄罗斯西伯利亚和美洲北部，以及中国东北、西北、华北和西南地区。

图 5-6 沙打旺

从各地多点试验及分析表明，沙打旺粗蛋白质含量在风干草中为 14%～17%，略低于紫花苜蓿，幼嫩植株中粗蛋白质含量高于老化的植株。初花期的粗蛋白质含量为 12.29%，仅低于苗期（13.36%），而高于营养期（11.2%）、现蕾期（10.31%）、盛花期（12.30%）和霜后落叶期（4.51%）。霜后落叶期的粗蛋白质含量急剧下降，仅为盛花期前的 1/3 ～ 1/2。在不同生长年限中，氨基酸总含量以第一年最高，达 13%以上，二至七年的植株中，变化幅度为 8.0%～ 9.6%，接近草木樨含量（9.8%），而低于紫花苜蓿。紫花苜蓿第二年初花期氨基酸总量为 12.22%。生长一年的沙打旺，从苗期到盛花期，植株中 8 种必需氨基酸含量变化于 2.7%～ 3.6%，平均为 2.38%，略低于紫花苜蓿（3.05%）。因此，沙打旺是干旱地区的一种好饲草，但其适口性和营养价值低于紫花苜蓿。沙打旺的有机物质消化率和消化能也低于紫花苜蓿。

尽管沙打旺植株体内含有脂肪族硝基化合物，在家畜体内可代谢 β- 硝基丙酸和 β- 硝基丙醇的有毒物质，但反刍动物的瘤胃微生物可以将其有效分解，所以饲喂比较安全。

沙打旺的利用：

沙打旺因植株高大，茎秆易变粗老，作饲草用的，一般应在花期前或高度 80 ～ 100 厘米时刈割利用，过迟则茎秆木质化，营养价值和适口性都明显降低。沙打旺再生性较差，一般每年刈割 1 次，水热条件好的也可刈割 2 次，留茬高度为 5 ～ 6 厘米。

沙打旺用于饲料，其茎叶中各种营养成分含量丰富，可放牧、青饲、青贮、调制干草、加工草粉和配合饲料等。

沙打旺有微毒，带苦味，适口性差，但其干草的适口性优于青草，可与其他牧草适量配合利用，能消除苦味，提高适口性。

沙打旺与禾本科饲料作物混合青贮效果很好，其中沙打旺比例应在 35％以内，否则因蛋白质含量过高，容易引起青贮料变质。

7. 象草

象草（见图 5-7）因大象爱吃而得名，又名紫狼尾草，禾本科狼尾草属。原产于非洲，是热带和亚热带地区广泛栽培的一种多年生高产牧草。我国在 20 世纪 30 年代从印度、缅甸等国引入广东、四川等试种，80 年代已推广到我国南方等省（区、市）栽培，具有品质优良、适口性极好、利用年限长、用途较广、有很高的经济价值等特性，是热带和亚热带地区良好饲用植物之一，是我国南方饲养畜禽重要的青绿饲料。

象草具有较高的营养价值，风干物质中粗蛋白质 10.58％，粗脂肪 1.9％，粗纤维 33.14％，无氮浸出物 44.7％，粗灰分 9.61％。象草内蛋白质含量和消化率均较高。如果按每亩年产鲜草 5000 ～ 30000 千克计算，每亩则可年产蛋白质 64.5 ～ 387 千克，这是其他热带禾本科牧草所不及的。象草产量高，每公顷年产鲜草 75 ～ 150 吨，高者可达 450 吨。每年可刈割 6 ～ 8 次，生长旺季每隔 25 ～ 30 天即可刈割 1 次，利用年限较长，一般为 3 ～ 5 年，如栽培管理利用得当，可延长到 5 ～ 6 年甚至 10 年以上。

图 5-7 象草

象草的利用：

象草柔软多汁，适口性很好，利用率高，牛、马、羊、兔、鸭、鹅等均喜食，幼嫩期也是养猪、养鱼的好饲料，一般多用作青饲，除四季给畜禽提供青绿饲料外，也可晒制成干草或青贮。

① 刈割的适宜时期：象草当株高 100 ～ 130 厘米时即可刈割头茬草，每隔 30 天左右刈割 1 次，1 年可刈割 6 ～ 8 次，以留茬 5 ～ 6 厘米为宜。割倒的草稍等萎蔫后可切碎或整株饲喂畜禽，这样可提高适口性。

② 晒制干草：象草割倒后，就地摊晒 2 ～ 3 天，晒成半干，搂成草垄，使其进一步风干，待象草的含水量降至 15%左右时运回保存，严防叶片脱落。

③ 贮存：采用堆藏法、沟藏法、室内沙藏法、窖藏法时，都要注意管理，将温度和湿度控制在最佳范围内，否则易引起象草干缩，降低品质和成活率。在南方地区由于雨水多，露天贮存易蓄水霉变，所以用草棚进行贮存。要因地制宜，在草棚的中间堆成圆锥形或方形、长方形草垛，这样既可以防水，又可以通风，损失也少。

④ 品质鉴定：气味芳香、没有霉变、水分含量没有超标

等，则是贮存的优等象草。贮存后应每隔 15 ～ 20 天检查 1 次温度、湿度，一旦发现问题及时处理。

8. 白三叶草

白三叶草（见图 5-8），又名白三叶、白花三叶草、白车轴草、白三草、车轴草、荷兰翅摇，豆目科三叶草属，多年生草本植物。广泛分布于温带及亚热带高海拔地区，我国云南、贵州、四川、湖南、湖北、新疆等地都有野生分布，长江以南各省（区、市）亦有大面积栽培。

白三叶草开花前，鲜草含粗蛋白质 5.1％、粗脂肪 0.6％、粗纤维 2.8％、无氮浸出物 9.2％、灰分 2.1％。产量虽不如红三叶草，但富含各种维生素，适口性好，营养价值也较高，是一种含高蛋白质和多种维生素的牧草。

图 5-8 白三叶草

白三叶草的利用：

白三叶草再生性好，耐践踏，属刈割与放牧兼用型牧草。每年可刈割 3 ～ 4 次，每 667 平方米鲜草产量为 2.5 ～ 3.0 吨，产种子 10 ～ 15 千克。

① 放牧利用：用于放牧利用的，要在分枝盛期至孕蕾期，或草层高度达20厘米时开始，高度在5～8厘米时结束放牧，放牧不宜过重，免损生机。每次放牧后，应停牧2～3周，以利再生。放牧牛、羊时不要在雨后和有露水时进行，以免发生臌胀病。

② 青饲：鲜白三叶草青饲羊时，应与禾本科牧草搭配，以防发生臌胀病。搭配比例，禾本科牧草占50%～60%。

③ 晒制干草：用作刈割利用的适宜生育期为初花期至盛花期，留茬高度为2～3厘米，以利再生，混播草地还应视其他牧草适宜刈割期而定。在晒制干草时，干燥后应及时堆垛贮存，避免雨淋。

④ 青贮：青贮时要使其迅速失水到半干状态，装窖时要压实封严。

（二）青贮饲料

青贮饲料是将新鲜青绿饲料，装填到密闭的青贮容器内，在厌氧条件下利用乳酸菌发酵产生乳酸，当pH值接近4.0时，则所有微生物处于被抑制状态，以保存青绿饲料。在青贮过程中，营养物质损失低于10%。青贮饲料粗蛋白质和胡萝卜素含量较高，具有酸香味，柔软多汁，适口性好，容易消化，是冬、春季优良的补饲饲料。

1. 青贮的类型

（1）青贮饲料　将含水率65%～75%的青绿粗饲料切碎后，在密闭缺氧的条件下，通过厌氧乳酸菌的发酵作用，抑制各种杂菌的繁殖，而获得的一类粗饲料产品。如玉米青贮饲料。

（2）黄贮饲料　以收获籽实后的农作物秸秆为原料，通过添加微生物菌剂、酸化剂、酶制剂等添加剂，有可能添加适量水，在密闭缺氧的条件下，通过厌氧乳酸菌的发酵作用而获得的一类粗饲料产品，包括压袋装产品。产品名称应标明粗饲料的品种，青贮好的饲料必须标明粗灰分、中性洗涤纤维、水分、青贮添加剂品种及用量，如玉米黄贮饲料。

（3）半干青贮（低水分青贮） 半干青贮也称作低水分青贮饲料，它是指将青贮原料风干到含水率45%～55%进行贮存的技术。主要用于豆科牧草。

原料含水率在45%～50%时，半风干的植物对腐败菌、酪酸梭菌及乳酸菌造成生理干燥状态，使其生长繁殖受到限制。因此，在青贮过程中，微生物发酵微弱，蛋白质不被分解，有机酸形成数量少。虽然霉菌在风干植物体上仍可大量繁殖，但在切碎紧实的厌氧环境下，其活动也很快停止。半干青贮因含水量较低，干物质相对较多，具有较多的营养物质。如1千克豆科和禾本科半干青贮饲料中含有45～55克可消化蛋白质、40～50微克胡萝卜素。微酸，有果香味，pH值为4.8～5.2，有机酸含量在5.5%左右。优质的半干青贮呈湿润状态，呈深绿色，有清香味，结构完好。

半干青贮的调制方法与普通青贮基本相同，区别在于原料的含水率在45%～50%。原料主要为牧草，当牧草刈割后，平铺在地面上，在田间晾晒1～2天豆科牧草原料的含水率应在50%，禾本科为45%，二者在切碎时充分混合，装填入窖必须踩实或压实。如用塑料袋作青贮容器，要防止鼠、虫咬破袋子，造成漏气而腐烂。

半干青贮适于人工种植牧草和草食家畜饲养水平较高的地方应用。近年来，有一些畜牧业比较发达的国家如美国、俄罗斯、加拿大、日本等广泛采用。我国新疆、黑龙江的一些地区也在推广应用。

（4）混合青贮 所谓混合青贮，是指2种或2种以上青贮原料混合在一起制作的青贮。混合青贮的优点是营养成分含量丰富，有利于乳酸菌的生长繁殖，提高青贮质量。混合青贮的种类及其特点如下：

① 与牧草混合青贮。多为禾本科与豆科牧草混合青贮。

② 高水分青贮原料与干饲料混合青贮。一些蔬菜废弃物（甘蓝苞叶、甜菜叶、白菜）、水生饲料（水葫芦、水浮莲）、秧蔓（如甘薯秧）等含水率较高的原料，与适量的干饲料（如糠麸、秸秆粉）混合青贮。

③ 糟渣饲料与干饲料混合青贮。食品和轻工业生产的副产品如甜菜渣、啤酒糟、淀粉渣、豆腐渣、酱油渣等糟渣饲料有较高的营养价值，可与适量的糠麸、草粉、秸秆粉等干饲料混合贮存。

（5）秸秆微贮　秸秆微贮与青贮、氨化相比，更简单易学。只要把微生物秸秆发酵剂活化后，均匀地喷洒在秸秆上，在一定的温度和湿度下，压实封严，在密闭厌氧条件下，就可以制作优质微贮秸秆饲料。微贮饲料安全可靠，其菌种均对人畜无害，不论饲料中有无发酵剂存在，均不会对动物产生毒害作用，可以长期饲喂，用微贮秸秆饲料作羊的基础饲料可随取随喂，不需晾晒，也不需加水，很方便。

2. 青贮原料及青贮难易程度

适合制作青贮饲料的原料范围十分广泛。玉米、高粱、黑麦、燕麦等禾谷类饲料作物，野生及栽培牧草，甘薯、甜菜、芜菁等茎叶及甘蓝、牛皮菜、苦荬菜、猪苋菜、聚合草类等叶菜类饲料作物，树叶和小灌木的嫩枝等均可用于调制青贮饲料。

青贮原料因植物种类不同，含糖量差异很大。根据含糖量的多少，青贮原料可分为以下 3 类。

（1）易青贮的原料　玉米、高粱、禾本科牧草、芜菁、甘蓝等，这些饲料中含有适量或较多的可溶性碳水化合物，青贮比较容易成功。

（2）不容易青贮的原料　苜蓿草、三叶草、草木樨、大豆、紫云英等豆科牧草和饲料作物含可溶性碳水化合物较少，需与易青贮的原料混贮才能成功。

（3）不能单独青贮的原料　南瓜蔓、甘薯藤等含糖量低，单独青贮不易成功，只有和其他易于青贮的原料混贮或者添加富含碳水化合物和加酸青贮才能成功。

常见作物青贮最低需糖量和贮存难度见表 5-1。

表 5-1　常见作物青贮最低需糖量和贮存难度

饲草品种	生长期	实际含糖量 /%	最低需糖量 /%	相差	贮存难度
玉米全株	乳熟期	4.35	1.49	+2.86	易
玉米全株	蜡熟期	2.41	1.09	+1.32	易
高粱	乳熟期	3.13	0.95	+2.18	易
燕麦		3.85	2.03	+1.82	易
燕麦 + 毛苕子	开花期	2.0	2.0	0	易
红三叶再生草	开花期	1.90	1.37	+0.53	易
红三叶再生草	营养期	1.44	0.94	+0.50	易
蚕豆	荚成熟期	4.35	1.49	+2.86	易
豌豆	开花期	1.93	1.62	+0.31	易
紫花豌豆	开花期	1.47	1.26	+0.21	易
向日葵	开花期	4.35	2.75	+1.60	易
甘蓝		3.36	0.63	+2.73	易
饲用甜菜	全生长期	3.09	1.35	+1.74	易
胡萝卜	成熟期	3.32	0.67	+2.65	易
油菜茎叶		5.35	1.39	+3.96	易
毛苕子		1.41	2.0	−0.59	难
白花草木樨		2.17	3.09	−0.92	难
苜蓿		3.73	9.50	−5.77	难
苋菜		1.44	1.85	−0.41	难
马铃薯茎叶	开花后	1.46	2.12	−0.66	难
直立蒿	花蕾期	1.31	1.36	−0.05	难

3. 常见的青贮饲料

（1）玉米青贮　青贮玉米饲料是指专门用于青贮的玉米品

种，在蜡熟期刈割，茎、叶、果穗一起切碎调制的青贮饲料。这种青贮饲料营养价值高，每千克相当于0.4千克优质干草。

青贮玉米的优点很多：

① 产量高。在青贮饲料作物中，青贮玉米产量一般高于其他作物（指北方地区）。抽穗期青刈亩产1500～2000千克，高者达4000千克；乳熟期至蜡熟期收获全株，亩产3500～4000千克，高者可达5000千克。

② 营养丰富。每千克玉米青贮中，含粗蛋白质20克，其中可消化蛋白质12.04克。维生素含量丰富，其中胡萝卜素11毫克、烟酸10.4毫克、维生素C 75.7毫克、维生素A 18.4国际单位。微量元素含量也很丰富，其中钙7.8毫克/千克、铜9.4毫克/千克、钴11.7毫克/千克、锰25.1毫克/千克、锌110.4毫克/千克、铁227.1毫克/千克。

③ 适口性强。玉米青贮含糖量高，制成的优质青贮饲料，具有酸甜、清香味，且酸度适中（pH 4.2），家畜习惯采食后都很喜食。尤其是反刍家畜中的牛和羊。

调制玉米青贮的技术要点：

① 适时刈割。专用青贮玉米的适宜刈割期在蜡熟期，即籽粒剖面呈蜂蜡状，没有乳浆汁液，籽粒尚未变硬。此时刈割不仅茎叶水分充足（70%左右），而且单位面积土地上营养物质产量最高。

② 刈割、运输、切碎、装贮等要连续作业。玉米青贮柔嫩多汁，刈割后必须及时切碎、装贮，否则营养物质将会损失。最理想的方法是采用青贮联合收割机，刈割、切碎、运输、装贮等项作业连续进行。

③ 采用砖、石、水泥结构的永久窖装贮。因玉米青贮水分充足、营养丰富，为防止汁液流失，必须用永久窖装贮，如果用土窖装贮，窖的四周要用塑料薄膜铺垫，绝不能使青贮饲料与土壤接触，防止土壤吸收水分而造成霉变。

（2）玉米秸青贮　玉米籽实成熟后先将籽实收获，秸秆进行青贮的饲料，称为玉米秸青贮饲料。在华北、华中地区，玉米收获后，叶片仍保持绿色，茎叶水分含量较高，但在东北、内蒙古及西北地区，玉米多为晚熟型杂交种，多数是在降霜前后才能成熟。由于秋收与青贮同时进行，人力、运输力矛盾突出，青贮工作经常被推迟到10月中、下旬，此时秸秆干枯，若要调制青贮饲料，必须添加大量清水，而加水量又不易掌握，且难以和切碎秸秆拌匀，水分多时，易形成醋酸或酪酸发酵；而水分不足时，易形成好氧高温发酵而霉烂。所以调制玉米秸青贮饲料时，要掌握以下关键技术环节：

① 选择成熟期适当的品种。其基本原则是籽实成熟而秸秆上又有一定数量绿叶（1/3 ～ 1/2），茎秆中水分较多。要求在当地降霜前 7 ～ 10 天籽实成熟。

② 晚熟玉米品种要适时收获。对晚熟玉米品种要求在籽实基本成熟，籽实不减产或少量减产的最佳时期收获，降霜前进行青贮，使秸秆中保留较多的营养物质和较好的青贮品质。

③ 严格掌握加水量。玉米籽实成熟后，茎秆中水分含量一般在 50% ～ 60%，茎下部叶片枯黄，必须添加适量清水，把含水率调整到 70%左右。作业前测定原料的含水率，计算出应加水量。

（3）牧草青贮　牧草不仅可调制干草，而且也可以制作成青贮饲料。在长江流域及以南地区，北方地区的 6 ～ 8 月份雨季，可以将一些多年生牧草如苜蓿、草木樨、红豆草、沙打旺、红三叶、白三叶、冰草、无芒雀麦、老芒麦、披碱草等调制成青贮饲料。牧草青贮要注意以下技术环节：

① 正确掌握切碎长度。通常禾本科牧草及一些豆科牧草（苜蓿、三叶草等）茎秆柔软，切碎长度应为 3 ～ 4 厘米。沙打旺、红豆草等茎秆较粗硬的牧草，切碎长度应为 1 ～ 2 厘米。

② 豆科牧草不宜单独青贮。豆科牧草蛋白质含量较高而

糖分含量较低，满足不了乳酸菌对糖分的需要，单独青贮时容易腐烂变质。为了增加糖分含量，可采用与禾本科牧草或饲料作物混合青贮。如添加 1/4 ～ 1/3 的水稗草、青割玉米、苏丹草、甜高粱等，当地若有制糖的副产物如甜菜渣（鲜）、糖蜜、甘蔗上梢及叶片等，也可以混在豆科牧草中，进行混合青贮。

③ 禾本科牧草与豆科牧草混合青贮。禾本科牧草有些水分含量偏低（如披碱草、老芒麦）而糖分含量稍高，而豆科牧草水分含量稍高（如苜蓿、三叶草），二者进行混合青贮，优劣可以互补，营养又能平衡。

（4）秧蔓、叶菜类青贮　这类青贮原料主要有甘薯秧、花生秧、瓜秧、甜菜叶、甘蓝叶、白菜等，其中花生秧、瓜秧含水量较低，其他几种含水量较高。制作青贮饲料时，需注意以下几项关键技术：

① 高水分原料经适当晾晒后青贮。甘薯秧及叶菜类含水率一般在 80%～ 90%，可在田间适当摊晒，以降低水分，使水分含量降低到 65% ～ 70%。

② 添加低水分原料，实施混合青贮。在雨季或南方多雨地区，对高水分青贮原料，可以和低水分青贮原料（如花生秧、瓜秧）或粉碎的干饲料实行混合青贮。制作时，务必混合均匀，掌握好含水率。

③ 此类原料多数柔软蓬松，填装原料时应尽量踩踏，封窖时窖顶覆盖泥土，以 20 ～ 30 厘米厚度为宜，若覆土过厚，压力过大，青贮饲料则会下沉较多，原料中的汁液被挤出，造成营养损失。

（三）粗饲料

粗饲料是指在饲料中天然水分含量在 45%以下，干物质中粗纤维含量大于或等于 18%的一类饲料。粗饲料为肉羊舍饲期或半舍饲期的重要饲料。该类饲料包括干草类、农副产品类（农作物的荚、蔓、藤、壳、秸、秧等）、树叶类、糟渣类。

粗饲料体积大、质量轻、粗纤维含量高，其主要化学成分是木质化和非木质化的纤维素、半纤维素，营养价值通常较其他类别的饲料低，其消化能含量一般不超过10.5兆焦/千克（按干物质计），有机物质消化率通常在65%以下。粗纤维的含量越高，饲料中能量就越低，有机物的消化率也越低。一般干草类含粗纤维25%～30%，秸秆、秕壳类含粗纤维25%～50%。不同种类的粗饲料蛋白质含量差异也很大，豆科干草含蛋白质10%～20%，禾本科干草6%～10%，而禾本科秸秆和秕壳为3%～4%。维生素D含量丰富，其他维生素较少，含磷较少，较难消化。从营养价值比较：干草比秸秆和秕壳类好，豆科比禾本科好，绿色比黄色好，叶多的比叶少的好。

羊对粗饲料的消化主要依靠瘤胃。瘤胃为微生物提供了良好的生存环境，使微生物与羊形成“共生关系”。羊本身不能产生粗纤维水解酶，而微生物可以产生这种酶，把饲料中的粗纤维分解成容易消化的碳水化合物。微生物利用瘤胃的环境条件和瘤胃中的营养物质大量繁殖，形成大量的菌体蛋白，随着胃内容物的下移和微生物的死亡解体，在小肠被羊吸收利用而得到大量的蛋白质营养物质。

因此，它是羊的主要基础饲料，通常在羊日粮中可占有较大的比重。而且，这类饲料来源广、资源丰富，营养品质因来源和种类的不同差异较大，为了充分合理地利用这类粗饲料，必须采用科学合理的加工调制方法，以提高其饲用价值。

1. 干草类

干草类是指青草（或青绿饲料作物）在未结籽实前刈割，然后经自然晒干或人工干燥调制而成的饲料产品，主要包括豆科干草、禾本科干草和野杂干草等，目前在规模化奶牛场生产中大量使用的干草除野杂干草外，主要是北方生产的羊草和苜蓿干草，前者属于禾本科，后者属于豆科。

（1）栽培牧草干草　在我国农区和牧区人工栽培牧草已达

四五百万公顷。各地因气候、土壤等自然环境条件不同，主要栽培牧草有近 50 个种或品种。三北地区主要是苜蓿、草木樨、沙打旺、红豆草、羊草、老芒麦、披碱草等，长江流域主要是白三叶草、黑麦草，华南亚热带地区主要是柱花草、山蚂蝗、大翼豆等。用这些栽培牧草所调制的干草，质量好、产量高、适口性强，是畜禽常年必需的主要饲料成分。

栽培牧草调制而成的干草其营养价值主要取决于原料饲草的种类、刈割时间和调制方法等因素。一般而言，豆科干草的营养价值优于禾本科干草，特别是前者含有较丰富的蛋白质和钙，其蛋白质含量一般在 15%～24%，但在能量价值上二者相似，消化能一般在 9.6 兆焦 / 千克左右。人工干燥的优质青干草特别是豆科青干草的营养价值很高，与精饲料相接近，其中可消化粗蛋白质含量可达 13%以上，消化能可达 12.6 兆焦 / 千克。阳光下晒制的干草中含有丰富的维生素 D_2，是动物维生素 D 的重要来源，但其他维生素却因日晒而遭受较大的破坏。此外，干燥方法不同，干草养分的损失量差异也很大，如地面自然晒干的干草，营养物质损失较多，其中蛋白质损失高达 37%；而人工干燥的优质干草，其维生素和蛋白质的损失则较少，蛋白质的损失仅为 10%左右，且含有较丰富的 β- 胡萝卜素。

（2）野杂干草　野杂干草是在天然草地或路边、荒地采集并调制成的干草。由于原料草所处的生态环境、植被类型、牧草种类和刈割与调制方法等不同，野杂干草质量差异很大。一般而言，野杂干草的质量比栽培牧草干草要差。东北及内蒙古东部生产的羊草，如在 8 月上中旬刈割，干燥过程不被雨淋，其质量较好，粗蛋白质含量达 6%～8%。而在南方地区农户收集的野杂干草，常含有较多泥沙等，其营养价值与秸秆相似。野杂干草是广大牧区牧民们冬春必备的饲草，尤其是在北方地区。

2. 秸秆

秸秆饲料是指农作物在籽实成熟并收获后的残余副产品，

即茎秆和枯叶，我国各种秸秆年产量为5亿～6亿吨，约有50%用作燃料和肥料，30%左右用作饲料，另外20%用作其他，其中有不少在刈割季节被焚烧于田间。秸秆饲料包括禾本科、豆科和其他，禾本科秸秆包括稻草、大麦秸、小麦秸、玉米秸、燕麦秸和粟秸等，豆科秸秆主要有大豆秸、蚕豆秸、豌豆秸、花生秸等，其他秸秆有油菜秆、枯老苋菜秆等。稻草、麦秸、玉米秸是我国主要的三大秸秆饲料。

秸秆饲料一般营养成分含量较低，表现为蛋白质、脂肪和糖分含量较少，能量价值较低，消化能含量低于8.4兆焦/千克；除了维生素D外，其他维生素都很贫乏，钙、磷含量低且利用率低；而纤维含量很高，其粗纤维高达30%～45%，且木质化程度较高，木质素比例一般为6.5%～12%。质地坚硬粗糙，适口性较差，可消化性低。因此，秸秆饲料不宜单独饲喂，而应与优质干草配合饲喂，或经过合理的加工调制，提高其适口性和营养价值。

（1）玉米秸秆　玉米是我国的主要粮食作物，平均每年种植面积约5972公顷。玉米秸秆（见图5-9）作为玉米生产的副产品其产量约22400万吨，产量高、资源丰富，是饲草加工发展的首选品种。作为一种饲料资源，玉米秸秆含有丰富的营养和可利用的化学成分，可用作畜牧业饲料的原料。长期以来，玉米秸秆就是牲畜的主要粗饲料原料之一。

有关试验结果表明，玉米秸秆含有碳水化合物30%以上、蛋白质2%～4%、脂肪0.5%～1%、粗纤维37.7%、无氮浸出物48.0%、粗灰分9.5%，既可青贮，也可直接饲喂。就食草动物而言，2千克的玉米秸秆增重净能相当于1千克的玉米籽粒，特别是经青贮、黄贮、氨化及糖化等处理后，可提高利用率，效益将更可观。对玉米秸秆进行精细加工处理，制作成高营养牲畜饲料，不仅有利于发展畜牧业，而且通过秸秆过腹还田，更具有良好的生态效益和经济效益。

图 5-9 玉米秸秆

玉米秸秆的利用：

采用机械工程、生物和化学等技术手段，完成从玉米秸秆的收获、饲料加工、贮藏、运输、饲喂等过程的技术为秸秆饲料加工新技术。近年来，随着我国畜牧业的快速发展，秸秆饲料加工新技术也层出不穷。玉米秸秆除了作为饲料直接饲喂外，现在有物理、化学、生物等方面的多种加工技术在实际中得以推广应用，实现了集中规模化加工，开拓了饲料利用的新途径。

① 青贮加工技术。属于生物处理技术，为玉米秸秆饲料利用的主要方式。该项技术是将蜡熟期玉米通过青贮收获机械一次性完成秸秆切碎、收集或人工收获后，将玉米秸秆铡碎至 1 ～ 2 厘米长，使其含水量为 67％～ 75％，装贮于窖、缸、塔、池及塑料袋中压实密封储藏，人为造就一个厌氧的环境，自然利用乳酸菌厌氧发酵，产生乳酸，使其内部 pH 值降到 4.0 左右，使大部分微生物停止繁殖，而乳酸菌由于乳酸的不断积累，最后被自身产生的乳酸所抑制而停止生长，以保持青秸秆的营养，并使得青贮饲料带有轻微的果香味，牲畜比较爱吃。

② 微贮加工技术。这也是生物处理方法，把玉米秸秆切短，长度以 3 ～ 5 厘米为宜，这样易于压实、提高微贮窖的利用率及保证贮料的制作质量。容器可选用类似青贮或氨化的水泥窖或土窖，底部和周围铺一层塑料薄膜，小批量制作可用缸、大桶或塑料袋等。秸秆含水量控制在 60%～ 70%，在秸秆中加入微生物活性菌种，使玉米秸秆发酵后变成带有酸、香、酒味家畜喜食的饲料。微贮就是利用微生物将玉米秸秆中的纤维素、半纤维素降解并转化为菌体蛋白的方法，也是今后粗纤维利用的趋势。

③ 黄贮加工技术。这是利用微生物处理玉米干秸秆的方法。待秋后玉米摘穗后，将玉米秸秆收获，第一种是铡碎至 2 ～ 4 厘米，装入缸中，加适量温水焖 2 天即可供羊食用；第二种是将玉米秸秆拉丝、揉搓成丝状，自然晾晒烘干，通过机械打捆储存；第三种是将玉米秸秆拉丝、揉搓、切碎后搅拌、烘干、压制成草饼或草块。干秸秆牲畜不爱吃，利用率不高，经黄贮后，酸、甜、酥、软，牲畜爱吃，利用率可提高到 80%～ 95%。

④ 氨化加工技术。氨化技术是玉米秸秆最为适当的化学处理方法。其技术路线是：秸秆收获—打捆或堆成垛—塑膜密封—注入液氨或尿素—密封发酵。先将秸秆切成 2 ～ 3 厘米长，秸秆含水量调整在 30%左右，按 100 千克秸秆用 5 ～ 6 千克尿素或 10 ～ 15 千克碳酸氢铵，兑 25 ～ 30 千克水溶化搅拌均匀，配制尿素或碳酸氢铵水溶液；或按每 100 千克粗饲料加 15%的氨水 12 ～ 15 千克。分层压实，逐层喷洒氨化剂，最后封严，在 25 ～ 30℃下经 7 天氨化即可开封，待氨气挥发净后饲喂。氨化秸秆饲料常用堆垛法和氨化炉法制取。氨化处理的玉米秸秆可提高粗纤维消化率，增加粗蛋白质，且含有大量的铵盐，铵盐是牛、羊等反刍动物瘤胃微生物的良好营养源。氨本身又是一种碱化剂，可以提高粗纤维的利用率，增加氮素。玉米秸秆氨化后喂牛、羊等不仅可以降低精饲料的消耗，还可

使牛、羊的增重速度加快。该项技术操作简便，成本较低，可以广泛推广。

⑤ 碱化加工技术。这也是一种化学处理方法，用碱性化合物对玉米秸秆进行碱化处理，可以打开其细胞分子中对碱不稳定的酯键，并使纤维膨胀，这样就便于牲畜胃液渗入，提高了家畜对饲料的消化率和采食量。碱化处理主要包括氢氧化钠处理、液氮处理、尿素处理和石灰处理等。以来源广、价格低的石灰处理为例，100 升水加 1 千克生石灰，不断搅拌待其澄清后，取上清液，按溶液与饲料 1∶3 的比例在缸中搅拌均匀后稍压实。夏天温度高，一般只需 30 小时即可饲喂，冬天一般需 80 小时。当前发展的是复合化学处理，综合了碱化和氨化两者的优点。

⑥ 酸贮加工技术。酸贮也是化学处理方法，在贮料上喷洒某种酸性物质，或将适量磷酸拌入青饲料储藏后，再补充少许芒硝，可使饲料增加含硫化合物，有助于增加乳酸菌的生命力，提高饲料营养，并抵抗杂菌侵害。该方式简单易行，能有效抵御“二次发酵”，取料较为容易。此法较适宜黄贮，可使干秸秆适当软化，增加口感和提高消化率。

⑦ 压块加工技术。利用饲料压块机将秸秆压制成高密度饼块，压缩比可达（5 ～ 15）∶1，能大大减少运输与储藏空间。若与烘干设备配合使用，可压制新鲜玉米秸秆，保证其营养成分不变，并能防止霉变。目前也有加转化剂后再压缩，利用压缩时产生的温度和压力，使秸秆氨化、碱化、熟化，提高其粗蛋白质含量和消化率。经加工处理后的玉米秸秆成为截面 30 毫米 ×30 毫米、长度 20 ～ 100 毫米的块状饲料，密度达 0.6 ～ 0.8 千克 / 立方厘米，便于运输储存，适用于公司 + 农户模式，生产成本低。

⑧ 草粉加工技术。玉米秸秆粉碎成草粉，经发酵后饲喂牛羊，可作为饲料代替青干草，调剂淡旺季余缺，且饲喂效果较好。凡不发霉、含水率不超过 15% 的玉米秸秆均可为粉碎

原料，制作时用锤式粉碎机将秸秆粉碎，草粉不宜过细，一般长 10 ～ 20 毫米、宽 1 ～ 3 毫米，过细不易反刍。将粉碎好的玉米秸秆草粉和豆科草粉按 3∶1 的比例混合，整个发酵时间为 1 ～ 1.5 天，发酵好的草粉每 100 升加入磷酸钙，并配入 25 ～ 30 千克的玉米面、麦麸等，充分混合后，便制成草粉发酵混合饲料。

⑨ 膨化加工技术。这是一种物理生化复合处理方法，其机理是利用螺杆挤压方式把玉米秸秆送入膨化机中，螺杆螺旋推动物料形成轴向流动，同时由于螺旋与物料、物料与机筒以及物料内部的机械摩擦，物料被强烈挤压、搅拌、剪切，使物料被细化、均化。随着压力的增大，温度相应升高，在高温、高压、高剪切作用力的条件下，物料的物理特性发生变化，由粉状变成糊状。当糊状物料从模孔喷出的瞬间，在强大压力差作用下，物料被膨化、失水、降温，产生出结构疏松、多孔、酥脆的膨化物，其较好的适口性和风味受到牲畜喜爱。

⑩ 颗粒饲料加工技术。将玉米秸秆晒干后粉碎，随后加入添加剂拌匀，在颗粒饲料机中由磨板与压轮挤压加工成颗粒饲料。由于在加工过程中摩擦加温，秸秆内部熟化程度深透，加工的颗粒饲料表面光洁、硬度适中、大小一致，其粒体直径可以根据需要在 3 ～ 12 毫米间调整。还可以应用颗粒饲料成套设备，自动完成秸秆粉碎、提升、搅拌和进料功能，随时添加各种添加剂，全封闭生产，自动化程度较高，中小规模的玉米秸秆颗粒饲料加工企业宜用这种技术。另外，还有适合大规模饲料生产企业的秸秆精饲料成套加工生产技术，其自动化控制水平更高。

（2）稻草　水稻（见图 5-10），禾本科，属须根系，是一年生植物，高约 1.2 米，叶长而扁，圆锥花序由许多小穗组成。稻草，水稻的茎，一般指脱粒后的稻秆。我国是世界上水稻的主产国，据统计全国稻草产量为 1.88 亿吨，稻草资源非常丰富。

稻草的营养：干物质89.4%～90.3%、消化能4.64%～4.84%、代谢能3.80%～3.97%、粗蛋白质2.5%～6.2%、粗脂肪1.0%～1.7%、粗纤维24.1%～27.0%、无氮浸出物37.3%～48.8%、钙0.07%～0.56%、总磷0.05%～0.17%，灰分含量很高。

图5-10 水稻

稻草的利用：

干稻草的营养价值比较低，虽然山羊属草食动物，对纤维素需求量比较高，但是单独给羊饲喂干稻草，由于适口性的问题，羊摄食比较少或基本不吃，所以羊生产中使用干稻草都应先进行处理。以稻草为主的日粮中应补充钙，可以对稻草进行氨化、碱化处理或添加尿素。

① 直接饲喂。收获的稻草与甘薯蔓按1∶1的比例喂羊，可提高稻草的适口性以及山羊的采食量。

② 微贮。新鲜稻草混合米糠微贮后喂羊，是一种比较方便、可改善稻草适口性的方法。由于稻草中的含糖量比较低，单独使用稻草制作青贮饲料很难成功，在稻草中添加玉米粉、麸皮、米糠等可溶性糖含量比较高的原料后，改变单一原料青

贮为多品种混合青贮，能提高稻草、麦秸等含糖量低原料的青贮成功率，并适时调整饲料原料中的含水量，一般应达到60%左右。

③ 制作羊颗粒饲料。先将干稻草粉碎呈丝状，以保证草粉有足够的黏合力，然后再根据山羊不同时期的饲料配方按配方比例添加制粒。

④ 碱化稻草。将稻草切成0.5～1.0厘米的短节，放在缸里或水泥池里，加入1%生石灰水或3%熟石灰水浸泡，24小时后即可取出饲喂。

⑤ 氨化稻草。一般氨源是液氨、氨水、碳铵等，最常用的是尿素。将稻草切短为5～10厘米，先将所需添加的尿素按每千克秸秆加0.04～0.05千克的比例，充分溶解在40～50升水中，制成溶解液喷洒在秸秆中，装到水泥池中，用薄膜覆盖，并用湿泥密封薄膜与容器的接口处，一般夏季2～3周，春、秋季3～6周，冬季8周以上。氨化达到规定的时间后，即可打开取用。注意饲喂前必须摊开在通风干净的水泥地面上晾放一天，待无刺鼻氨味时方可饲喂，否则容易引起羊中毒，羔羊不能饲喂氨化稻草。

⑥ 盐化稻草。将稻草切成0.8～1.2厘米的短节，每100千克稻草加盐0.6～1千克、温水150～160千克，充分搅拌均匀后，装入水泥池内踏实，发酵一天左右即可取出喂羊。

（3）小麦秸秆　小麦秸秆（见图5-11）是一种重要的农业资源。小麦秸秆主要含纤维素、木质素、淀粉、粗蛋白质、酶等有机物，还含有氮、磷、钾等营养元素。秸秆除了作肥料，也可以作饲料，秸秆作饲料可以促进物质转化和良性循环。动物将人类不能利用的有机物转化成蛋白质、脂肪等，可以增加物质循环，改善人类食物结构，节约粮食。

小麦秸秆的营养：干物质89.6%、消化能4.28%、代谢能3.51%、粗蛋白质2.6%、粗脂肪1.6%、粗纤维31.9%、无氮浸出物41.1%、钙0.05%、总磷0.06%。

图5-11 小麦秸秆

小麦秸秆的利用：

秸秆饲料的特点是长、粗、硬，虽然可以直接用作食草动物的饲料，但适口性较差，采食量少，且消化率不高。可用浸泡法、氨化法、碱化法、发酵法对小麦秸秆进行调制，不仅使小麦秸秆得到合理利用，实现过腹还田，而且增加了羊的饲料来源，降低了养殖成本。

① 小麦秸秆浸泡。将秸秆切成2～3厘米长的小段，用清水浸泡，使其软化，可以提高适口性，增加羊的采食量。用淡盐水浸泡，羊更爱采食。

② 小麦秸秆氨化。将秸秆切短，每100千克秸秆用12～20千克25%的氨水或3～5千克尿素与30～40千克水配制成的溶液，喷洒均匀，用塑料袋装好封严或用塑料薄膜密封盖好，20天后启封，自然通风12～24小时，待氨完全挥发完以后才能饲喂。

③ 小麦秸秆碱化。将秸秆切短，用3倍量1%的石灰水浸泡2～3天，捞出后沥去石灰水即可饲喂。为提高处理效果，可在石灰水中按秸秆质量的1%～1.5%添加食盐。也可使用氢氧化钠溶液处理，每千克切短的秸秆上喷洒5%的氢氧化钠溶液1千克，搅拌均匀，24小时后即可饲喂。

④ 小麦秸秆发酵。常用的方法是 EM 菌发酵。取 EM 菌原液 2 千克，加红糖 2 千克、水 320 千克，充分混合均匀后，喷洒在 1000 千克粉碎的秸秆上，装填在发酵池内，密封 20 ～ 30 天后，即可开窖取用。

（4）大豆秸秆　大豆秸秆（见图 5-12）饲料来源广、数量大，含有纤维素、半纤维素及戊聚糖，借助了瘤胃微生物的发酵作用，可被牛、羊消化利用。可直接节省大量的精饲料，50 千克秸秆可顶替 3 千克粮食。饲喂草食动物或作为配制全价饲料的基础日粮，对草食家畜的饲养和增重，提高圈养存栏率，提高饲料报酬和经济效益均有良好的作用。

图 5-12　大豆秸秆

我国的大豆秸秆资源有非常大的利用潜能。充分利用这一资源，发展节粮型畜牧业，是农业产业化的重要内容与发展方向。

大豆秸秆的营养：豆科秸秆与禾本科秸秆比较，粗蛋白质含量和消化率都较高。干物质 85.9%、消化能 8.49%、代谢能

6.96%、粗蛋白质 11.3%、粗脂肪 2.4%、粗纤维 28.8%、无氮浸出物 36.9%、钙 1.31%、总磷 0.22%。

大豆秸秆的利用：

大豆秸秆所蕴含的高蛋白质是牲畜饲料的最佳选择，由于大豆秸秆中粗纤维含量高，质地坚硬，需要进行加工调制后才能被羊充分利用。经过加工处理后的大豆秸秆，可增加适口性、提高消化率和营养价值。加工的方法有大豆秸秆氨化、大豆秸秆微贮和制作大豆秸秆颗粒饲料。

① 大豆秸秆氨化。将大豆秸秆粉碎成长度为 35 厘米的碎草，将 4% 尿素溶在水中，水与粉碎大豆秸秆按 1∶1 比例拌匀，装入塑料袋中，压实封口，在 20 ～ 25℃条件下放置一个月。开袋后取出大豆秸秆放置 3 ～ 4 天后即可饲喂。

② 大豆秸秆微贮。将大豆秸秆粉碎成长度为 35 厘米的碎草，按 100 千克大豆秸秆，用 EM 菌原液 0.2 千克、水 30 ～ 40 千克的比例，把益生菌原液加入所需要的水里搅拌均匀，然后均匀加入粉碎后的大豆秸秆中，使大豆秸秆水分含量达到 35%～ 45%，掌握在用手一攥成团、一触即散的状态，然后装入塑料袋或塑料桶等容器内密闭发酵，环境温度 25 ～ 35℃条件下 15 ～ 30 天后有酒曲香味即发酵成功。在密闭状态下可保存 6 个月。

③ 制作大豆秸秆颗粒饲料。大豆在收获后经秸秆粉碎、烘干、加热压缩等工序做成大豆秸秆颗粒饲料，其加工过程中粉碎后加热更利于动物消化吸收，还可根据不同配方在加工过程中添加其他饲料。

（5）花生蔓　花生蔓（见图 5-13）也叫花生秧，其营养丰富，特别含有粗蛋白质、粗脂肪、各种矿物质及维生素，而且适口性好、质地松软，是畜禽的优质饲料，多年来一直被用作牛、羊、兔等草食动物的粗饲料。用花生蔓喂畜禽是农村广辟饲料资源，减少投入，提高养殖效益，发展节粮型畜牧养殖业的重要途径。

图 5-13 花生蔓

花生蔓的营养：干物质 91.3%、消化能 9.48%、代谢能 7.77%、粗蛋白质 11.0%、粗脂肪 1.5%、粗纤维 29.6%、无氮浸出物 41.3%、钙 2.46%、总磷 0.04%。花生蔓中的粗蛋白质含量相当于豌豆秸秆的 1.6 倍、稻草的 16 倍、麦秸的 23 倍。可见花生蔓的能量、粗蛋白质、钙含量较高，粗纤维含量适中，各种营养比较均衡。在众多作物秸秆中，花生蔓的综合营养价值仅次于苜蓿草粉，明显高于玉米秸秆、大豆秸秆。

花生蔓的利用：

传统养羊所喂饲草往往不经过任何加工调制，像玉米秸秆多数以整株干秸喂养，这样饲喂后消化利用率低，不仅造成饲草资源的极大浪费，而且羊生长慢，饲养周期长，出栏率低。因此，应广泛推广青贮、氨化、发酵等饲料调制加工技术，提高养羊的经济效益。

① 制成干粉饲喂。在花生收获后，及时将藤蔓摊开晒干，不可堆积存放，以免发热霉变。花生蔓晒干后，除去杂质和泥土，如属地膜覆盖花生，收获藤蔓时千万注意将残留在藤蔓上的残膜挑剔干净。粉碎成粉状即可直接拌入饲料中使用。花生蔓在肉羊饲料中的添加量，可按 30%～ 50%的比例拌入其他饲料中饲喂。

② 花生蔓青贮。由于花生蔓碳水化合物含量较低，因而不宜单独青贮。目前花生蔓常用的方式是与其他含碳水化合物较高的青贮原料进行混合青贮，如甘薯蔓、玉米秸秆等。

③ 与甘薯蔓混合青贮。花生收获的季节恰好也是甘薯收获的季节，花生蔓水分、碳水化合物含量均较低，而甘薯蔓水分、碳水化合物含量均较高，因此将两者混贮最为理想，可以弥补双方的不足。杨红先等（2002）报道了花生蔓与甘薯蔓混合青贮的方法，在花生收获前 2 ～ 3 天，割下地上部分进行青贮。若利用已收获的花生蔓，必须在 1 ～ 2 天用铡刀切去根部再用，不必晾晒，以免茎叶过分干燥，水分缺失。新鲜花生蔓与甘薯蔓混贮比例以 1∶2 为宜，两者均需切碎，并搅拌均匀（肖喜东和顾洁，2008）。

④ 与玉米秸秆混合青贮。长期以来，我国以玉米秸秆作为青贮原料的重要来源。但是，玉米秸秆蛋白质、维生素及钙含量均较低，家畜长期饲喂单一的玉米秸秆青贮饲料容易造成营养不良。花生蔓作为豆科作物，富含粗蛋白质、各种矿物质及维生素，而且适口性很好，能够弥补玉米秸秆青贮营养的不足。在玉米秸秆青贮过程中加入适量的花生蔓可显著提高青贮饲料的营养价值，且适当降低配合饲料中谷物原料的配比。刘太宇和郭孝（2003）研究结果表明，在玉米秸秆青贮过程中，添加花生蔓不仅不影响青贮效果，还能显著提高青贮饲料的营养价值，改善青贮饲料品质；其中青贮料中加入 15%花生蔓，效果最为理想。与对照相比，粗蛋白质和粗脂肪的含量分别提高了 23.6%和 15.5%，维生素、胡萝卜素含量也明显增加；同时混合青贮使青贮味美、柔软、适口性得到进一步提高。

⑤ 与甘薯蔓、玉米秸秆混合青贮。将花生蔓、玉米秸秆和甘薯蔓作为青贮原料进行混合青贮，可以优化青贮饲料的品质，丰富青贮饲料的种类。同时将三种青贮原料混合青贮，在青贮发酵处理过程中，由于农作物秸秆间水分、渗出的营养物质互相调剂，因而可以使青贮易于成功，并且还可以改善秸秆

适口性和提高秸秆的营养价值。吴进东等（2007）用花生蔓、玉米秸秆和甘薯蔓作为青贮原料，在不同比例（1∶1∶1、1∶2∶1和1∶1∶2）的青贮原料中添加绿汁发酵液或乳酸菌制剂，以探讨对混合青贮饲料品质的影响。结果发现，添加5～20倍稀释度的绿汁发酵液或乳酸菌制剂能显著降低青贮饲料的pH值以及乙酸、丁酸、氨态氮含量，显著提高了乳酸、粗蛋白质、可溶性碳水化合物的含量，并且发现花生蔓、玉米秸秆和甘薯蔓以1∶2∶1的比例进行混合青贮时最优。由于绿汁发酵液取材方便、制作简单且乳酸菌制剂也相对较便宜，因而此种混合青贮模式具有较好的可操作性，可以作为以后青贮模式发展的方向。

⑥ 花生蔓微贮。将新鲜的花生蔓切碎成2～3厘米的小段后，把微生物秸秆发酵剂（EM原液）活化，然后均匀喷洒在秸秆上，在一定的温度和湿度下，压实封严，在密闭厌氧条件下，就可以制作优质花生蔓微贮饲料。

（6）甘薯蔓　甘薯（见图5-14）属一年生或多年生蔓生草本，又名山芋、红芋、番薯、红薯、白薯、地瓜、红苕等，因地区不同而有不同的名称。甘薯是一种高产而适应性强的粮食作物，与工农业生产和人民生活关系密切。块根除作主粮外，也是食品加工、淀粉和酒精制造工业的重要原料，根、茎、叶

图5-14 甘薯蔓

又是优良的饲料。

甘薯蔓的营养：甘薯蔓营养价值高，仅次于苜蓿干草。干物质 88.0%、消化能 7.53%、代谢能 6.17%、粗蛋白质 8.1%、粗脂肪 2.7%、粗纤维 28.5%、无氮浸出物 39.0%、钙 1.55%、总磷 0.11%。盛夏至初秋，是甘薯蔓旺长的季节。这期间的甘薯蔓适口性好，容易消化，饲用价值高，是喂羊的好饲料。

甘薯蔓的利用：

① 甘薯蔓可以粉碎制成甘薯蔓粉、青贮、微贮和加工成颗粒饲料等。

② 青贮：一般在 11 月中旬进行青贮。甘薯蔓应清洁新鲜，无泥土夹杂，并须剔除过老和经霜打的甘薯蔓。刈割后先晾晒 1 天，将甘薯蔓切成 2 ～ 5 厘米长的段（袋贮宜更短），装入青贮池或袋中，压实封严不透气。质量良好的青贮料呈黄绿、黄褐色，开窖时可嗅到酒香味，其 pH 值在 3.8 ～ 4.4。一般每只羊每天可喂给青贮好的饲料 2 ～ 2.5 千克。

3. 秕壳、藤蔓类

（1）秕壳　秕壳是指农作物种子脱粒或清理种子时的残余副产品，包括种子的外壳和颖片等，如砻糠（即稻谷壳）、麦壳、豆荚皮等，也包括二类糠麸如统糠、清糠、三七糠和糠饼等。与其同种作物的秸秆相比，秕壳的蛋白质和矿物质含量较高，而粗纤维含量较低。禾谷类秕壳中，秕壳含蛋白质和无氮浸出物较高，粗纤维较低，营养价值仅次于豆荚。但秕壳的质地坚硬、粗糙，且含有较多泥沙，甚至有的秕壳还含有芒刺。因此，秕壳的适口性很差，大量饲喂很容易引起动物消化道功能障碍，应该严格限制饲喂量。

（2）荚壳　荚壳类饲料是指豆科作物种子的外皮、荚皮，主要有大豆荚皮、蚕豆荚皮、豌豆荚皮和绿豆荚皮等。与秕壳类饲料相比，此类饲料的粗蛋白质含量和营养价值相对较高，对牛、羊的适口性也较好。

（3）藤蔓　主要包括甘薯藤、冬瓜藤、南瓜藤、西瓜藤、黄瓜藤等藤蔓类植物的茎叶。其中，甘薯藤是常用的藤蔓饲料，具有相对较高的营养价值，不仅用作牛、羊饲料，也可用作喂猪饲料。

4. 其他非常规粗饲料

其他非常规粗饲料主要包括：风干树叶类、糟渣、葵花盘和竹笋壳等。可作为饲料使用的风干树叶类主要有松针、桑叶、槐树叶等，其中桑叶和松针的营养价值较高。糟渣饲料主要包括啤酒糟、酒糟、味精渣和甜菜渣等，此类饲料的营养价值相对较高，其中的纤维物质易于被瘤胃微生物消化，属于易降解纤维，因此它们是反刍动物的良好饲料，常用于饲喂高产奶牛。竹笋壳具有较高的粗蛋白质含量和可消化性，也是一类有待开发利用的良好粗饲料资源，但因其中含有不适的味道和特殊物质，影响其适口性和动物的正常胃肠功能，因此不宜大量饲喂。

（1）啤酒糟　啤酒糟是啤酒工业的主要副产品，是以大麦为原料，经发酵提取籽实中可溶性碳水化合物后的残渣。每生产 1 吨啤酒大约产生 1/4 吨的啤酒糟，我国啤酒糟年产量已达 1000 多万吨，并且还在不断增加。啤酒糟含有丰富的蛋白质、氨基酸及微量元素。目前多用于养殖方面，在其他方面也有所利用。

啤酒糟主要由麦芽的皮壳、叶芽、不溶性蛋白质、半纤维素、脂肪、灰分及少量未分解的淀粉和未洗出的可溶性浸出物组成。啤酒生产所采用原料的差别以及发酵工艺的不同，使啤酒糟的成分不同，因此在利用时要对其组成进行必要的分析。总的来说，啤酒糟含有丰富的粗蛋白质和微量元素，具有较高的营养价值。谢幼梅等（1995）分析指出，啤酒糟干物质中含粗蛋白质 25.13%、粗脂肪 7.13%、粗纤维 13.81%、灰分 3.64%、钙 0.4%、磷 0.57%；在氨基酸组成上，赖氨酸

0.95%、蛋氨酸0.51%、胱氨酸0.30%、精氨酸1.52%、异亮氨酸1.40%、亮氨酸1.67%、苯丙氨酸1.31%、酪氨酸1.15%；还含有丰富的锰、铁、铜等微量元素。

掌握适宜的饲喂量。每头肉羊日喂量以1千克为宜，生产性能明显提高，对羊无不良影响。泌乳羊的日喂量一般添加量在20%左右。尽量喂新鲜啤酒糟，啤酒糟含水量大、变质快，因此饲喂时一定要保证新鲜，对一时喂不完的要合理保存，如需要贮藏，则以窖贮的效果好于晒干贮藏。夏季啤酒糟应当日喂完，同时每日每头可添加小苏打。若啤酒糟多羊少，一可将啤酒糟充分晒干再喂；二可密封保存，隔绝空气，防止发酵酸败，切不可将啤酒糟用水浸泡，置于缸内暴晒于日光下。注意保持营养平衡。啤酒糟粗蛋白质含量虽然丰富，但钙磷含量低且比例不适合，因此饲喂时应提高日粮中精料的营养浓度，同时注意补钙，这样有利于羊身体健康，若饲喂泌乳羊，则有利于产奶。不宜把糟渣类饲料作为日粮的唯一粗饲料。应和干粗料、青贮饲料掺配；用玉米秸秆和啤酒糟按4∶1的比例青贮比玉米秸秆直接青贮喂羊，效果更好。与青贮饲料搭配，应在日粮中添加碳酸氢钠。中毒后及时处理。饲喂啤酒糟出现慢性中毒时，要立即减少饲喂量并及时对症治疗，尤其对蹄叶炎，必须作为急症处理，否则愈后不良。

（2）酒糟　白酒生产中，以一种或几种谷物或者薯类为原料，以稻壳等为填充辅料，经固态发酵、蒸馏提取白酒后的残渣，有湿酒糟和经烘干粉碎的干酒糟两种。

酒糟是蛋白质、脂肪、维生素及矿物质的良好来源，并含未知生长因子，一般而言，蛋氨酸及胱氨酸稍高，赖氨酸则明显不足。以玉米、高粱等谷类为原料的成分较佳；以薯类为原料的，粗纤维、粗灰分含量均高，因而饲养价值低，且其所含粗蛋白质消化率差；以糖蜜为原料的，粗蛋白质低，维生素B_2、泛酸含量高，所含粗灰分特别多。

酒糟是酿酒工业的残渣，它不但富含营养和能量，而且也有增进食欲的作用。饲喂酒糟时应注意以下几个方面的问题：刚开始给肉羊喂酒糟可能有些不适应，3～5天顺食期后羊就习惯了；饲喂酒糟时，要由少到多，逐渐增加，等肉羊吃习惯后，再按量喂给；给羊饲喂酒糟时要定时、定量饲喂；饲喂时应少给勤添，随吃随拌；喂量不能过大，长时间饲喂酒糟过多，极易引起肉羊胃酸过多、瘤胃膨胀等疾病；酒糟里加入适量碳酸氢钠（小苏打），可以减轻酸度。

啤酒糟和酒糟都可以喂羊，啤酒糟的适口性更好。

（3）味精渣　味精渣又称谷氨酸渣，是利用谷氨酸棒杆菌和由蔗糖、糖蜜、淀粉或其水解液等植物源成分及铵盐（或其他矿物质）组成的培养基发酵生产L-谷氨酸后剩余的固体残渣。菌体应灭活，可进行干燥处理。

味精渣的营养成分：水分10%、粗蛋白质47%、粗脂肪1.8%、粗纤维1.8%、磷0.44%、赖氨酸2.1%、蛋氨酸+胱氨酸1.8%。

味精渣喂羊效果很好。

（4）甜菜渣　甜菜渣是甜菜的块根制糖后的副产品，由浸提或压榨后的甜菜片组成。甜菜渣中的干物质含量在22%～28%，饲喂时应逐渐增加，让羊适应。也可以在甜菜渣中添加尿素和矿物质、微量元素混合饲喂。

甜菜渣的营养成分含量较低且不平衡，长期大量饲喂牲畜易引发一些营养缺乏症，危及牲畜健康，影响生长发育。甜菜渣中含有游离有机酸，易引起羊下泻，应控制饲喂量。

（5）葵花盘　葵花盘是脱除葵花籽后剩余物粉碎烘干的产品。葵花盘的饲料价值很高，含粗蛋白质7%～9%、粗脂肪6.5%～10.5%，并含有2.4%～3%的果胶和10%的灰分。葵花盘在收获脱粒后可直接喂牛、羊。但是，最适宜的方法是制成饲料粉或青贮。每100千克饲料粉含有5.2～7.4千克可消化蛋白质和80～90个饲料单位，等于80～90千克燕麦、70～80千克大麦或60～66千克玉米谷物饲料。加工过的葵花盘近似于精料，可以喂各种家畜和家禽。葵花盘也可作青贮饲料。其营养成分：水分8.86%、灰分10.63%、脂肪6.25%、粗蛋白质8.35%、粗纤维17.4%、无氮浸出物48.2%。每100千克青贮饲料（水分60%）含有39个饲料单位。

有养殖户采用此精饲料配方：玉米30%、葵花饼粉40%、麸皮10%、甜菜茎叶或其他青绿饲料10%、豆饼3%、食盐2%、添加剂2.5克，再加上少量炒熟的黄豆诱食，羊爱吃，饲喂效果很好。

（6）豆腐渣　豆腐渣是生产豆腐或豆浆的副产品，一般豆腐渣含水分85%、蛋白质3.0%、脂肪0.5%、碳水化合物（纤维素、多糖等）8.0%，此外，还含有钙、磷、铁等矿物质。

粗蛋白质和粗脂肪的含量均很高，粗蛋白质含量在30%左右，是一种物美价廉的饲料。但豆腐渣必须鲜喂，而且饲喂时一定要控制好用量。另外，喂前要加热煮熟15分钟，以增强适口性，提高蛋白质吸收利用率。

利用豆腐渣生产发酵饲料，将新鲜豆腐渣经过压榨，脱水至70%含水率，配以干麸皮，每10千克豆腐渣2.5千克麸皮，在0.1兆帕蒸汽压力下灭菌30分钟，接种后培养72小时。分析后发现经发酵后的豆腐渣比未发酵的豆腐渣蛋白质含量增加了8%左右，氨基酸态氮增加了4.9倍，是一种非常理想的蛋白质饲料，可替代部分鱼粉。

严重酸败变质的豆腐渣禁止喂羊。若有轻度酸味，喂前应在每千克豆腐渣中加入50克石灰粉或小苏打粉搅拌均匀，以中和醋酸。饲喂牛、羊时，用量可比鸡增加10%，育肥后期用量不能超过25%，否则会影响肉质。

全价饲料不需要添加豆腐渣，自配饲料豆腐渣添加的比例要根据豆饼和鱼粉所占的比例来确定。如果豆饼占饲料的25%，豆腐渣就不要添加了，否则蛋白质过剩，既浪费，又易造成畜禽腹泻。

豆腐渣有两种贮存方法：一是厌氧发酵贮存，即用密封坛把豆腐渣封起来保存，用量与鲜喂量差不多；二是晒干贮存，用量要减少到鲜喂量的1/5。但豆腐渣最好是鲜用，晒干会使部分营养丢失。

（四）能量饲料

能量饲料是指天然水分含量在45%以下，每千克干物质中粗纤维的含量在18%以下，消化能含量高于10.46兆焦/千克，蛋白质含量在20%以下的饲料。其中消化能高于12.55兆焦/千克的称为高能量饲料。能量饲料主要包括谷物籽实类饲料，如玉米、稻谷、大麦、小麦、高粱、燕麦等；谷物籽实类加工副产品，如米糠、小麦麸等；富含淀粉及糖类的根、茎、瓜类饲料；液态的糖蜜、乳清和油脂等。

1. 玉米

玉米是最重要的能量饲料，与其他谷物饲料相比，玉米粗蛋白质水平低，但能量值最高。以干物质计，玉米中淀粉含量可达70%。羊代谢能11.59%～11.70%，羊消化能14.14%～14.27%。玉米蛋白质含量为7.8%～9.4%，缺少赖氨酸、蛋氨酸、色氨酸等必需氨基酸。玉米蛋白质中50%～60%为过瘤胃蛋白质，可达小肠而被消化吸收。其余40%～45%蛋白质可在瘤胃被微生物所降解。钙含量0.02%，磷含量0.27%，与其他谷物饲料相似，玉米钙少磷多。

玉米可作为肉羊能量的重要来源，可达精饲料量的50%，最好与大麦或麦麸搭配，以防止瘤胃积食或臌胀。在以玉米为基础的日粮中，应添加石灰等补充钙，以预防尿结石症。同时补充瘤胃微生物可降解氮源，如非蛋白氮（尿素、二缩脲等）和天然蛋白质饲料（大豆饼、棉籽饼等）。在使用前，可先将玉米进行蒸汽挤压处理或粉碎成颗粒状。颗粒较大的玉米较粉状玉米消化慢，不易发生酸中毒。最高饲喂量可达 1 千克/（天·只），但要分多次饲喂，并且要逐渐增加饲喂量。羔羊以及妊娠和哺乳母羊饲喂玉米时，还应添加蛋白质补充料。对于其他羊，若饲喂干草中粗蛋白质含量达 9%～10%，则不必再另行添加蛋白质补充料。

2. 大麦

大麦分皮大麦和裸大麦两种。皮大麦即成熟时籽粒仍带壳的大麦，也就是普通大麦。根据籽粒在穗上的排列方式，又分为二棱大麦和六棱大麦。前者麦粒较大，多产自欧洲、美洲、大洋洲等地。我国多为六棱大麦，主要供酿酒用，饲用效果也很好。裸大麦也叫青稞，成熟时皮易脱落，多供食用，营养价值较高，但产量低。主要产自东南亚和我国青藏高原、云南、贵州和四川山地。

羊的消化能为 13.22%～13.43%，代谢能为 10.84%～11.01%，粗蛋白质含量为 11%～13%，粗蛋白质含量在谷类籽实中是比较高的，略高于玉米，也高于其他谷物饲料（荞麦除外）。氨基酸中除亮氨酸（0.87%）和蛋氨酸（0.14%）外，均较玉米为多，但利用率低于玉米。虽然大麦赖氨酸消化率（73%）低于玉米（82%），但由于大麦赖氨酸含量（0.44%）接近玉米的 2 倍，其可消化赖氨酸总量仍高于玉米。脂肪含量为 2%，为玉米的一半，但饱和脂肪酸含量较高，因此大麦是育肥羊获得白色胴体所需的良好能量饲料。大麦的无氮浸出物含量也比较高（77.5%左右），但由于大麦籽实外面包裹一层质地坚硬的颖壳，种皮的粗纤维含量较高（整粒大麦为 5.6%），为玉米的 2 倍左右，所以有效能值较低，一定程度上影响了大麦的营养价值。淀粉和糖类含量较玉米少。热能较低，代谢能仅为玉米的 89%。大麦矿物质中钾和磷含量丰富，其中磷的 63%为植酸磷，其次还含有镁、钙及少量铁、铜、锰、锌等。大麦富含 B 族维生素，包括维生素 B_1、维生素 B_2 和泛酸。虽然烟酸含量也较高，但利用率只有10%。脂溶性维生素A、维生素D、维生素K含量较低，少量的维生素E存在于大麦胚芽中。

大麦蛋白在瘤胃的降解率与其他小颗粒谷物饲料相似，过瘤胃蛋白质占20%～30%，比玉米和高粱的过瘤胃蛋白质低。

大麦中含有一定量的抗营养因子，可影响适口性和蛋白质消化率。大麦易被麦角菌感染致病，产生多种有毒的生物碱，如麦角胺、麦角胱氨酸等，轻者引起适口性下降，严重者可发生中毒，表现为坏疽症、痉挛、繁殖障碍、咳嗽、呕吐等。

大麦可大量用于饲喂肉羊，大麦淀粉在瘤胃中的发酵速度快。因此，大麦在肉羊日粮中所占比例不宜过高，一般不应超过40%，要注意防止酸中毒。大麦作为羊的饲料时，各种加工处理，如蒸汽压扁、碾碎、颗粒化以及干扁压对饲喂效果都影响不大。在肥羔生产中，大麦可作为玉米的有效替代饲料，降低饲料成本。

3. 高粱

高粱籽粒中蛋白质含量为9%～11%，其中约有0.28%的赖氨酸、0.11%的蛋氨酸、0.18%的胱氨酸、0.10%的色氨酸、0.37%的精氨酸、0.24%的组氨酸、1.42%的亮氨酸、0.56%的异亮氨酸、0.48%的苯丙氨酸、0.30%的苏氨酸、0.58%的缬氨酸。高粱籽粒中亮氨酸和缬氨酸的含量略高于玉米，而精氨酸的含量又略低于玉米，其他各种氨基酸的含量与玉米大致相等。高粱糠中粗蛋白质含量达10%左右，在鲜高粱酒糟中为9.3%，在鲜高粱醋渣中是8.5%左右。

高粱和其他谷物饲料一样，不仅蛋白质含量低，同时所有必需氨基酸含量都不能满足畜禽的营养需要。总磷含量中约有一半以上是植酸磷，同时还含有0.2%～0.5%的鞣质，两者都属于抗营养因子，前者阻碍矿物质、微量元素的吸收利用，而后者则影响蛋白质、氨基酸及能量的利用效率。

高粱的营养价值受品种影响大，其饲喂价值一般为玉米的90%～95%。高粱在肉羊日粮中使用量的多少，与鞣质含量高低有关。含量高的用量不能超过10%，含量低的用量可达到70%。高鞣质高粱不宜在幼龄动物饲养中使用，以避免造成养分消化率的下降。

对于反刍动物来说，通过蒸汽压片、水浸、蒸煮和挤压膨化等方法，可以改善反刍动物对高粱的利用，提高利用率10%～15%。

去掉高粱中的鞣质可采用水浸或煮沸处理、氢氧化钠处理、氨化处理等，也可通过饲料中添加蛋氨酸或胆碱等含甲基的化合物来中和其不利影响。使用高鞣质高粱时，可通过添加蛋氨酸、赖氨酸、胆碱等，来克服鞣质的不利影响。

4. 燕麦

燕麦分为皮燕麦和裸燕麦两种，是营养价值很高的饲料作物，可用作能量饲料、青干草和青贮饲料。

燕麦壳比例高，一般占籽实总重的24%～30%。因此，燕麦壳粗纤维含量高，可达11%或更高，去壳后粗纤维含量仅为2%。燕麦淀粉含量仅为玉米淀粉含量的1/3～1/2，在谷实类中最低，总可消化羊粪为66%～72%；粗脂肪含量在3.75%～5.5%，能值较低。燕麦粗蛋白质含量为11%～13%。燕麦籽实和干草中钾的含量比其他谷物或干草低。因为壳重较大，所以燕麦的钙含量比其他谷物略高，约占干物质的0.1%，而磷占0.33%，其他矿物质与一般麦类比较接近。

燕麦因壳厚、粗纤维含量高，适宜饲喂反刍动物，可减少羊的消化问题。成年羊咀嚼饲料比牛细致，故喂燕麦时可不必粉碎，整粒饲喂也可。

5. 小麦

小麦是人类最重要的粮食作物之一，全世界1/3以上的人口以它为主食。美国、中国、俄罗斯是小麦的主要产地。小麦在我国各地均有大面积种植，是主要粮食作物之一。

小麦籽粒中主要养分含量：羊的消化能为14.23兆焦/千克，代谢能为11.67兆焦/千克，粗脂肪1.7%，粗蛋白质13.9%，粗纤维1.9%，无氮浸出物67.6%，钙0.17%，磷0.41%。总的消化养分和代谢能均与玉米相似。与其他谷物相比，粗蛋白质含量高。在麦类中，春小麦的蛋白质水平最高，而冬小麦略低。小麦钙少磷多。

对反刍动物来说，可作为动物的精饲料，如小麦的价格低于玉米，也可拿小麦替代玉米作动物饲料，小麦淀粉消化速度快、消化率高，饲喂过量易引起瘤胃酸中毒。小麦的谷蛋白质含量高，易造成瘤胃内容物黏结，降低瘤胃内容物的流动性。若使用全小麦，在日粮中添加相应酶制剂，可消除谷蛋白质的不利影响。对成年羊，可不经加工直接饲喂；对幼龄羔羊，可粉碎后制成颗粒饲料饲喂。

6. 糖蜜

糖蜜是制糖工业的副产品，是一种黏稠、呈黑褐色、半流动的物体，组成因制糖原料、加工条件的不同而有差异，其中主要含有大量可发酵糖（主要是蔗糖），因而是很好的发酵原料，可用作酵母、味精、有机酸等发酵制品的底物或基料，也可用作某些食品的原料和动物饲料。糖蜜产量较大的有甜菜糖蜜、甘蔗糖蜜、葡萄糖蜜、玉米糖蜜，产量较小的有转化糖蜜和精制糖蜜。

糖蜜含有少量粗蛋白质，一般为3%～6%，多属于非蛋白氮类，如氨、酰胺及硝酸盐等，而氨基酸态氮仅占38%～50%，且非必需氨基酸如天冬氨酸、谷氨酸含量较多，因此蛋白质生物学价值较低，但天冬氨酸和谷氨酸均为呈味氨基酸，故用于动物饲料中可大大刺激动物食欲。

糖蜜的主要成分为糖类，甘蔗糖蜜含蔗糖24%～36%，其他糖12%～24%；甜菜糖蜜所含糖类几乎全为蔗糖，47%之多，羊的消化能为15.97兆焦/千克，代谢能为13.10兆焦/千克，粗蛋白质11.8%，粗脂肪0.4%。此外还含有3%～4%的可溶性胶体，主要为木糖胶、阿拉伯糖胶和果胶等。

糖蜜的矿物质含量较高，8%～10%，但钙、磷含量不高，甘蔗糖蜜又高于甜菜糖蜜。矿物质元素中钾、氯、钠、镁含量高，因此糖蜜具有轻泻性。一般糖蜜维生素含量低，但甘蔗糖蜜中泛酸含量较高，达37毫克/千克，此外生物素含量也很可观。

将提纯的甘蔗汁或甜菜汁蒸浓至带有晶体的糖膏，用离心机分出结晶糖后所余的母液，叫“蜜糖”。这种第一糖蜜中还含有大量蔗糖，可重复上述方法而得第二、第三糖蜜等。最后得到一种母液，无法再蒸浓结晶，称废糖蜜。一般单称糖蜜指的就是废粮蜜，可用作食物或饲料，也可用于发酵工业的原料。

（五）蛋白质饲料

蛋白质饲料是指饲料天然水分含量在45%以下，干物质中粗纤维低于18%、粗蛋白质含量不低于20%的饲料。蛋白质饲料包括植物性蛋白质饲料和动物性蛋白质饲料。

植物性蛋白质饲料主要是豆类及其加工副产品。常用的有大豆、豌豆、蚕豆和豆类加工副产品饼（粕）类等。这类饲料的突出特点是粗蛋白质含量高（22%～40%）、品质好。蛋白质主要由清蛋白和球蛋白组成，精氨酸、赖氨酸、蛋氨酸、苯丙氨酸等必需氨基酸含量和平衡性均高于谷物类，并且蛋白质利用率是谷物类的1～3倍。除大豆脂肪含量（17.3%）较高外，其他豆类均较低（2%～5%）；无氮浸出物含量22%～56%，比谷物类低；粗纤维含量低（3.8%～6.4%）、易消化；矿物质和维生素含量与谷物类相似；钙含量稍高于谷物类；富含B族维生素，但缺乏反刍动物必需的维生素A、维生素D。

动物性蛋白质饲料主要指鱼类、肉类和乳品加工的副产品及其他动物产品的总称。常用的有鸡蛋、鱼粉、血粉、羽毛粉、蚕蛹、全乳和脱脂乳等。动物性饲料是高蛋白质饲料，反刍动物很少使用动物性蛋白质饲料，但在羊的泌乳期、种公羊配种高峰期、杂交羊的育肥阶段可适当补充动物性饲料。

1. 豆类籽实

大豆、豌豆、蚕豆等豆类籽实中都含有蛋白酶抑制因子，可降低蛋白质的利用率。使用时需要提前处理才能取得好的饲用效果，通常给大豆、豌豆、蚕豆等豆类籽实加热，即可消除蛋白酶抑制因子的活性。经过加热处理，大豆的过瘤胃蛋白质比例增加，适口性也得以改善，生物效价可从57%提高到64%。为减少加热处理对赖氨酸、蛋氨酸、胱氨酸和色氨酸吸收的不利影响，加热温度不宜超过160℃。

（1）大豆　大豆有黄大豆、青大豆、黑大豆、其他大豆和饲用大豆5类，以黄大豆所占比例最大，其次是黑大豆。黄大豆的粗蛋白质含量高达35.5%，氨基酸组成平衡，赖氨酸含量为2.2%，蛋氨酸等含硫氨基酸稍欠缺；粗纤维含量（4.3%）比玉米高，与其他谷物类相当；脂肪含量高达17.3%。

大豆是高能、高蛋白质饲料。大豆脂肪酸中约85%是不饱和脂肪酸，营养价值高；矿物质元素和维生素类含量与谷物类相仿，也是钙少（0.27%）磷多（0.48%），维生素E的含量较高。

生大豆含有胰蛋白酶抑制因子、胃肠胀气因子、抗维生素因子、皂角苷等多种抗营养因子，可引起动物生长停滞、消化紊乱、腹泻等。因此，必须采取物理方法，如蒸煮、蒸汽处理、微波处理、焙炒、膨化等；或者采取化学方法，如酶法、发芽等处理，使其所含的抗营养因子活性降低或灭活，从而提高蛋白质利用率。另外，大豆脂肪含量高，可抑制瘤胃对粗纤维的消化。因此，在肉羊日粮中大豆比例不宜过高，一般不要超过精饲料的50%。

（2）蚕豆和豌豆　蚕豆和豌豆粗蛋白质含量在23.5%左右，低于大豆，氨基酸的平衡性与大豆相似；无氮浸出物含量在50%以上；而脂肪含量远比大豆低，仅为1.5%左右；能值与大麦和玉米相当。

蚕豆和豌豆是后备羊和育肥羊的良好能量、蛋白质、维生素和矿物质来源，可用来配制育肥羊日粮，替代部分玉米和大豆饼，最高可占到日粮的45%。蚕豆和豌豆也含有胰蛋白酶抑制因子，但含量较大豆低，加热即可破坏。蚕豆和豌豆的饲用价值不及大豆。

2. 饼（粕）类

饼（粕）类是豆类和油料籽实提取油脂后的副产品，是配合饲料的主要蛋白质补充料，使用广泛，用量较大。这类饲料的突出特点是油脂和蛋白质含量较高，而无氮浸出物含量一般比谷物类低。

饼（粕）类主要包括大豆饼（粕）、棉籽饼（粕）、菜籽饼（粕）、花生饼（粕）、向日葵饼（粕）、亚麻饼（粕）、芝麻饼（粕）等。采用压榨法提油后的块状副产品称为饼，用溶剂浸提脱油后的碎状物质称为粕。由于原料和加工方法不同，饼（粕）类饲料的营养与饲用价值有较大的差异。饼（粕）类饲料多有毒，须经热处理或脱毒处理后才可以使用。

（1）大豆饼（粕）　大豆饼（粕）是我国最常用的一

种主要植物性蛋白质饲料，营养价值很高，粗纤维含量为10％～11％，代谢能为11.70～11.73兆焦/千克，消化能为14.27～14.31兆焦/千克，大豆饼（粕）的粗蛋白质含量在40%～45%，大豆粕的粗蛋白质含量高于大豆饼，去皮大豆粕粗蛋白质含量可达50%。大豆饼（粕）的氨基酸组成较合理，尤其赖氨酸含量2.5%～3.0%，是所有饼（粕）类饲料中含量最高的，异亮氨酸、色氨酸含量都比较高，但蛋氨酸含量低，仅0.5%～0.7%。大豆饼（粕）中钙少磷多，但磷多属难以利用的植酸磷。维生素A、维生素D含量少，B族维生素除维生素B_2、维生素B_{12}外均较高。粗脂肪含量较低，尤其大豆粕的脂肪含量更低。大豆饼（粕）中含有抗胰蛋白酶、尿素酶、血细胞凝集素、皂角苷、甲状腺肿诱发因子、抗凝固因子等有害物质。但这些物质大都不耐热，一般在饲用前，先经100～110℃加热处理3～5分钟，即可去除这些不良物质。注意加热时间不宜太长，温度不能过高也不能过低，加热不足破坏不了毒素则蛋白质利用率低，加热过度可导致赖氨酸等必需氨基酸的变性反应，尤其是赖氨酸消化率降低，引起畜禽生产性能下降。

合格的大豆粕从颜色上可以辨别，大豆粕的色泽从浅棕色到亮黄色，如果色泽暗红，尝之有苦味，说明加热过度，氨基酸的可利用率会降低；如果色泽浅黄或呈黄绿色，尝之有豆腥味，说明加热不足。

（2）棉籽饼（粕） 棉籽饼（粕）是棉花籽实提取棉籽油后的副产品，粗纤维含量为10％～11％，代谢能为10.23～10.84兆焦/千克，消化能为12.47～13.22兆焦/千克，粗蛋白质含量较高，一般为36.3%～47%，产量仅次于大豆饼，是一种重要的蛋白质资源。棉籽饼因工作条件不同，其营养价值相差很大，主要影响因素是棉籽壳是否脱去及脱去程度。在油脂厂去掉的棉籽壳中，虽夹杂着部分棉仁，粗纤维也达48%，木质素达32%，脱壳以前去掉的短绒含粗纤维90%，因而在用棉花籽实加工成的饼（粕）中，是否含有棉籽壳，或者含棉籽壳多少，是决定它可利用能量水平和蛋白质含量的主要影响因素。

棉籽饼（粕）蛋白质组成不太理想，精氨酸含量过高，达3.6%～3.8%，远高于大豆粕，是菜籽饼（粕）的2倍，仅次于花生粕，而赖氨酸含量仅1.3%～1.5%，过低，只有大豆饼（粕）的一半。蛋氨酸也不足，约0.4%，同时赖氨酸的利用率较差。故赖氨酸是棉籽饼（粕）的第一限制性氨基酸。饼（粕）中有效能值主要取决于粗纤维含量，即饼（粕）中含壳量。维生素含量受热损失较多。矿物质中磷多，但多属植酸磷，利用率低。

棉籽饼（粕）中含有游离棉酚、环丙烯脂肪酸、鞣质、植酸等抗营养因子，可对蛋白质、氨基酸和矿物质的有效利用产生严重影响。因此，应采用热处理、硫酸亚铁处理、碱处理、微生物发酵等方法进行脱毒处理。使用棉籽饼（粕）时，需搭配优质粗饲料。空怀、妊娠和泌乳母绵羊每天每只饲喂量分别为150克、200克和300克，5月龄以上绵羊每天每只100克。

（3）菜籽饼（粕） 菜籽饼（粕）是油菜籽经机械压榨或溶剂浸提制油后的残渣。菜籽饼（粕）具有产量高，能量、蛋白质、矿物质含量较高，价格便宜等优点。榨油后饼（粕）中油脂减少，粗蛋白质含量达到37%左右。粗纤维含量为10%～11%，在饼（粕）类中是粗纤维含量较高的一种，羊的代谢能为9.88～10.77兆焦/千克，消化能为12.05～13.14兆焦/千克，菜籽饼中氨基酸含量丰富且均衡，品质接近大豆饼水平。胡萝卜素和维生素D的含量不足，钙、磷含量高，所含磷的65%是利用率低的植酸磷，含硒量在常用植物性饲料中最高，是大豆饼的10倍，鱼粉的一半。

菜籽饼（粕）含毒素较高，主要起源于芥子苷或称含硫苷（含量一般在6%以上），各种芥子苷在不同条件下水解，生成异硫氰酸酯，严重影响适口性。硫氰酸酯加热转变成氰酸酯，它和噁唑烷硫酮还会导致甲状腺肿大，一般经去毒处理，才能保证饲料安全。去毒方法有多种，主要有加水加热到100～110℃处理1小时；用冷水或温水40℃左右，浸泡2～4天，每天换水1次。近年来国内外都培育出各种低毒油菜籽品种，使用安全，值得大力推广。“双低”菜籽饼（粕）的营养价值较高，可替代大豆粕。

用毒素成分含量高的菜籽制成的饼（粕）适口性差，也限制了菜籽饼（粕）的使用，通常配合饲料中添加量为5%左右。

（4）花生饼（粕） 花生饼（粕）是花生去壳后花生仁经榨（浸）油后的副产品。其营养价值仅次于大豆饼（粕），即蛋白质和能量都较高，粗蛋白质含量在38%～48%，粗纤维含量为4%～7%，羊的代谢能可达13.56～14.39兆焦/千克。花生饼的粗脂肪含量为4%～7%、而花生粕的粗脂肪含量为1.4%～7.2%、粗纤维5.9%～6.2%。花生饼（粕）中钙少磷多，钙含量为0.25%～0.27%、磷含量为0.53%～0.56%，但多以植酸磷的形式存在。

国内一般都去壳榨油。去壳花生饼含蛋白质、能量比较高。花生饼（粕）的饲用价值仅次于大豆饼，蛋白质和能量都比较高，适口性也不错。花生粕含赖氨酸含量为1.3%～2.0%，含量仅为大豆饼（粕）的一半左右，蛋氨酸含量为0.4%～0.5%，色氨酸含量为0.3%～0.5%，其利用率为84%～88%。含胡萝卜素和维生素D极少。花生饼（粕）本身虽无毒，但因脂肪含量高，长时间贮存易变质，而且容易感染黄曲霉，产生黄曲霉毒素。黄曲霉毒素毒力强，对热稳定，经过加热也去除不掉，食用能致癌。因此，贮藏时应保持低温干燥条件，防止发霉。一旦发霉，坚决不能使用，用花生饼（粕）喂肉羊，可占成年羊精饲料的25%，以新鲜的菜籽饼（粕）配制最好。

（5）向日葵饼（粕） 向日葵饼（粕）是向日葵榨油后的副产品。脱壳的向日葵饼（粕）粗蛋白质含量为29%～36.5%，羊的消化能8.54～10.63兆焦/千克，氨基酸组成不平衡，与大豆饼（粕）、棉籽饼（粕）、花生饼（粕）相比，赖氨酸含量低，而蛋氨酸含量较高。向日葵饼（粕）中铜、铁、锰、锌含量都较高。

向日葵饼（粕）中不仅含有难消化的木质素，还含有可抑制胰蛋白酶、淀粉酶、脂肪酶活性的有毒物质绿原酸。向日葵饼（粕）可作为反刍动物的优质蛋白质饲料，适口性好，饲用价值与大豆粕相当。但需注意若饲喂量过多，易导致肉羊乳脂和体脂变软。

（6）亚麻饼（粕） 亚麻饼（粕）是亚麻籽实脱油后的副产品。亚麻饼（粕）的粗蛋白质含量较高，为35.7%～38.6%，但必需氨基酸含量较低，赖氨酸仅为大豆饼的1/3～1/2，蛋氨酸和色氨酸则与大豆饼相近。故使用时可与赖氨酸含量高的饲料搭配使用。粗纤维含量高于大豆饼（粕），总可消化养分比大豆饼（粕）低。亚麻饼（粕）中微量元素硒的含量高，为0.18%。

亚麻饼（粕）适口性好，可作为肉羊的蛋白质补充料，并可作为唯一蛋白质来源，也是很好的硒源。亚麻饼（粕）含有生氰糖苷，可分解生成氢氰酸，引起肉羊中毒。因此，饲喂前应先用凉水浸泡，然后再高温蒸煮1～2小时。

（7）芝麻饼（粕） 芝麻饼（粕）是芝麻脱油后的副产品。略带苦味，芝麻饼（粕）的消化能14.69兆焦/千克，粗蛋白质含量39.2%，代谢能12.05兆焦/千克，粗脂肪10.3%，粗纤维7.2%，无氮浸出物24.9%，钙2.24%，总磷1.19%，蛋氨酸0.82%，赖氨酸2.38%。羊消化能值略高于大豆饼（粕），蛋氨酸含量在各种饼（粕）类饲料中最高。因此，使用时可与大豆饼、菜子饼搭配。芝麻饼（粕）是反刍动物良好的蛋白质饲料来源，可占成年羊精饲料的25%左右。

（六）矿物质饲料

矿物质饲料在饲料分类系统中属第六大类。它包括人工合成的、天然单一的和多种混合的矿物质饲料，以及配合有载体或赋形剂的痕量、微量、常量元素补充料。矿物质元素在各种动植物性饲料中都有一定含量，虽多少有差别，但由于动物采食饲料的多样性，可在某种程度上满足对矿物质的需要。但在舍饲条件下或饲养高产动物时，动物对它们的需要量增多，这时就必须在动物饲粮中另行添加所需的矿物质。

矿物质饲料种类很多，主要有三个来源：

一是肉品加工副产品。即从不同肉制品分离出来的骨头、蛋壳等，通过蒸煮、干燥、粉碎等加工处理而制成的矿物质饲料。它不仅含有钙、磷及其他矿物质元素，有的还含有一定量的蛋白质。这类产品的质量差异较大，矿物质含量多变，而且若加工处理不当，还会传染疾病，因此要慎用。

二是天然矿物资源产品。它是直接用天然矿石或贝壳类稍加处理所得的合乎饲料要求的产品。这类产品一般就地取材，成本低，但常含有一些有毒元素，须严格选择或处理。例如，天然磷酸岩，一般含有较多的氟，需经过脱氟处理才能使用。

三是化工生产产品。一般纯度高，含杂质少。有的“饲料级”产品虽含有微量杂质，但对动物有害物质均在允许范围内。微量元素补充物基本都来源于纯度较高的化工生产产品。

实际使用时应根据不同化合物的有效性和有害物质含量情况、加工工艺要求、来源是否广泛及稳定、成本价格等因素选用。

另外，掌握正确的矿物质补饲技术和方法也十分重要。在羊机体内，每天代谢所需的饲料矿物质，如出现过剩可有少量贮存，但过多则随粪、尿排出。如试图通过饲料提供过量的矿物质来促进骨骼生长或提高羊骨的强度几乎是不可能的。生产实践中需根据羊对各种矿物质元素的需要量、矿物质的生物学效价和采食量来确定矿物质的补饲量。同时应注意发挥其他营养措施的协同作用。羊常用的钙、磷天然矿物质饲料有贝壳粉、蛋壳粉等。

常用的矿物质饲料包括钙源性饲料如石灰石粉、贝壳粉、蛋壳粉、轻质碳酸钙等；磷源性饲料如磷酸氢钙、磷酸钙、磷酸二氢钙、磷酸二氢铵、磷酸二氢钠和磷酸氢二钠等；含钠、氯原料如氯化钠（食盐）、碳酸氢钠、一水碳酸钠、无水碳酸钠、乙醇钠、甲酸钠；含硫原料如硫黄、二水硫酸钙、硫代硫酸钠；含钾原料如碳酸钾、氯化钾；含镁原料如硫酸镁、氧化镁等。

1. 钠和氯

食盐是最常用又经济的钠、氯补充物。在矿物质中，最重要的是钠和氯、钙和磷等。

植物性饲料大都含钠和氯的数量较少，相反含钾丰富。为了保持生理上的平衡，对以植物性饲料为主的畜禽，应补饲食盐。食盐除了具有维持体液渗透压和酸碱平衡的作用外，还可刺激唾液分泌，提高饲料适口性，增强动物食欲，具有调味剂的作用。

草食家畜需要钠和氯较多，对食盐的耐受量较大，很少发生过草食家畜食盐中毒的事件。但是猪和家禽，尤其是家禽，因饲粮中食盐配合过多或混合不匀易引起食盐中毒。雏鸡饲料中若配合0.7%以上的食盐，则会出现生长受阻，甚至有死亡现象。产蛋鸡饲料中含盐超过1%时，可引起饮水增多、粪便变稀、产蛋率下降。

食盐的供给量要根据家畜的种类、体重、生产能力、季节和饲粮组成等来考虑。一般食盐在风干饲粮中的用量：牛、羊、马等草食家畜为0.5%～1%；浓缩饲料中可添加

1%～3%。当饮水充足时不易中毒；在饮水受到限制或盐碱地区水中含有食盐时，易导致食盐中毒。若水中含有较多的食盐，饲料中可不添加食盐。

饲用食盐一般要求较细的粒度。美国饲料制造者协会（AFMA）建议，应100%通过30目筛。食盐吸湿性强、易结块，可在其中添加流动性好的二氧化硅等防结块剂。

在缺碘地区，为了人类健康现已供给碘盐，在这些地区的家畜同样也缺碘，故补饲食盐时也应采用碘化食盐。如无出售，可以自配，在食盐中混入碘化钾，用量要使其中碘的含量达到0.007%为宜。配合时，要注意使碘分布均匀，如配合不均，可引起碘中毒。再者碘易挥发，应注意密封保存。若是碘化钾则必须同时添加稳定剂，碘酸钾（KIO_3）较稳定，可不加稳定剂。

补饲食盐时，除了直接拌在饲料中外，也可以食盐为载体，制成微量元素添加剂预混料。在缺硒、铜、锌等地区，也可以分别制成含亚硒酸钠、硫酸铜、硫酸锌或氧化锌的食盐砖、食盐块供放牧家畜舔食，尤其在放牧地区放于牧场，但要注意动物食后要使之充分饮水。由于食盐吸湿性强，在相对湿度75%以上时开始潮解，作为载体的食盐必须保持含水量在0.5%以下，并妥善保管。

2. 钙和磷

以放牧为主和以青干草为主舍饲羊容易出现磷缺乏症，因为青草中钙、磷含量不平衡，通常钙多磷少。谷物类、糠麸、豆科籽实及豆粕普遍钙少磷多，且大部分磷是以植酸磷的形式存在。但对于反刍动物，其瘤胃能生成植酸酶，可以有效利用饲料中的植酸磷。所以，精饲料为主的舍饲肉羊容易出现钙缺乏症。肉羊生产中常用石粉、磷酸氢钙等补充钙、磷。一般在日粮中添加1%～1.5%石粉。

3. 锌和硫

锌和硫是肉羊生长和繁育所必需的微量元素，在肉羊饲料中都不可缺少。

当饲料中缺锌或饲料中的锌不易被肉羊吸收时，肉羊就会出现缺锌症，导致肉羊的机体消瘦、外皮增厚，种羊的睾丸明显萎缩、精子少，生长和繁育都受到影响。因此，肉羊饲料不可缺锌，在缺锌的肉羊饲料中，应适当补锌。方法是将硫酸锌或碳酸锌拌入其中。所补充的量，可根据肉羊的品种和生长期的不同而定。

一般在每千克饲料中添加硫酸锌或碳酸锌的量为：种公羊添加 30 ～ 50 毫克。

如果肉羊已出现缺锌症状，添加量可以加大 0.5 ～ 1 倍。在肉羊饲料中添加硫酸锌或碳酸锌的同时，还要调整肉羊对钙和锌的摄食量，使饲料中钙的含量保持在 0.65%～ 0.75%的水平，这样才能真正达到对肉羊补锌的目的。

4. 铜

肉用绵羊（尤其是绵羊羔）对铜特别敏感，日粮中铜的含量一般应为 5 毫克 / 千克，若达到 25 毫克 / 千克就会发生中毒。但需要注意饲料中钼的含量也会影响铜的需求量，因钼可与铜形成不溶性的复合物而影响铜的吸收和利用。如反刍动物钼中毒时，适当提高日粮中铜水平，可降低钼的毒性等。绵羊饲料中铜与钼比例应在 10∶1 以下。除钼外，硫和锌也可影响铜的利用。硫可与钼结合，从而对铜、钼浓度比产生影响。日粮中锌的水平在 100 毫克 / 千克时，可防止铜中毒。相对而言，山羊对铜的耐受力较绵羊强 69 倍，其肝脏中不会蓄积铜。据检测，饲喂铜含量为 710 毫克 / 千克的饲料，山羊肝脏中铜的含量为 100 毫克 / 千克，而绵羊不同，山羊不易发生铜缺乏症。山羊饲料中铜水平宜在 10 ～ 20 毫克 / 千克。

5. 镁

饲料中含镁丰富，一般都在0.1%以上，因此不必另外添加。但早春牧草中镁的利用率很低，有时会使放牧家畜因缺镁而出现“草痉挛”，故对放牧的牛羊以及以玉米作为主要饲料并补加非蛋白氮饲喂的羊，常需要补加镁。

多用氧化镁。氧化镁不仅生物学价值高（相对生物学效价100%），物理特性也好。它为白色粉末，流动性好，便于加工、贮藏。饲料工业中使用的氧化镁一般为菱镁矿在800～1000℃煅烧的产物，其化学组成为MgO 85.0%、CaO 7.0%、SiO_2 3.6%、Fe_2O_3 2.5%、Al_2O_3 0.4%，烧失量为1.5%。

此外还可选用硫酸镁、碳酸镁、磷酸镁、氯化镁、乙酸镁、柠檬酸镁等。其生物学价值分别为58%～113%、86%～113%、100%、98%～100%、107%、100%～148%。其中，硫酸镁、碳酸镁、磷酸镁添加于饲料应用较多。

（七）饲料添加剂

羊的饲料添加剂包括营养性添加剂和一般饲料添加剂，其功能是补充或平衡饲料营养成分，提高饲料的适口性和利用率，促进羊的生长发育，改善代谢功能，加快生长速度，缩短育肥期，增加肉羊育肥的经济效益。

营养性添加剂指用于补充饲料营养成分的少量或者微量物质，包括饲料级氨基酸、维生素、矿物质微量元素、酶制剂、非蛋白氮等；一般饲料添加剂是为保证或者改善饲料品质、提高饲料利用率而掺入饲料中的少量或者微量物质。

1. 非蛋白氮

非蛋白氮包括蛋白质分解的中间产物——氮、酰胺、氨基酸，还有尿素、缩二脲和一些铵盐等，其中最常见的为尿素。这些非蛋白氮可为瘤胃微生物提供合成蛋白质的氮源。尿素的含量为47%，如全部被瘤胃微生物利用，1千克尿素相当于2.8千克粗蛋白质的营养价值或7千克豆饼蛋白质的营养价值，等于26千克禾本科籽实的含氮量。因此，用尿素等非蛋白质物质代替部分饲料蛋白质，既能促进羊只快速生长，又可降低饲料成本。

尿素适合饲喂给健康的成年羊或育成羊。羔羊胃肠道内的微生物区系尚未完全建立，微生物活动还不正常，不能利用尿素。如果给羔羊饲喂尿素，会使其发生胃肠不适甚至中毒。除羔羊外，种公羊、妊娠后期母羊和用氨化秸秆饲料强化育肥的羊，也不能饲喂尿素。另外，产奶量较高（日产奶4千克以上）的奶羊也不宜饲喂尿素。奶羊在产奶量较高时，瘤胃中微生物合成菌体蛋白的速度较低，不能很好地利用尿素，如果对其饲喂尿素，不仅会造成浪费，还可能对羊的健康造成不利影响。此外，羊在过度饥饿以及长途运输后也不能立即饲喂含有尿素的饲料。因为在这些情况下，尿素在瘤胃中的分解速度较快，会降低尿素的利用率，同时也易发生中毒。

尿素的饲喂量必须严格控制，用量一般不超过日粮粗蛋白质的1/3，或不超过日粮干物质的1%，或按羊体重的0.02%～0.03%喂给，即每10千克体重，日喂尿素2～3克。使用时，先将定量的尿素溶于水中，然后拌入精料，每日供量分2～3次投给，开始喂量要少，经5～7天的过渡期再转入正常供量。

2. 羊育肥用微量元素

矿物质微量元素可以调节机体能量、蛋白质和脂肪的代谢，提高羊的采食量，促进营养物质的消化作用，刺激生长，提高增重速度和饲料利用率。微量元素的添加量应按育肥羊的营养需要添加，可将微量元素制成预混料，其配方为每吨预混料碳酸钙803.1千克、硫酸亚铁50千克、硫酸铜6千克、硫酸锌80千克、硫酸锰60千克、氯化钴0.8千克、亚硒酸钠0.1

千克，按每只羊每天 10 ～ 15 克预混料添加，均匀混于精料中饲喂；或将微量元素制成盐砖，让羊自由采食，一般添加微量元素饲养比不添加增重 10%～ 20%。

3. 维生素添加剂

由于羊瘤胃微生物能够合成 B 族维生素和维生素 K、维生素 C，不必另外添加。但日粮中应提供足够的维生素 A、维生素 D 和维生素 E，以满足育肥羊的需要。维生素添加剂的使用应按羊的营养需要进行，在饲料中维生素不足的情况下，应适量添加。一般 20 ～ 30 千克的羔羊育肥每只每日需要维生素 A 200 ～ 210 国际单位、维生素 D 57 ～ 61 国际单位。添加维生素时还应注意与微量元素间的相互作用，多数维生素与矿物质元素能相互作用而失效，所以最好不要把它们放在一起配制预混料，或用维生素的包埋剂型配制矿物质和维生素预混料。

4. 稀土

稀土是元素周期表中钇、钪及全部镧系共 17 种元素的总称，可作为一种饲料添加剂用于畜禽生产，具有良好的饲喂效果和较高的经济效益。张英杰等对小尾寒羊进行了添加稀土饲喂试验，在放牧 + 补饲的条件下，试验组的羊每只添加硝酸稀土 0.5 克，试验期 60 天。结果表明，添加稀土组的羊比不添加稀土组的羊平均体重提高 11.2%，经济效益显著。张启儒报道，用稀土添加剂饲喂细毛羊，添加量按每千克体重 10 毫克，饲喂期 3 个月，饲喂稀土的阉羊较不喂稀土的阉羊体重增加了 2.07 千克，提高了 55.49%；平均毛长增加了 0.3 厘米，提高了 12.5%。王安琪报道，给断奶后育肥羊日粮中添加 0.2%的稀土，在 60 天试验期内，日增重提高 17.1%，每千克增重节省饲料 0.41 千克，饲料转化率提高 14.29%。

一般作为饲料添加剂的稀土类型有硝酸盐稀土、氯化盐稀土、维生素 C 稀土和碳酸盐稀土。

5. 膨润土

膨润土属斑脱岩，是一种以蒙脱石为主要成分的黏土。主要成分为钙10%、钾6%、铝8%、镁4%、铁40%、钠2.5%、锌0.01%、锰0.3%、硅30%、钴0.004%、铜0.008%、氯0.3%，还有钼、钛等。膨润土具有对畜禽有机体有益的矿物质元素，可使酶、激素的活性或免疫反应向有利于畜禽的方向变化，对体内有害毒物和胃肠中的病菌有吸附作用，有利于机体的健康，提高畜禽的生产性能。张世铨报道，用2～3岁内蒙古细毛羊羯羊在青草期100天放牧期内，每只每日用30克膨润土加100克水灌服，饲喂膨润土组羊较对照组羊毛长度增加0.48厘米，每平方厘米剪毛量增加0.0398克。

6. 瘤胃素

瘤胃素又名莫能菌素，是肉桂的链霉菌发酵产生的抗生素。其功能是通过减少甲烷气体能量损失和饲料蛋白质降解、脱氨损失，控制和提高瘤胃发酵效率，从而提高增重速度及饲料转化率。试验研究表明，舍饲绵羊饲喂瘤胃素，日增重比对照组羊提高35%左右，饲料转化率提高27%。生长山羊饲喂瘤胃素，日增重比对照组羊提高16%～32%，饲料转化率提高13%～19%。瘤胃素的添加量一般为每千克日粮干物质中添加25～30毫克，均匀混合在饲料中，最初饲喂量可低些，以后逐渐增加。

7. 缓冲剂

添加缓冲剂的目的是改善瘤胃内环境，有利于微生物的生长繁殖。肉羊强度育肥时，精料量增多，粗饲料减少，瘤胃内会形成过多的酸性物质，影响羊的食欲，并使瘤胃微生物区系被抑制，对饲料的消化能力减弱。添加缓冲剂，可增加瘤胃内碱性物质的蓄积，中和酸性物质，促进食欲，提高饲料的消化率和羊的增重速度。肉羊育肥常用的缓冲剂有碳酸氢钠和氧化镁。碳酸氢钠的添加量为日粮干物质的0.7%～1.0%，氧化镁的添加量为日粮干物质的0.03%～0.5%。添加缓冲剂时应由少到多，使羊有一个适应过程，此外，碳酸氢钠和氧化镁同时添加效果更好。

8. 二氢吡啶

其作用是抑制脂类化合物的过氧化过程，形成肝保护层，抑制畜体内的细胞组织，具有天然抗氧化剂——维生素E的某些功能，还能提高家畜对胡萝卜素和维生素A的吸收及利用。周凯等进行了二氢吡啶饲喂生长绵羊对增重效果影响的试验研究。试验羊以放牧为主，补饲时每千克精料中添加200毫克二氢吡啶的周岁羊体重可多增加8.54千克，经济效益显著。使用二氢吡啶时应避光防热，避免与金属铜离子混合，因铜是特别强的助氧化剂。如与某些酸性物质（如柠檬酸、磷酸、抗坏血酸等）混合使用，可增强效果。

9. 酶制剂

酶是活体细胞产生的具有特殊催化能力的蛋白质，是一种生物催化剂，对饲料养分消化起重要作用。可促进蛋白质、脂肪、淀粉和纤维素的水解，提高饲料利用率，促进动物生长。如饲料中添加纤维素酶，可提高羊对纤维素的分解能力，使纤维素得到充分利用。李景云等报道，育成母羊和育肥公羔每只每日添加纤维素酶25克，育成母羊经45天试验期，日增重较对照组增加29.55克；育成公羔经32天试验期，日增重较对照组增加34.06克。育肥公羔屠宰率增加2.83%，净肉重增加1.80千克。

10. 中草药添加剂

中草药添加剂是为预防疾病、改善机体生理状况、促进生长而在饲料中添加的一类天然中草药、中草药提取物或其他加工利用后的剩余物。张英杰等对小尾寒羊育肥公羔进行了中草药添加剂试验，选用健脾开胃、助消化、驱虫等中草药（黄芪、麦芽、山楂、陈皮、槟榔等），经科学配伍粉碎混匀，每只羊每日添加 15 克，经两个月的饲喂期，试验组平均体重较对照组增加 2.69 千克，且发病率显著降低。

11. 杆菌肽锌

杆菌肽锌是一种抑菌促生长剂，对畜禽都有促生长作用，有利于养分在肠道内的消化吸收，改善饲料利用率，提高体重。羔羊用量为每千克混合料中添加 10 ～ 20 毫克（42 万～ 84 万国际单位），在饲料中混合均匀饲喂。

12. 喹乙醇

喹乙醇又名快育灵、倍育诺，为合成抗菌剂。喹乙醇能影响机体代谢，具有促进蛋白质同化作用，进食后在 24 小时内主要通过肾脏全部排出体外。毒性极低，按有效剂量使用，安全，副作用小。通过国内外试验，添加喹乙醇饲喂羔羊日增重提高 5%～ 10%，每单位增重节省饲料 6%。用法与用量：均匀混合于饲料中饲喂，羔羊每千克日粮干物质中添加喹乙醇量为 50 ～ 80 毫克（以上资料引自《饲料添加剂在肉羊育肥中重要意义》）。

13. 舔砖

舔砖是将牛、羊所需的营养物质经科学配方加工成块状，供牛、羊舔食的一种饲料，其形状不一，有的呈圆柱形，有的呈长方形、方形不等。也称块状复合添加剂，通常简称“舔块”或“舔砖”。理论与实践均表明：补饲舔砖能明显改善牛、羊健康状况，提高采食量和饲料利用率，加快生长速度，提高经济效益。20 世纪 80 年代以来，舔砖已广泛应用于 60 多个国家和地区，被农民亲切地称为“牛羊的巧克力”。

舔砖完全是根据反刍动物喜爱舔食的习性而设计生产的，并在其中添加了反刍动物日常所需的矿物质元素、维生素、非蛋白氮、可溶性糖等易缺乏养分，能够对人工饲养的牛、羊等经济动物补充日粮中各种微量元素的不足，从而预防反刍动物异食癖、乳腺炎、蹄病、胎衣不下、山羊产后奶水少、羔羊体弱生长慢等现象发生。随着我国养殖业的发展，舔砖也成了大多数集约化养殖场中必备的高效添加剂，享有牛、羊“保健品”的美誉。

在我国，舔砖的生产处于初始阶段，技术落后，没有统一的标准。舔砖的种类很多，叫法各异，一般根据舔砖所含成分占其比例的多少来命名。舔砖以矿物质元素为主的叫复合矿物质舔砖，以尿素为主的叫尿素营养舔砖，以糖蜜为主的叫糖蜜营养舔砖。在我国现有的营养舔砖中，大多含有尿素、糖蜜、矿物质元素等成分，一般叫复合营养舔砖。

舔砖的生产过程是：配料、搅拌、压制成形、自然晾干、包装为成品。配料由食盐、天然矿物质舔砖添加剂和水组成，天然矿物质舔砖含有钙、磷、钠和氯等常量元素以及铁、铜、锰、锌、硒等微量元素，能维持牛、羊等反刍家畜机体的电解质平衡，防治家畜矿物质营养缺乏症，如异嗜癖、白肌病、高产牛产后瘫痪、幼畜佝偻病、营养性贫血等，提高采食量和饲料利用率，可吊挂或放置在牛、羊等反刍家畜的食槽、水槽上方或牛、羊等反刍家畜休息的地方，供其自由舔食。

五、饲料的配制

（一）羊的饲养标准

羊的饲养标准又称为羊的营养需要量，是指羊维持生命活动和从事生产（肉、乳、毛、繁殖等）对能量和各种营养物质的需要量。各种营养物质的需要，不但数量要充足，而且比例要恰当。饲养标准就是反映绵羊和山羊不同发育阶段、不同生理状况、不同生产方向和水平对能量、蛋白质、矿物质和维生素等的需要量。

绵羊和山羊的饲养标准可参照农业部2004年8月25日发布的中华人民共和国农业行业标准《肉羊饲养标准》（NY/T 816—2004）、美国的绵羊标准（NRC，1985）、美国安哥拉山羊的饲养标准和苏联的绵羊饲养标准。

（二）日粮配合的步骤

第一步：要确定饲喂羊群的相应标准所规定的营养需要量；

第二步：先应满足粗饲料的饲喂量，即先选用一种主要的粗饲料，如青干草或青贮料；

第三步：确定补充饲料的种类和数量，一般是用混合精料来满足能量和蛋白质需要量的不足部分；

第四步：用矿物质补充饲料来平衡日粮中钙、磷等矿物质元素的需要量。

（三）羊饲料配制需要注意的问题

1. 要有针对性

饲养标准是对动物实行科学饲养的依据，因此经济合理的饲料配方必须根据饲养标准所规定营养物质需要量的指标进行设计。在选用的饲养标准基础上，可根据饲养实践中动物的生长或生产性能等情况做适当的调整。一般按动物的膘情或季节等条件的变化，对饲养标准可做适当的调整。

为了适应动物的营养生理特点，对每一种动物或每一类动物分别按不同生长发育阶段、不同生理状态、不同生产性能制定营养定额。选择饲料时，要按照肉羊营养需要分门别类选择。

2. 要因地制宜

按照肉羊的饲养标准，尽可能充分、合理地利用当地的杂草、秸秆、树叶、农副产品和加工副产品等资源，根据羊不同生理阶段的营养需要和消化特点，确定合理的配合比例和加工技术，达到降低成本、节约饲料、增加效益的目的。

3. 要兼顾成本

配合日粮应选当地最为常用、营养丰富而又相对便宜的饲料。要求在不影响羊只健康的前提下，通过饲喂必须能够获得最佳经济效益。

4. 要保证安全

饲料原料应具有该品种应有的色、嗅、味和形态特征，无发霉、变质、结块及异嗅、异味。青绿饲料、干粗饲料不应发霉、变质。有毒有害物质及微生物允许量应符合《饲料卫生标准》（GB 13078—2017）的规定。不应在肉羊饲料中使用除蛋、乳制品外的动物性饲料。不应在肉羊饲料中使用各种抗生素滤渣。发霉变质的饲料、发芽的土豆、患黑斑病的甘薯都不能给羊群做饲料；棉籽饼、菜子饼必须经过脱毒处理后才可以喂羊，且要限制饲喂量；羊圈运动区内不要种植夹竹桃，防止羊群误食中毒；作物秸秆上的地膜要摘除干净，秸秆下部粗硬的部分和根须要尽量切掉不用；秋季不要用柔韧的秧蔓喂羊，阴雨天气尽量将粗料切细。做好这些，能避免饲料因素引起的许多疾病。

饲料添加剂应是农业农村部允许使用的饲料添加剂品种目录中所规定的品种和取得批准文号的新饲料添加剂品种。应是取得饲料添加剂产品生产许可证企业生产的、具有产品批准文号的产品。有毒有害物质应符合 GB 13078—2017 的规定。

肉羊配合饲料、浓缩饲料、精料补充料和添加剂预混合饲料应色泽一致，无霉变、结块及异臭、异味。有毒有害物质及微生物允许量应符合 GB 13078—2017 的规定。饲料药物添加剂使用应遵守《饲料药物添加剂使用规范》。不得添加《禁止在饲料和动物饮水中使用的药物品种目录》中规定的违禁药物。

野外放牧时要重视饲草安全。高粱苗、玉米苗含有氢氰酸，误食后会引起氢氰酸中毒；叶菜类饲料和幼嫩的青饲料中含有较多硝酸盐，在瘤胃硝化菌的作用下，可转化成为亚硝酸盐，若采食过量，会引起亚硝酸盐中毒；小萱草根、毒芹、闹羊花、木贼草等都是有毒植物，羊采食后会引起中毒；棉田和果园附近的牧草容易被农药污染，羊采食后可引起农药中毒。

5. 要注意适口性

饲料的适口性直接影响采食量。通常影响混合饲料适口性的因素有：味道（如甜味、某些芳香物质、谷氨酸钠等可提高饲料的适口性）、粒度（过细不好）、矿物质或粗纤维的多少。应选择适口性好、无异味的饲料。若采用营养价值虽高，但适口性却差的饲料须限制其用量。如血粉、菜籽饼（粕）、棉籽饼（粕）、芝麻饼、向日葵饼（粕）等，特别是为幼龄动物和妊娠动物设计饲料配方时更应注意。对味道差的饲料也可采用适当搭配适口性好的饲料或加入调味剂以提高其适口性，促使动物增加采食量。饲料搭配必须有利于适口性的改善和消化率的提高。如酸性饲料（青贮、糟渣等）与碱性饲料（碱化或氨化秸秆等）搭配。

6. 要注意饲料体积

日粮配比要考虑羊只的采食量。日粮体积过大，难以吃进所需的营养物质；体积过小，即使营养得到满足，由于瘤胃充盈度不够，仍有饥饿感。为了确保羊只每天能够吃进所需要的营养，必须考虑羊的采食量与饲料体积及饲料养分浓度之间的关系。一般羊只每 100 千克体重每日所需干物质数量在 2.5 ～ 3.5 千克。

7. 要注意多样化

饲料种类多样化，精粗配比适宜。日粮的组成多样化，这样可以发挥各种饲料原料之间的营养互补作用。饲草一定要有两种或两种以上，精料种类 3 ～ 5 种以上，使营养成分全面，且改善日粮的适口性和保持羊只旺盛的食欲。精粗比以 1∶3 为宜。

8. 日粮成分应保持相对稳定

饲料的组成应相对稳定，如果必须改变饲料种类时，应逐步更换，突然改变日粮构成，会导致羊只的消化系统疾病，影响瘤胃发酵，降低饲料消化率，引起消化不良或下痢等疾病，甚至影响羊的生产性能。通常繁殖母羊和公羊日粮中，一般精饲料与青粗饲料（干物质）比为（2 ～ 3）∶（7 ～ 8），早期断奶羔羊育肥时，精、粗饲料比可达 6∶4 甚至 7∶3。

小贴士：

合格的饲料必须同时具备这些特点，缺一不可。满足营养需要是基础，安全合法是保障，多样化、适口性好和体积适当是关键，成分保持相对稳定是保证，因地制宜、兼顾成本是提高效益的前提。

（四）青贮饲料的制作与饲喂

青贮饲料是将青绿饲料在密闭条件下经过乳酸菌厌氧发酵所获得的饲料产品，调制过程中主要是创造乳酸菌所需的条件，如合适的青贮原料、适当的含水量及厌氧条件等（视频 5-2）。

视频 5-2 青贮饲料的制作

1. 在青贮饲料调制过程中应掌握的技术环节

① 原料选择适宜。通常禾本科牧草如青贮饲料玉米、苏丹草等适于单独青贮；豆科牧草如苜蓿、三叶草等不适于单独青贮，与禾本科牧草混合青贮效果好。制作青贮饲料生产计划时要根据饲养畜禽的种类及地域条件，制订出适于青贮的牧草及饲料作物的种植或收购计划。

② 采收时机及水分调整。牧草适宜的刈割时机对于青贮饲料的品质有较大影响。禾本科牧草在抽穗期，豆科牧草在现蕾期时牧草的营养价值最高，是采收的最佳时期。青贮饲料玉米一般在玉米籽实乳熟期或蜡乳期采收。去穗玉米植株也可及时用于青贮饲料的制作。

青贮饲料原料含水量一般要求在60%～70%。如果采收的原料含水量高可适当晾晒凋萎以降低水分含量或加入稻糠、麦麸或干草调整水分；如果含水量过低可通过测定计算补加水；含水量在45%～55%也可进行半干青贮。

③ 原料的切短、踏实、密封。青贮原料的切短要根据饲喂家畜的种类及原料牧草的种类来决定。适当切短的青贮饲料原料要迅速装填到青贮设施中踏实，原料间不留空隙。最后要将青贮设施密封，通常在青贮原料表面覆盖少量干草，之后于其上衬以塑料并覆土踩实封严。密闭青贮设施中的青贮饲料可长期保存。如果将青贮饲料开封，那最好不要间断使用，否则会霉败变质。

④ 管护。青贮窖贮好封严后，还必须经常检查窖顶，发现塑料膜有裂缝、下沉时要及时修补封严，同时要注意青贮过程的排水。南方地区多雨，要注意窖四周及顶棚的排水。

2. 青贮饲料在制作和使用方面普遍存在的问题

① 装窖时间过长。原料收获的时间不统一，持续时间长，导致青贮装窖时间过长，在这过程中，不仅原料的水分和营养

物质会大量损失，而且会造成异常发酵。有时收购的原料水分能达到 80%，到封窖时只剩下 60%。如果装窖时间过长，即使使用添加剂，青贮的质量也不理想。一旦开始装填青贮原料，速度就要快，以避免在原料装满与封闭之前腐败。保证能在 2 天内封窖，即使不使用添加剂，也能保证较好的青贮质量。

② 原料铡切长度过长，压不实。青贮原料长度应在 2 ～ 5 厘米，含水量多、质地细软的原料可以切长些，含水量少、质地较粗的原料可以切短些。草和空心茎的饲草要比含水分量高的饲草切得更短些，凋萎的干饲草类青贮原料要比玉米青贮原料切得短些。用拖拉机或铲车进行压实，使每立方米的原料达到650千克以上。如果切割长度过长，不仅增加了压实的难度，而且会影响青贮的品质。

③ 发酵时间太短。青贮饲料要封窖 30 ～ 40 天以上才能饲喂羊，青贮窖封窖未到 30 ～ 40 天就开窖使用，这时的青贮原料未完成发酵，质量差，而且很可能有芽孢杆菌感染，羊采食后会引起产后恶性乳腺炎，甚至导致奶羊急性死亡。

④ 密封不严，造成透气漏水。不透气这是调制良质青贮饲料的首要条件。无论用哪种材料建造青贮设施，必须做到严密不透气；不透水也是调制良质青贮饲料的必要条件，青贮设施不要靠近水塘、粪池，以免污水渗入。地下或半地下水式青贮设施的底部，必须高出于地下水位。如果密封不严或密封的材料受破坏，造成透气漏水，会使青贮饲料发生变质、异常发酵。用这样的青贮饲料饲喂羊，也很容易引起芽孢杆菌等致病菌的感染。要选用可靠耐用的材料，对青贮窖进行双层密封（一层容易破裂）。

⑤ 二次发酵现象普遍。青贮饲料的二次发酵是指经过乳酸发酵的青贮饲料，由于开窖或青贮过程中密封不严致使空气进入，引起好氧微生物活动，使青贮饲料温度上升、品质变坏的现象。引起二次发酵的微生物主要为霉菌和酵母菌。为防止

二次发酵，应增加青贮密度，开窖后饲料及时饲喂，减少空气接触面。封窖时，在原料表面薄薄撒一层颗粒盐，可有效防止异常发酵。尽量制作全株青贮。如果只能制作黄贮，尽量将水分控制在70%左右。使用TMR全混合日粮的，一方面，TMR取料机的取料面积较小，而且取料机的滚筒有压实作用；另一方面，饲料混匀后一般能在2个小时内饲喂完，不易发生二次发酵。

3. 使用青贮饲料应注意的问题

① 饲喂前要对制作的青贮饲料进行严格的品质评定。通常优良的青贮饲料颜色呈青绿或黄绿色，有光泽，近于原色，气味有芳香酸味，质地柔软，易分离，湿润，紧密，茎叶花保持原状。中等品质的青贮饲料颜色呈黄褐或暗褐色，香味淡或有刺鼻酸气味，质地柔软，水分多，茎叶花部分保持原状。劣等品质青贮饲料呈黑色、褐色或墨绿色，气味为霉味、刺鼻腐臭味，质地呈黏块，污泥状，无结构。

② 已开窖的青贮饲料要合理取用，妥善保管。青贮饲料封窖后经过30～40天，就可完成发酵过程开窖饲喂。圆形窖应将窖顶覆盖的泥土全部揭开堆于窖的四周。窖口周围30厘米内不能堆放泥土，以防风吹、雨淋或取料时泥土混入窖内污染饲料，必须将窖口打扫干净。长方形窖应从窖的一端挖开1～1.2米长，清除泥土和表层发霉变质的饲料，从上到下，一层层取用，防止开窖后饲料暴露在空气中，酵母菌及霉菌等好氧型细菌活动，引起二次发酵。

③ 饲喂肉羊时要喂量适当，均衡供应。牲畜开始饲喂青贮饲料时有的不爱吃，要先将少量青贮饲料混入干草中驯导饲喂，量由少到多，逐渐增加，经过7～10天不间断饲喂，多数牲畜即喜食。饲喂青贮饲料时要注意不能间断，以免窖内饲料腐烂变质和牲畜频繁变换饲料引起消化不良或生产不稳定。在高寒地区冬季饲喂青贮饲料时，要随取随喂，防止青贮饲料挂霜或冰冻。不能把青贮饲料放在零度以下地方。如已经

冰冻，应在暖和的屋内化冰霜后再喂，绝不可喂结冻的青贮饲料。冬季寒冷且青贮饲料含水量大，牲畜不能单独大量喂用，应混拌一定数量的干草或铡碎的干玉米秸杆。

④ 常用青贮原料的水分含量。常用青贮原料的水分含量见表 5-2。

表 5-2 常用青贮原料的水分含量

名称	刈割时的成熟程度	含水量
苜蓿	开花初期	70%～80%
苜蓿加禾草	苜蓿开花初期	70%～80%
整株玉米	玉米穗乳、蜡熟期	65%
玉米秸	收去玉米穗后	50%～60%
青刈玉米	孕穗后期	75%
整株高粱	硬粒期	70%
高粱和苏丹草	1 米多高时	80%
甘薯	新鲜挖取	75%
薯藤	新鲜刈割	86%
豆秧	脱粒后	7%
马铃薯		80%
甜菜		87%
胡萝卜		90%
牧草	刈割	88%
莞根、南瓜		90%
谷粒		8%～13%
糠麸		6%～12%

小贴士：

青贮的操作要点，概括起来要做到“六随三要”，六随即随割、随运、随切、随装、随踩、随封，连续进行，一次完成；三要即原料要切短、装填要踩实、窖顶要封严。

（五）秸秆饲料的加工调制方法

秸秆饲料是一种潜在的非竞争性资源，是我国最丰富的饲料来源之一，分为禾本科作物秸秆、牧草秸秆和其他作物秸秆。稻草、小麦秸、玉米秸是我国三大作物秸秆，秸秆的粗纤维含量高、粗脂肪和粗蛋白质含量低，从营养学的角度讲，其营养价值极低，但在粗饲料短缺时，经过适当处理后，可改善其适口性、提高营养价值和消化利用率。秸秆饲料的主要调制方法有物理方法、化学方法和生物方法。

1. 物理方法

物理方法包括机械加工、热加工、浸泡等方法。

机械加工是指利用机械将粗饲料铡短、粉碎或揉碎，是秸秆利用最简便而又常用的方法。秸秆切短后直接喂羊，吃净率只有70%，但使用揉搓机将秸秆揉搓成丝条状直接喂羊，吃净率可提高到90%以上。机械加工即将干草和秸秆切短至2～3厘米，或用粉碎机粉碎，但不宜粉碎得过细，以免引起反刍停滞，降低消化率。加工后便于肉羊咀嚼，提高采食量，并减少饲喂过程中的饲料浪费。

热加工主要指蒸煮和膨化，目的是软化秸秆，提高适口性和消化率。蒸煮可采用加水蒸煮法和通气蒸煮法。膨化是将秸秆置于密闭的容器内，加热加压，然后突然解除压力，使其暴露在空气中膨胀，从而破坏秸秆中的纤维结构并改变某些化学成分，提高其饲用价值的方法。

浸泡的方法是在100千克水中加入食盐3～5千克，将切碎的秸秆分批在桶或池内浸泡24小时左右，目的是软化秸秆，提高其适口性。

2. 化学方法

化学方法是利用酸、碱等化学物质对秸秆进行处理，降解秸秆中木质素、纤维素等难以消化的成分，从而提高其营养价值、消化率和改善适口性。秸秆氨化处理后可使秸秆的粗蛋白质从3%～4%提高到8%以上，消化率提高20%左右，采食量也相应提高20%左右。秸秆经碱化处理后，有机物质的消化率由原来的42.4%提高到62.8%，粗纤维的消化率由原来的53.5%提高到76.4%。

目前，主要采用氨化处理方法，分为窖池式、堆垛和袋装氨化法。氨源常用尿素和碳酸氢铵，尿素是一种安全的氨化剂，其使用量为风干秸秆的2%～5%，使用时先将尿素溶于少量的温水中，再将尿素倒入用于调整秸秆含水量的水中，然后将尿素溶液均匀喷洒到秸秆上。添加尿素的秸秆热喷处理后，玉米秸秆的消化率达到88.02%、稻草达64.42%。

尿素氨化秸秆制作技术：①氨化池建筑，氨化池要建在向阳背风、地势高燥的地方，用砖、水池等建成，形式有地上、地下、半地下三种，单池规格为1米×2米×1米，每立方米可贮80千克。②氨化原料，小麦秸，也可用稻草、玉米秸，铡成2～3厘米短节。③尿素用量，每100千克秸秆用尿素5千克。④操作技术，将尿素用40℃温水溶解，配成1∶10的尿素溶液。铡短的秸秆用尿素水溶液喷洒拌匀，分层装池踏实。装满后用塑料薄膜封顶，泥巴封严，池顶上覆麦草。⑤管理，5～15℃时氨化28～56天，15～25℃时氨化14～28天，25～35℃时氨化7～10天，氨化期间要经常查看，出现破损要及时封堵，切忌进水或漏气。⑥开池取用，开池后先对氨化秸秆进行感官鉴定，优质氨化秸秆呈棕黄色或红褐色，有强烈的氨味，柔软蓬松。

使用碳酸氢铵氨化时，将8千克碳酸氢铵溶于40升水，均匀撒于100千克麦秸粉或玉米秸粉中，再装入小型水泥池或大塑料袋中，踏实密封，经15～30天后即可启封取用。氨化处理要选用清洁、无发霉变质的秸秆，并调整秸秆的含水量至

25%～35%。氨化应尽量避开闷热时期和雨季，当天完成充氨和密封，计算氨的用量一定要准确。

3. 生物方法

生物方法是利用乳酸菌、酵母菌等有益微生物和酶进行处理的方法。它是接种一定量的特有菌种以对秸秆饲料进行发酵和酶解作用，使其粗纤维部分降解转化为可消化利用的营养成分，并软化秸秆，改善其适口性、提高其营养价值和消化利用率。处理时将不含有毒物质的作物秸秆及各种粗大牧草加工成粉，按2份秸秆草粉和1份豆科草粉比例混合；拌入温水和有益微生物，整理成堆，用塑料布封住周围进行发酵，室温应在10℃以上。当堆内温度达到43～45℃、能闻到曲香味时，发酵成功。饲喂时要适当加入食盐，并要求1～2天内喂完。

4. 合理利用加工后的秸秆

机械加工后的秸秆饲料可直接用于饲喂，但要注意与其他饲料配合；浸泡秸秆饲喂前最好用糠麸或精料调味，每100千克秸秆加入糠麸或精料3～5千克，如果再加入10%～20%的优质豆科或禾本科干草效果更好，但切忌再补饲食盐；氨化秸秆饲喂时，应提前1～2天将其取出放氨，初喂时可将氨化秸秆与未氨化秸秆按1∶2的比例混合饲喂，以后逐渐增加，饲喂量可占肉羊日粮的60%左右，但要注意维生素、矿物质和能量的补充，以便取得更好的饲养效果。

（六）稻草的加工调制方法

我国稻草资源丰富。长期以来，稻草一直是养羊的主要粗饲料，但是在使用稻草饲喂时很多养羊场（户）不经过加工而直接饲喂，这种做法不科学。因为稻草粗糙、适口性差，不利于羊采食，也不利于羊的消化和吸收。如果进行适当处理，可把稻草变成适口性好、营养丰富、有利于消化吸收的优良饲料。所以，要对稻草进行加工处理后再喂羊。稻草加工的方法主要有以下几种：

1. 切碎

切碎是最简单也是最容易的一种加工方法。俗话说“寸草切三刀，无料也上膘”。将稻草铡成2～3厘米长段，有利于羊咀嚼，可减少羊咀嚼时的能量消耗；可增加稻草与消化酶的接触，提高消化率；使稻草易与谷物精饲料混合；增加胃肠蠕动。

2. 氨化处理

窖（池）氨化法是最普及的一种方法。优点是一池多用，既可氨化，又可青贮，可常年使用。窖的大小是根据饲养羊群的数量和用量确定的。窖的形式多样，与建青贮窖相同，以长方形为好，如在窖的中间砌一隔墙，即“双连池”更好，它可以轮换处理秸秆。方法是先将秸秆切至2～3厘米，原则是粗硬的秸秆切短些，如玉米秸秆、象草等；柔软的秸秆可稍长些，如稻草。每100千克秸秆用4～5千克尿素、20～25千克水。把尿素（或碳酸氢铵）溶于水，如用热水溶解尿素效果更好，水温40℃左右，然后均匀喷在秸秆上。窖底铺一层无毒的聚乙烯塑料薄膜，每100千克一层，喷一层踩一层，边装边踩，待装满后踩实，用塑料薄膜覆盖密封，再用土压好即可。数量少的也可用缸制作。

尿素分解速度与环境温度有关，温度高氨化时间短，日均气温在20℃以上，一周左右即可氨化好。夏季约1周，春秋季约2～3周，甚至更长。夏秋季7～9月份，春夏季4～6月份氨化效果最好。另外还可用液氨或其他氨类物质作氨化处理，方法类似。

根据气温情况，在制作好后将氨化稻草池打开，通风，待氨味消失后即可用于喂羊。稻草经氨化处理后，粗纤维消化率可提高6%～8%，蛋白质消化率提高11%～12%，有机物消化率提高5%～8%，弥补了稻草饲料的蛋白质缺乏，营养价值接近于青干草水平。

3. 碱化处理

将1%的鲜石灰水溶液或6%熟石灰水溶液的上清液，倒入水泥池中，然后把切短的秸秆按100千克石灰液浸泡10千克秸秆的比例倒入，一昼夜后捞出，滤去水分即可饲喂。也可以用切短2～3厘米的秸秆100千克喷洒5%氢氧化钠溶液1千克，喷洒均匀充分搅拌后堆放24小时，然后捞出放在地面压实，2～3小时后即可用于喂羊。

4. 微贮处理

将切碎加工后的秸秆（或机割打捆秸秆）调整到含水量60%～70%，加入配制好的微生物高效活性复合菌种，再加入微生物菌种复活所需的营养（如白糖、玉米粉、麦麸等），在厌氧环境下发酵，20～30天可完成发酵过程，微贮处理的关键是密封。

5. 需要注意的问题

一是在加工使用前，要对稻草进行挑选，要挑选优质、洁净的稻草，不要使用被水或农药污染过的稻草喂羊，更不要用霉烂变质的稻草喂羊。水稻收获应选择晴天刈割，脱去谷粒后，平铺在干爽的稻田中晾晒，尽量摊薄些，每日翻动2～3次，在2～3天内晒干、捆起。贮藏在干燥地方，防止潮湿、雨淋，保持新鲜青绿色彩。若暴晒时间过长，由于阳光破坏及雨露的浸润和流失，品质老化，其营养物质会消耗和损失；若遇雨天，常引起发霉，而丧失饲喂价值。

二是不能长期单纯饲喂稻草，必须要与玉米、麦麸、米糠、块根块茎类饲料（尤以含胡萝卜素较多的甘薯为优）、豆饼、青贮饲料、青绿饲料等配合饲喂。

三是羊吃稻草后容易口渴，所以要定时给羊饮水。

（七）全舍饲 TMR 的饲料加工

全混合日粮（total mixed ration，TMR），肉羊 TMR 饲料是根据肉羊在不同生长发育阶段的营养需要，按营养专家设计的日粮配方，用特制的搅拌机对日粮各组分进行切割、搅拌、混合和饲喂的一种先进饲养工艺。全混合日粮（TMR）保证了肉羊所采食的每一口饲料都具有均衡的营养。

1.TMR 饲养工艺的优点

① 精粗饲料均匀混合，避免肉羊挑食，维持瘤胃 pH 值稳定，防止瘤胃酸中毒。肉羊单独采食精料后，瘤胃内产生大量的酸，而采食有效纤维能刺激唾液的分泌，降低瘤胃酸度，有利于瘤胃健康。

② TMR 可为瘤胃微生物同时提供蛋白质、能量、纤维等均衡的营养物质，加速瘤胃微生物的繁殖，提高菌体蛋白的合成效率。

③ 增加肉羊干物质采食量，提高饲料转化率。

④ 充分利用农副产品和一些适口性差的饲料原料，减少饲料浪费，降低饲料成本。

⑤ 简化饲喂程序，减少饲养的随意性，使管理的精准程度大大提高。

⑥ 实行分群管理，便于机械饲喂，提高劳产率，降低劳动力成本。

2. 合理划分饲喂群体

为保证不同阶段、不同体况的肉羊获得相应的营养需要，防止营养过剩或不足，便于饲喂与管理，必须分群饲喂。分群管理是使用TMR饲喂方式的前提，理论上羊群分得越细越好，但考虑到生产中的可操作性，建议如下。

对于大型的自繁自养养羊场，应根据生理阶段划分为种公羊及后备公羊群、空怀期及妊娠早期母羊群、泌乳期母羊群、断奶羔羊群及育成羊群等群体。其中，哺乳后期的母羊，因为产奶量降低和羔羊早期补饲采食量加大等原因，应适时归入空怀期母羊群。对于集中育肥养羊场，可按照饲养阶段划分为前期、中期和后期等。

对于小型养羊场，可减少分群数量，直接分为公羊群、母羊群、育成羊群等。饲养效果的调整可通过喂料量控制。

3. 科学设计饲料配方

根据养羊场实际情况，考虑羊所处生理阶段、年龄胎次、体况体形以及饲料资源等因素合理设计饲料配方。同时，结合各种群体的大小，尽可能设计出多种TMR配方，并且每月调整1次。

4. TMR搅拌机的选择

在TMR饲养技术中能否对全部日粮进行彻底混合是非常关键的，因此养羊场应具备能够进行彻底混合的饲料搅拌设备。

TMR搅拌机容积的选择：一是应根据养羊场的建筑结构、喂料道的宽窄、圈舍高度和入口等来确定合适的TMR搅拌机容量；二是根据羊群大小、干物质采食量、日粮种类（密度）、每天的饲喂次数以及混合机充满度等选择混合机的容积大小。通常，5～7立方米搅拌车可供500～3000只饲养规模的养羊场使用。

TMR搅拌机机型的选择：TMR搅拌机分立式、卧式、自走式、牵引式和固定式等机型。一般讲，立式机要优于卧式机，表现在草捆和长草无需另外加工；混合均匀度高，能保证足够的长纤维刺激瘤胃反刍和唾液分泌；搅拌罐内无剩料，卧式剩料难清除，影响下次饲喂效果；机器维修方便，只需每年更换刀片；使用寿命较长。

5. 添料顺序和混合时间

饲料原料的投放次序影响搅拌的均匀度。一般投放原则为先长后短，先干后湿，先轻后重。添加顺序为精料、干草、副饲料、全棉籽、青贮、湿糟类等。不同类型的混合搅拌机采用不同的次序，如果是立式搅拌车应将精料和干草添加顺序颠倒。

根据混合均匀度决定混合时间。一般在最后一批原料添加完毕后再搅拌 5 ～ 8 分钟即可。若有长草要铡切，需要先投干草进行铡切后再继续投其他原料。干草也可以预先切短再投入。搅拌时间太短，原料混合不匀；搅拌时间过长，TMR 太细，有效纤维不足，使瘤胃 pH 值降低，易造成营养代谢病。

6. 物料含水率的要求

TMR 的水分要求在 45%～ 55%。当原料水分偏低时，需要额外加水；若过干（＜ 35%），饲料颗粒易分离，造成肉羊挑食；过湿（＞ 55%）则降低干物质采食量（TMR 水分每高出 1%，干物质采食量下降幅度为体重的 0.02%），并有可能导致日粮的消化率下降。水分含量至少每周检测一次。简易测定水分含量的方法是用手握住一把 TMR 饲料，松开后若饲料缓慢散开，丢掉料团后手掌残留料渣，说明水分适当；若饲料抱团或散开太慢，说明水分偏高；若散开速度快且掌心几乎不残留料渣，说明水分偏低。

为精确起见，最好采用微波炉烘烤的测量办法。即称取定量的 TMR 料放入微波炉，5 分钟后取出再称质量，两个数相减的差即是水分含量。

7. 饲喂方法

每天饲喂 3 ～ 4 次，冬天可以只喂 3 次。保证料槽中 24 小时都有新鲜料（不得有多于 3 小时的空槽），并及时将肉羊拱开的日粮推向肉羊，以保证肉羊的日粮干物质采食量最大化，24 小时内将饲料推回料槽中 5 ～ 6 次，以鼓励采食并减少挑食。

8.TMR 的观察和调整

日粮放到料槽后一定要随时观察羊群的采食情况，采食前后的 TMR 在料槽中应该基本一致。即要保证料脚用颗粒分离筛的检测结果与采食前的检测结果差值不超过 10%。反之则说明肉羊在挑食，严重时料槽中出现“挖洞”现象，即肉羊挑食精料，粗料剩余较多。其原因之一是饲料中水分过低，造成草料分离。另外，TMR 制作颗粒度不均匀，干草过长也易造成草料分离。挑食使肉羊摄入的饲料精粗比例失调，会影响瘤胃内环境平衡，造成酸中毒。一般肉羊每天剩料应该以占到每日添加量的 3%～ 5%为宜。剩料太少说明肉羊可能没有吃饱，太多则造成浪费。为保证日粮的精粗比例稳定，维持瘤胃稳定的内环境，在调整日粮的供给量时最好按照日粮配方的只日量按比例进行增减，当肉羊的实际采食量增减幅度超过日粮设计给量的 10%时就需要对日粮配方进行调整。

根据杨思良实验结论：TMR 技术在羊的推广及应用中就是将粗饲料粉碎，饲草打成草粉与精料混合饲喂，早晚各喂一次，全天自由饮水。提高饲草的适口性，增加了羊的采食量，能够达到营养均衡供给、生长发育快的目的。每只羊用该法饲喂与传统喂法相比，增收了 110 ～ 130 元。

羊 TMR 饲喂方法的饲草形态不同于奶牛，奶牛可以用 TMR 机切割短草与精料搅拌混合饲喂，羊则需把草打成草粉与精料搅拌混合饲喂。若把给奶牛经过 TMR 机输出的混合日粮喂羊，还会给羊造成选择槽底精料吃，一吃完精料不怎么去吃草，挑食的现象严重，于是就出现了剩草。剩草都是经过羊在寻找精料过程中用嘴闻过的，有了羊的气味。草一有了羊闻过的气味，其他羊也就不怎么吃了，产生了剩草，造成了浪费。在现代舍饲养羊业中，肉羊饲养管理的精细化可创造更好的效益。形成浪费是会降低养羊业的经济效益的。

小贴士：

TMR 质量控制应特别注意做到各种原料的精准计量、混合机一次加料不要太满、控制好混合时间和饲料装入顺序等。

让人意想不到的是，TMR 饲料的最终质量，很大程度上取决于饲料设备操作人员的责任心和技能。这一点应引起足够重视！

一、羔羊的饲养管理

从出生到断奶，一般为3～4个月，处于这个阶段的羊，称为羔羊。羔羊时期身体各器官发育尚未成熟，体质较弱，适应力较差，极易发生死亡。此时不能完全依靠母羊，需饲养员对羔羊进行精心的护理。

羔羊饲养管理的目标是：提高成活率，减少发病率，提高整齐度，降低淘汰率，提高羔羊断奶标准达标率。

（一）吃好初乳

母羊产后3～5天之内排出的乳汁称为初乳，初乳内含有丰富的蛋白质（17%～23%）、脂肪（9%～16%）、矿物质等营养物质和抗体，能增强羔羊的免疫力，促进胎粪的排出，是不可替代的羔羊食品，吃好初乳是保证羔羊成活的关键因素之一。据研究，初生羔羊不吃初乳，将导致生产性能下降、死亡率增加。羔羊吃奶之前，用温水洗净母羊乳头及周围，挤去乳头堵塞物和前几滴奶。初生羔羊要保证在 30 分钟，最迟一个小时内吃到初乳。

初生羔羊健壮者能自己吸吮乳汁，母性强的母羊，一般产后即可自行哺乳羔羊，不需要人工辅助，但对于弱羔或母性不强产后不去哺羔的母羊，必须进行人工辅助哺乳。即把母羊保定，把羔羊推到乳房跟前，羔羊就会吸乳，几次之后羔羊就能自己吃母羊的奶了。

对于母羊产后无奶、缺奶、多羔、患乳腺炎或母羊产后死亡的，应为其羔羊找保姆羊，保证初生羔羊可及时吃到初乳。为避免保姆羊拒绝陌生羔羊吃奶，可把保姆羊的奶汁涂抹到羔羊头部和后躯，混淆母羊的嗅觉，经过几次之后保姆羊就能认仔哺乳了。

对于没有合适保姆羊的，要及时进行人工哺乳，保证羔羊吃奶，正常生长。人工哺乳可用鲜牛奶、羊奶、奶粉、豆浆等替代，以新鲜奶最好，用奶粉喂羔羊时，应该先用少量温开水把奶粉溶开，然后再加热，防止在兑好的奶粉中起疙瘩。有条件时再加些鱼肝油、胡萝卜汁、多种维生素、少量食盐及骨粉。人工哺乳的关键是掌握好温度（35 ～ 39℃）、浓度、饲喂量、次数和卫生消毒五个环节。

（二）保暖防寒

初生羔羊体温调节能力差，对外界温度变化极为敏感，必须做好初生羔羊的保暖防寒工作。检修密闭门窗墙壁，保证无贼风侵袭。冬季产房和新生羔羊的圈舍温度应保持在 10℃以上，并保持圈舍温度的相对稳定，严防贼风侵袭。

温度低时，应设置取暖设备，地面铺些御寒的保温材料，如柔软的干草、麦秸等，并保持地面干燥及垫草干爽。用旧毛衣、棉衣、毛毡等为羔羊制作保暖衣，也能起到很好的保暖作用。

（三）适时断尾

羔羊断尾可以加速肉羊生长、改进肉质、减少膻味。羔羊在 2 ～ 21 日龄均可断尾，但以 2 ～ 7 日龄最为适宜。断尾时间最好在晴天早上进行。一种方法是胶筋断尾。定时断尾是在羔羊 3 ～ 4 日龄时，用橡皮筋或专用橡皮圈套在离尾根 3 ～ 4 厘米（第三～第四尾椎之间）处进行结扎，阻断血液循环，使羊尾自然萎缩、干枯脱落。操作时，先在断尾处涂碘酊消毒，然后结扎至橡皮筋拉不动为止，经 10 天即自行脱落。另一种方法是快刀断尾。先用细绳捆住尾根，断绝血液流通，然后用快刀在离尾 4 ～ 5 厘米处切断，用纱布包扎好，当天下午，即可将系绳解开，经 5 ～ 7 天即愈。无论采用哪种断尾方法，都要在结扎后勤检查，涂抹碘酊以防感染，并防止发生破伤风。

（四）去势促长

凡不宜作为种用的公羔要去势，去势时间一般为 1 ～ 2 月龄，最好在7日龄内进行，也可与羔羊断尾同时进行。选在春、秋两季气候凉爽、晴朗的时候进行。去势可采用胶筋法和手术法。常用的是胶筋法，将 7 日龄内公羔羊的睾丸挤到阴囊内，在精索部位连同阴囊用胶筋紧紧缠结，20 ～ 30 天后，阴囊和睾丸就会干枯自然脱落。

（五）及时补饲

母羊泌乳量随着羔羊的快速生长而逐渐不能满足其营养需要，必须补饲。一般羔羊出生后 15 天左右开始啃草，因此可在羔羊 10 日龄后开始训练给草，将优质青干草捆成把吊在羔羊补饲栏内，让羔羊自由采食。同时定时、定量饲喂代乳料，每天添加代乳料补饲 5 ～ 6 次，由少到多逐渐增加添加量。

补饲精料时要磨碎，最好炒一下，并添加适量食盐。补充多汁饲料时要切成丝状，并与精料混拌后饲喂。

补饲量可做如下安排：15 ～ 30 日龄的羔羊，每天补混合精料 50～75 克；1～2 月龄补 100 克；2～3 月龄补 200 克；3～4

月龄补 250 克，每只羔羊在 4 个月哺乳期需补精料 10 ～ 15 千克。对青草的补饲可不限量，任其采食。

（六）精心管理

勤观察羔羊脐带、排便拉稀、精神状态、吃奶欲望、是否咩叫等，以及母羊产羔排出的胎衣、羊水、恶露等。防止冻伤羔羊蹄、耳、嘴及冻感冒，防止由于母羊奶水不足使羔羊挨饿。防止羔羊受凉、吃多等引起拉稀，感冒、不吃等。保证羊舍内通风良好，地面干燥，铺有垫草，饲料不被污染。

（七）精心饲喂

哺乳母羊产后母仔最好一起舍饲 15 ～ 20 天，这段时间羔羊吃奶次数多，几乎隔 1 个多小时就需要吃一次奶。20 天以后，羔羊吃奶次数减少，可以让羔羊在羊舍饲养，白天母羊出去放牧，中午回来奶一次羔羊。舍饲的在 20 日龄以后要进行母仔分栏，白天母仔分开饲养，同时定时、定量饲喂代乳料并记录每日投放量，保证羔羊的补饲。

在肉羊的饲养管理中，始终要有充足、清洁的饮水供应。还要注意水的温度，切忌给羊饮冰碴水。

（八）定期消毒

勤扫圈舍、饲槽和饮水槽、粪便和羊毛等。垫草要勤更换，勤放在阳光下晾晒。对工作服、医疗器具要勤煮沸消毒。

（九）选留羔羊

从 1 月龄以后可依据：羔羊和母羊可以母仔对照，根据母羊的体况、羊毛综合品质、繁殖技能和生长发育状况有目的选留羔羊。

对第一次初步选留的羔羊要有足够的时间进行观察培育，做到好中选优，特别是公羔的选留，可以长时间观察比对，百里挑一，使选留公羔更加符合种用标准，补饲时给予优羊优饲的待遇，使优秀公羔早日脱颖而出。

（十）疫病预防

根据当地羊病的流行特点，坚持“防重于治”的饲养原则，有计划地对羊群进行药物预防和免疫接种，防止传染病和寄生虫病的发生。如羔羊25日龄时注射小反刍兽疫苗，每头份皮下注射1毫升；32日龄注射羊传染性胸膜炎疫苗，每头份肌内注射1毫升；39日龄驱虫，口服伊维菌素；45日龄注射口蹄疫疫苗，每头份肌内注射1毫升；50日龄注射羊痘+三联四防疫苗。

（十一）断奶

羔羊的断奶一般在3～4月龄。断奶的标准应该以羔羊采食能力、采食量和体质状况来决定，而不单纯以月龄来进行。采食能力差、采食量低和体质弱的羔羊，可推迟断奶。

羔羊的断奶采用一次性断奶。具体做法是：先行减奶，即对哺乳母羊断奶前7～10天减少精饲料，从而减少产奶，继而一次性将母、仔分开，不再合群。

断奶后为了减少羔羊的应激，一是采取“母走仔留”，即断奶时赶走母羊，将羔羊仍然留在原来羊舍，使母仔之间“不见其身、不闻其音”，弱化母仔“之情”。二是断奶时做好称重分群。称重时要根据体重标准、公母进行分群，体重划分为5千克以下、5千克以上至10千克、10千克以上至13千克、13千克以上。三是为羔羊打耳标。右耳打个体耳标，左耳打免疫耳标，戴耳标时在距耳朵1/3处居中位置；如羔羊挂戴的耳标丢失，需要补充新个体耳标，并在记录时做好标注。四是刚断奶前几天，羔羊恋奶、恋母，咩咩直叫，食欲减退，要多加注意。五是做好记录。断奶时做好断奶记录，并对断奶圈舍的羊只与断奶前圈舍羊只数量进行核对。

二、育成羊的饲养管理

育成羊是指羔羊从断乳后到第一次配种繁殖前的公母羊，也称为青年羊，多在 4 ～ 18 月龄。羔羊断奶后 4 ～ 18 个月这一阶段全身各系统均处于旺盛生长的发育阶段，瘤胃的发育更为迅速，特别是与骨骼生长发育关系密切的部位仍然继续生长，如体高、体长、胸宽、胸深增长迅速，体形发生明显的变化。

留作种用的育成羊，管理的重点是保持良好的体况、体质健壮、做好繁殖准备。作为育肥的育成羊，提高日增重和饲料利用率。

（一）合理分群

断奶以后，羔羊按性别、大小、强弱分别组群，单独分圈饲养。并随时注意将大群中体况较差，以及病弱羊只及时隔离出栏单独管理。以便于根据公母羊不同的生长发育特点，采取有针对性的饲养管理措施，还可防止早配现象的发生。

（二）生长发育测定

肉羊的饲养管理中称重非常重要，为了掌握育成羊的生长发育情况，在 4 月龄、5 月龄、6 月龄、12 月龄、18 月龄进行外貌鉴定、测定，记录体尺、体重指标，为以后是否留作种用提供依据。并根据测定结果与该品种标准值比较，及时调整饲养管理方法，同时将发育迟缓、不符合种用的羊转入育肥舍进行育肥。

（三）防寒保暖

应注意对栏舍的修整，栏舍要向阳避风、没有漏洞、不漏雨雪、不潮湿、无贼风，并经常更换垫草。

（四）自由饮水

饮水对育成羊的发育至关重要，养羊场要保证所有羊只能够随时饮到符合无公害食品饮用水水质要求的水。冬季应给予温水，切忌饮用冰碴水。

（五）加强营养

按饲养标准和饲养方式（舍饲、放牧、舍饲＋放牧），采取不同的饲养方案。

舍饲育成羊，应饲喂大量优质的干草，这不仅有利于促进消化器官的充分发育，而且培育的羊体格大。但育成羊阶段仍需要注重精饲料量，在有优良的豆科干草时，日粮中精料的粗蛋白质含量应提高到15%～16%，混合精饲料中的能量水平占总日粮的70%左右为宜。每天喂混合精饲料以0.4千克为宜，同时还需要注重矿物质和食盐的补给。育成公羊由于生长速度比育成母羊快，所以精饲料需要量比母羊要多。在冬、春季节能放牧的地区，需要根据实际情况适当补饲青干草和精饲料，每只羊每日补饲混合精饲料200～250克、混合粗饲料1～2千克。

（六）备足越冬料

入冬前，必须提前准备充足的青干草、作物秸秆、树叶和藤蔓等，将一切能够用于饲喂肉羊的饲料饲草收集起来。冬季，包括成年羊在内，确保每只羊每天能够饲喂2～3千克的粗饲料，还要适当补充精饲料。贮存粗饲料时要加强管理，避免发生霉烂，还要加强防火。同时，还要准备适量的青绿多汁饲料，可对农作物秸秆进行青贮，或者贮存适量的胡萝卜等。

（七）加强运动

充足的阳光照射和充分的运动可使羊只体壮胸宽、心肺发达、食欲旺盛、采食多。公羊采取舍饲时，要注意保持活动场所较大，一般确保每只羊要占有4平方米以上圈舍面积。另外，夏季由于温度过高，会影响精液品质，此时要加强防暑降温工作，在夜间休息时要确保圈舍保持良好通风。

（八）消毒卫生管理

养羊场应每天打扫圈舍内外卫生，更换干爽柔软的垫草，及时将清理的羊粪送到养羊场指定的废弃物处理场所进行堆肥发酵处理。

养羊场每月需对羊圈舍和运动场进行一次彻底消毒。消毒药可选用高效碘、百毒杀或苛性钠，最好轮流使用不同的消毒药，以增加消毒效果。

经常擦拭羊体，保持皮肤洁净。

（九）科学免疫定期驱虫

在春、秋两季给羊注射三联四防苗可预防羊快疫、羊猝殂、羔羊痢疾和羊肠毒血症；每年春季大小羊分别进行羊痘疫苗羊尾根注射和羊传染性胸膜肺炎疫苗肌内注射，可预防羊痘病和羊传染性胸膜肺炎。

羊的驱虫工作很重要，一般春、秋两季各驱吸虫、线虫一次，每隔两个月驱绦虫一次，春、秋、冬季各驱外寄生虫一次。

随时观察羊体健康状况，发现异常及时隔离诊断治疗。

（十）选种

通过挑选合适的育成羊作为种用，是提高羊群质量的前提和主要方式，也是提高养羊经济效益的一个重要措施。肉羊生产过程中，通过在育成期挑选羊只，将品种特性优良、种用价值高、高产母羊和公羊选出来用于繁殖，而将不符合种用要求或者多余的公羊转变成商品羊育肥出售。在实际生产中，主要的选种方法是根据羊自身的生产成绩、体形外貌进行挑选，同时结合系谱审查、半同胞选择和后代测定。这几种方法相辅相成、互相联系，应根据选择单位的具体情况和不同时期所掌握的资料合理利用，以提高选择的准确性。

由于体形外貌性状与生产性能之间存在一定的关系，体形外貌的选择是选种的直观依据，是羊选种不可忽视的依据之一，不受时间、地点等条件的限制，不需要特殊器械，但需要鉴定者具有丰富的经验。

肉羊的个体表型值选择主要从出生重、断奶重、6月龄重、周岁重、胴体重和繁殖率等个体方面进行选择，选择遗传力中等以上的个体作为后备羊。

（十一）适时配种

一般育成母羊在 8 ～ 10 月龄，体重达 40 千克或达到成年羊体重的 65%以上时配种。公羊 8 月龄前不能够进行采精或者配种，要在 12 月龄以后，体重达到成年羊的 65%～ 75%时，开始参加配种。

（十二）适宜体重出栏

肉用育成羊出栏的适宜体重要根据日增重、饲料利用率、屠宰率等生产性能指标和市场需求来综合评定。出栏体重过低，羊的生长潜力没有得到充分发挥，产肉量也低；出栏体重过高，虽然产肉量增加，但饲料利用率下降。不同品种或杂交组合的肉羊适宜出栏月龄一般为 6 ～ 8 月龄。

三、母羊的饲养管理

母羊是养羊场生产的基础，母羊生产也是养羊场生产中最关键的生产环节。按照母羊的生理阶段，可以将母羊分为空怀期、妊娠期和哺乳期三个阶段。母羊在各个阶段的饲养方法都不一样，为了保证母羊良好的体况和充分发挥母羊的繁殖性能，对母羊要实行分期饲养，根据母羊在不同生理阶段和生产特点采取合理的饲养方法，以提高母羊的受胎率、多胎多羔率和产羔成活率。

（一）空怀期

空怀期是指母羊从羔羊断奶到配种受胎前的这段时期，冬季 1 ～ 2 月份产羔（经过 120 天哺乳），则 5 ～ 7 月份为恢复期；春季 4 ～ 5 月份产羔，则 8 ～ 9 月份为恢复期。此期的饲养目的是增加营养，使母羊恢复体况并保持适宜的膘情。

1. 羊群整理

羔羊断奶后就要把不适合用作继续繁殖的母羊剔除淘汰，主要是淘汰年老的、屡配不孕的、连续两胎流产的、产死胎的、难产的和因母性差或泌乳量少而不能奶活羔羊的母羊，以及有缺陷达不到标准的母羊。当然羊群整理还包括根据选配计划，对母羊群每年进行的正常更新及补充，通常更新比例在 15%～20%。因以上原因淘汰的母羊将单独组群，进行育肥出栏。

2. 抓膘

适宜的膘情对于提高母羊的配种受胎率有很重要的作用，还可以使母羊发情整齐、产羔整齐，并且保证产羔的数量和质量。这一阶段的营养状况对母羊的发情、配种、受胎以及以后的胎儿发育都有很大影响。实践证明，膘情好的母羊，可在 1 ～ 3 个发情期就结束配种。一般在配种前的 1 ～ 1.5 个月实行短期优饲的方法，日喂混合精饲料 2 ～ 3 次，给予空怀母羊优质青草，并根据母羊群及个体的营养情况，每天每只补饲精饲料 0.2 ～ 0.3 千克，以保证母羊的营养水平，使母羊达到配种要求的体况标准。

3. 疾病预防

一些传染性疾病会影响母羊的健康及繁殖性能，因此母羊饲养管理的重点工作之一就是要做好疾病预防工作。主要的工作内容是进行免疫接种、消毒、驱虫以及药物保健。在免疫接种时要根据本场和当地的疾病流行情况来进行，不可盲目接种；消毒是预防疾病发生的基础工作，也是最重要的工作，定期对环境以及羊只消毒，可以杀灭病原微生物；驱虫则可以有效杀灭体内外寄生虫，从而起到预防和治疗的作用。对母羊群要集中进行药物驱虫，可采取药浴（见图 6-1），注射驱虫药和口服药物等；还要注意观察母羊日常的采食、饮水、排泄以及活动情况，以及时发现病情并及时治疗。

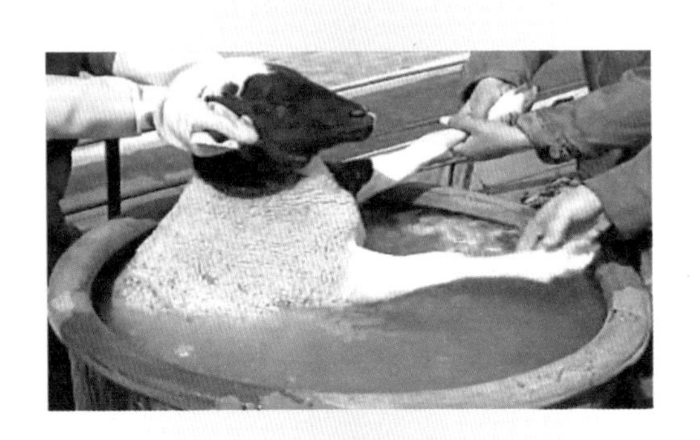

图 6-1 用大缸放药液进行药浴

（二）妊娠期

妊娠期是指母羊从成功受孕到分娩的这段时期。此期的饲养管理重点是保持母羊自身适宜的体况、保胎及保证胎儿的正常生长发育。

1. 精心管理

妊娠母羊应加强管理，以防流产。要防拥挤，防跳沟，防惊群，防滑倒，日常活动要以“慢、稳”为主，不能吃霉变和冰冻饲料，妊娠后期母羊要单栏饲养。

放牧时应选择平坦的优质草场，但要避免吃霜冻草和寒露草，防止走远路，忌驱赶、殴打羊群，避免羊群拥挤、斗架，严禁恐吓、惊扰、拽扯母羊。产仔母羊哺乳最初几天，尽量少放牧，不到灌木丛、荆棘中去，以免刺伤乳房。

妊娠后期的母羊也要注意每天运动 4 小时以上（游走里程不少于 6 千米）。

2. 精心饲喂

母羊的妊娠期一般为 5 个月，受孕后的前 3 个月为妊娠前期，此期胎儿的生长发育缓慢，对营养物质的需求量较少，这一时期对营养的要求足够母羊维持需求即可，所以在放牧饲养时，适量补饲即可；在舍饲饲养时，只要给予充足的草料，可不补饲精饲料，或者补饲少量精饲料即可。如饲喂青干草的，每天每只补饲 0.3 ～ 0.4 千克精饲料即可满足需要，但是要注意饲草的新鲜以及易消化性。妊娠期的后 2 个月为妊娠后期，此期胎儿的生长发育迅速，体重增长速度快，初生重 90％是在妊娠后期生长的。因此，这一时期母羊对营养的需求量明显增加，如果这一阶段的营养供应不足，会导致羔羊的初生重较小、体质较弱、抵抗力弱、羔羊的死亡率高。对母羊的影响则会导致膘情不佳，还会对哺乳期的泌乳性能产生影响。因此，这一阶段要加强补饲，除饲喂优质饲草外，还应每天补饲精饲料、青干草料以及食盐，还要添加矿物质及维生素预混料，以满足此阶段母羊对各种营养物质的需求。每只母羊每天应饲喂优质干草 1 ～ 1.5 千克，补饲精饲料 0.4 ～ 0.5 千克。

产前 1 个月左右，适当控制粗饲料饲喂量，尽量喂给质地柔软、青绿多汁的饲料。精饲料中可增加麸皮喂量，以通肠利便。分娩前 10 天，根据母羊消化、食欲状况，减少饲料喂量。产前 2 ～ 3 天，母羊乳房胀大并伴有腹部水肿，日粮中应减少 1/3 ～ 1/2 的饲料喂量，以防分娩初期奶量过多或奶汁过浓引起乳腺炎、回乳或羔羊下痢。但对瘦弱母羊，产前 1 周如乳房干瘪，除减少粗饲料外，还应增加富含蛋白质的催奶饲料以及青绿多汁饲料，以防母羊产后无奶。

在妊娠期饲喂母羊的饲料要保证优质。舍饲要定时定量，少喂勤添，饮温水。做到不空肚子饮水，不饮冰碴水，不喂霜冻草料，不喂发霉变质或有毒的青土豆等饲料，以避免营养性和应激性流产。

3. 做好产前准备

妊娠后期要提前做好为母羊接产的各项准备工作。主要是做好产房及用具、乳品、接羔人员的准备。

（三）哺乳期

哺乳期是指母羊分娩到断奶阶段，这一阶段既要做好母羊产后的护理，又要保证羔羊吃到充足的奶水。管理的重点是保证母羊有充足的奶水供给羔羊。

1. 产后护理

母羊产后整个机体，特别是生殖器官发生了剧烈变化，机体的抵抗力降低。为使母羊复原，应给予适当的护理。在产后一小时左右给母羊饮 300 ～ 500 毫升的温水，并注意母羊胎衣及恶露排出的情况，一般在 4 ～ 6 小时排出、排净恶露。可以在母羊产后饲喂一些消炎类药物，可以有效预防子宫炎、阴道炎以及乳腺炎等疾病的发生。

2. 精心饲喂

刚产后的母羊腹部空虚、体质衰弱、体力和水分消耗很大、消化功能减弱，产后 3 天之内要饲喂质量好、易消化的饲料，减少精饲料喂量，以后逐渐转为正常饲喂。如易消化的优质干草，饮盐水、麸皮汤。青贮饲料和多汁饲料有催奶作用，但不要喂得过早、过多。转为正常饲喂后，一般哺乳母羊每天需补精饲料 0.6 ～ 0.8 千克。

羔羊断奶前，应逐渐减少多汁饲料和精饲料喂量，以防止发生乳房疾病。

3. 精心管理

哺乳母羊的圈舍必须经常打扫，应保持清洁干燥，对胎衣、毛团、石块、烂草等要及时扫除，以免羔羊舔食引起疾病。冬季，母羊圈舍要勤换垫草，做好保暖防风。

4. 检查乳房

要经常检查母羊乳房，查看乳房有无肿胀或硬块，发现异常及时对症处理。如发现奶孔闭塞、乳房发炎、乳房化脓或乳汁过多等情况时，要及时采取相应措施予以处理。

四、公羊的饲养管理

公羊饲养管理的重点是使其常年保持中等以上膘情、精力旺盛、性欲强、精液品质优良，从而提高配种效果，延长种公羊使用寿命。

（一）单栏饲养

种公羊要单独放牧或饲养，不能与母羊混群，防止乱配种和公羊互斗致伤。放牧时应防止树枝划伤阴囊。单栏饲养每只公羊需要面积要求在 2 平方米以上。

圈舍要清洁干燥，要求定期消毒、定期称重、定期定量运动，防止过肥。要经常擦拭体表，每 10 ～ 15 天用生理盐水加抗生素或高锰酸钾水冲洗阴茎或包皮，特别是采精前要严格冲洗。

（二）适龄配种

青年公羊在 4 ～ 6 月龄性成熟，6 ～ 8 月龄体成熟，体成熟以后即可配种，但适宜的配种时间是 1.5 岁。

（三）适度配种

采用本交配种的，种公羊以每天配种 1 ～ 2 次为宜，旺季可日配种 3 ～ 4 次，但要注意连配 2 天后休息 1 天。

种公羊采精次数要根据羊的年龄、体况和种用价值来确定。青年羊（1.5 岁左右）每天采精 1 ～ 2 次为宜，采 1 天休息 1 天，不要连续采精；成年公羊每天可采精 3 ～ 4 次，个别体况好的可采精 5 ～ 6 次，每次采精应有 1 ～ 2 小时的间隔时间。采精较频繁时，要保证成年种公羊每周有 1 ～ 2 天的休息时间，以免因过度消耗体力而造成公羊的体况下降，甚至降低种公羊的种用价值。

（四）适当光照和运动

自然光照可以通过大脑皮层刺激种公羊性腺组织的活动，合成和分泌促性腺激素和性激素，调控精子的生成。运动可决定精子的活力，所以保持种公羊每天一定时间的户外活动或者放牧，舍饲时应保证每日不少于 2 小时（早晚各 1 小时）的中等运动量。放牧条件下，种公羊放牧运动时间不少于6小时。对精子活力差、放牧运动量不足的种公羊，每天早上可酌情定时、定距离、定速度，人工驱赶运动1～2次。舍饲养羊一定要建设运动场，既解决了光照和运动问题，也有利于保持公羊的体质健壮，防止肥胖而影响精子生成和配种能力。但夏季由于温度过高，会影响精液品质，此时要在运动场搭设遮阳网和栽种遮阳树木，加强防暑降温工作。

（五）精心饲喂

种公羊的饲养应根据其膘情、精液质量好坏、配种需要、性欲、食欲强弱不断调整饲养水平。非配种期，有放牧条件的应以放牧为主，但必须坚持每日补饲，青草期少补，枯草期多补。每只喂以含蛋白质较高的混合精饲料0.5千克、干草2千克、胡萝卜0.5千克，日喂3～4次，食盐和矿物质要常年供给，以保持良好的体况，为配种期奠定基础。

配种期公羊消耗营养和体力最大，这时的日粮营养要全面、易消化、适口性好，特别是蛋白质要求质高量多。一般在配种前1～1.5个月就应加强营养，逐渐增加日粮中的蛋白质、维生素和矿物质等，到了配种期，根据采精次数的多少每天补给1～3个鸡蛋，同时适当喂些胡萝卜等。配种期每日每只饲料定额为：混合精饲料1.2～1.4千克、苜蓿干草或其他优质干草2千克、胡萝卜0.5～1.5千克，同时供应食盐、矿物质或矿物质舔砖。

采取先粗后精的饲养方法，先喂秸秆饲料或干草，再喂青贮饲料，最后喂精饲料。饲喂要定时定量，每天饲喂2～3次，饮水1～2次。饲喂时要保持饲料的种类和饲喂方法的相对稳定，切忌突然变换饲料品种和饲喂方法，严禁饲喂霉烂变质饲料、冰冻饲料、农药残毒污染严重的饲料、被病菌或黄曲霉菌污染的饲料和未经处理的发芽马铃薯等有毒饲料。严格清除饲料中的金属异物。

（六）疾病防治

种公羊的疾病防治应重点做好口蹄疫、布鲁氏菌病（简称布病）、小反刍兽疫等重大传染病和寄生虫病的预防，要定期做好这些疫病的免疫接种和定期用药物驱除公羊体内外寄生虫。还要做好包皮炎、睾丸炎、阳痿与滑精、阴茎不收和尿浊等公羊常见病的防治。

（七）定期修蹄

舍饲的种公羊蹄子磨损少，容易过长甚至变形而影响其站立和行走，严重时甚至不能配种，因此必须每 5 ～ 6 个月给种公羊修蹄 1 次（见图 6-2 和视频 6-1）。

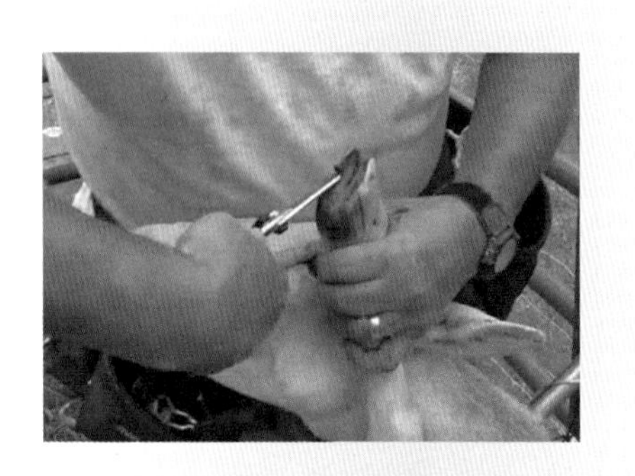

视频 6-1 修蹄

图 6-2 修蹄

五、羔羊育肥的饲养管理要点

从羔羊断奶至上市出栏的阶段为育肥期。羔羊断奶后育肥是肉羊生产的主要方式，一般情况下，对体重小或体况差的羔羊进行适度育肥，对体重大或体况好的进行强度育肥，均可取得较好的经济效益。

（一）育肥方法

育肥方法可分为放牧育肥、舍饲育肥和混合育肥等。

① 放牧育肥。只能在青草期进行，如北方省份一般在每年的 5 月中下旬至 10 月中旬期间。一般经过夏抓“水膘”和秋抓“油膘”两个阶段。放牧育肥常常是草地畜牧业的基本育肥方式，但要求必须有较好的草场。其优点是成本低和效益相对较高，缺点是常常要受气候和草场长势等多种不稳定因素变化的影响，并因此使得育肥效果不稳定、不理想。放牧育肥羊一定要保证每只羊每天采食的青草量，放牧育肥的关键是水、草、盐这几方面要同时配合好，如经常口淡口渴或放牧不得法，则必定会影响育肥效果。

② 舍饲育肥。根据育肥前的状态，按照饲养标准的饲料营养价值配制羊的饲喂日粮，并完全在羊舍内喂、饮的一种育肥方式。采取舍饲育肥虽然饲料投入相对较高，但可按市场需要实行大规模、集约化、工厂化养羊。这能使房舍、设备和劳动力得到充分利用，劳动生产效率也较高。这种育肥方法在育肥期间内可使羊增重较快，出栏育肥羊的活重较放牧育肥和混合育肥羊高 10%～20%。在市场需要的情况下，可确保育肥羊在 30～60 天迅速达到上市标准。

③ 混合育肥。大体有两种形式：一种是在育肥全期，羊每天均放牧且补饲一定数量的混合精饲料，以确保育肥羊的营养需要；另一种是把整个育肥期分为 2～3 期，前期全放牧，中、后期按照从少到多的原则，逐渐增加补饲混合精饲料的量再配合其他饲料来育肥。开始补饲育肥羊的混合精饲料为每天 200～300 克，最后 1 个月增至每天 400～500 克。前一种方式适用于生长强度较大和增重速度较快的羔羊，后一种方式则适用于生长强度较小及增重速度较慢的羔

羊和周岁羊。混合育肥可使育肥羊在整个育肥期内的增重比只依靠放牧育肥提高50%左右，同时屠宰后羊肉的味道也较好。

（二）育肥前的准备工作

1. 羊群整理

将不留作种用的断奶公羔和淘汰的成年老、弱羊按年龄、公母、个体大小、体质强弱等分群。按不同的情况来调配饲料，提高育肥效益。

2. 去势

公羔去势（又称阉割）的目的是减少初情期后性活动带来的不利影响，提高育肥效果。去势羊屠宰后羊肉品质好，肉细嫩、膻味小。公羔去势在出生后2～3周进行，老公羊在早春蚊蝇滋生前去势。但随着羔羊屠宰利用时间的提前，特别是一些晚熟品种或杂交种，若经济利用时间在初情期之前，去势是不必要的。其原因一是雄性激素的促生长作用是公羔大于母羔；二是把公羔与母羔远远隔离开，对刚进入初情期公羔的性活动可能具有抑制作用。但有时将较大的公羊去势后用作试情羊是有必要的（见视频6-2）。

视频6-2 阉割公羊

3. 驱虫和药浴

不论是舍饲或放牧育肥，在育肥前对全部羊只实行一次体内外寄生虫驱除，避免寄生虫对羊体营养的消耗，增进胃肠消化功能，提高育肥效果。按羊5千克体重用虫克星粉剂5克或虫克星胶囊0.2粒，口服或拌料喂服；或用伊维菌素、左旋咪唑或苯丙咪唑驱虫。驱虫后3天每次用健胃散25克、酵母片5～10片，拌料饲喂，连用2次。

（三）清洁的水源

育肥羊每天应饮 1 ～ 2 次清洁水（冬季最好给予温水），必须要有清洁的水源。

（四）舍内温度

保持圈舍冬暖夏凉。舍内保持干燥、温暖、清洁、通风流畅。勤扫羊舍，地面洁净。育肥前要对圈舍、墙壁、地面及舍外环境等严格消毒。防止贼风侵袭。夏、秋季温度不要超过 25℃，必须保持舍内通风凉爽。

（五）饲喂

放牧育肥的，要选择产草量高、草质优良的草场，放牧时间要求冬春每天 4 ～ 6 小时，夏秋 10 ～ 12 小时，保证每天吃 3 个饱肚；在枯草季节或放牧场地受到限制时，可利用氨化秸秆、青贮饲料、微贮饲料、优质青干草、根茎类饲料、加工副产品以及精饲料对肉羊进行舍饲育肥；实行半舍饲、半放牧的，采取青草与补料相结合的方法育肥。

（六）疾病防疫

育肥羊要定期做好免疫，在羊痘、羔羊痢疾、羊肺炎和口蹄疫病流行和受威胁的地区，要按照免疫计划定期免疫。经常擦拭羊体，保持皮肤洁净。随时观察羊体健康状况，发现异常及时隔离诊断治疗。

六、淘汰羊育肥的饲养管理要点

淘汰羊育肥一般采用淘汰的老、弱、乏、瘦以及失去繁殖功能的羊进行育肥。

（一）淘汰羊的挑选

种公羊淘汰标准：年龄大、体质差及性欲低下，不能胜任养羊场生产配种工作；精液品质差、活力低，所配母羊受孕率及产羔率不理想；使用年限较长，已经无法避免近亲交配的出现；经检查患有布病（需无害化处理）、衣原体感染等传染性疾病。

种母羊淘汰标准：年龄大、体质差、繁殖力低、泌乳不足、母性差，难以为养羊场创造效益；产后长时间不发情，或多次配种均不能受孕；妊娠期间患有严重的阴道脱，这类母羊容易在下胎妊娠期间再次发生阴道脱；分娩时出现难产并造成产道损伤，这类母羊发情、受孕势必会受到影响，而且还容易在下胎分娩时再次发生难产；无原因习惯性流产；经检查患有布病（需无害化处理）、衣原体感染等传染性疾病。

首先需要将羊群中的淘汰羊挑选出来做全面健康检查，凡是病羊均应治愈后育肥，注意患传染性疾病和无法治疗病的羊不应育肥。过老、采食困难的羊只也不要育肥，否则不仅会浪费饲草料，同时也达不到预期效果。将经过选择适合育肥的淘汰羊集中在一起进行育肥。

（二）驱虫

寄生虫不但能消耗羊的大量营养，而且还可分泌毒素，破坏羊只消化、呼吸和循环系统的生理功能，对羊只的危害很严重，特别是淘汰羊往往携带有大量寄生虫，且消化功能一般多较弱，因此需要将这些会影响育肥效果的不利因素去掉。所以在淘汰羊育肥之前应先进行驱虫。由于寄生虫种类繁多，任何驱虫药物均不可能对所有种类的寄生虫都有效果，所以应尽可能采用多种驱虫方式与驱虫药物进行联合驱虫。如用伊维菌素皮下注射＋阿苯达唑拌料内服，也可用盐酸左旋咪唑注射液进行肌内注射，对羊体内的线虫、吸虫、绦虫、节肢动物都具有较强的杀灭作用，还可以用硫氯酚内服驱除羊肝片吸虫和绦虫。

（三）健胃

淘汰羊健胃一定要采用温和的健胃方式，羊只健胃一般采用人工盐和大黄苏打进行，也可以采用兽用健胃散长期拌料健胃或定期灌服健胃，另外还可饲喂乳酶生、酵母片或有益菌制剂增加瘤胃微生物群数量进而达到增强消化能力的效果。

（四）公羊去势

淘汰公羊应在育肥前 10 天左右去势。

（五）育肥期

成年羊育肥期不宜过长，因为体内沉积脂肪的能力有限，到满膘时就不会再增重。因此，育肥期以 2 ～ 3 个月为宜，但同时要根据育肥羊只膘情，灵活掌握育肥时间。在青草期，有草坡的地方可先将体况差的成年羊放牧饲养，利用青草使羊只复膘，然后再育肥，可节省饲料、降低成本。育肥期间也应及时按增膘程度调整日粮，延长育肥期或提前结束育肥。通常可用称重法检查羊只的增重速度或用外观法、触摸法判定其膘肥程度。

（六）育肥方式选择

放牧、舍饲、放牧加舍饲三种方法均可，主要依据家庭农场所在地区的养殖条件确定。

淘汰羊可选择牧草丰盛、地势平坦、有水源的地方进行放牧育肥，但仅靠放牧很难使羊短期内达到满膘。一般宜放牧 1 ～ 2 个月，然后进行不少于 1 个月的舍饲育肥，利用高精饲料日粮催肥，以达到改良肉羊品质的目的。牧草缺乏时应注意补饲，在自由采食粗饲料的情况下，每只羊每天补饲 0.75 千克玉米、麦麸和少量豆饼配成的混合精饲料；牧草丰盛时，可适当减少补饲量。

采用舍饲育肥的，圈舍要干燥通风，冬季防寒，夏季防暑，育肥羊舍不能采用暖棚饲养，因为羊只抗寒能力较强，但要防止西北寒风侵袭羊只。羊舍采光要好。将羊按大小分圈进行驱虫、健胃后，减少其活动量，一般日喂精饲料 0.7 千克左右，育肥 50 天即可出栏。

放牧加舍饲育肥，这种方法多适用于田多、地广的地方，白天放牧，晚上补料，减少饲养成本，育肥期平均 70 天左右。

（七）调配营养

淘汰羊一般都已停止生长发育，要增加其脂肪沉积需大量的能量物质，其他营养物质只能用来维持生命活动以及满足恢复肌肉等组织器官最佳状态的需要。因此，营养需要中除热能要增加 10％左右外，其他的都要低于羔羊和青年羊。饲喂时应逐渐增加精饲料饲喂量，最终使其占到日粮总量的 40％～ 50％。在此需要注意，精饲料不可猛加，一定要循序渐进、逐步过渡，另外精饲料饲喂量最多不宜超过日粮的 50％，不然则有可能发生瘤胃积食或胀气等问题。在大量饲喂精饲料或其他酸性较大饲料的情况下，羊只很可能出现瘤胃酸中毒，需要适量添加碳酸氢钠（小苏打）中和胃酸，一般添加量为精饲料饲喂量的 1％～ 3％。

（八）择时出栏

淘汰羊经过 50 ～ 100 天的饲喂，增重达到 15 ～ 25 千克以上或膘情达到九成以上，即可完成育肥，出栏上市。

第七章

羊的疾病防治

一、养羊场的生物安全管理

生物安全是近年来国外提出的有关集约化生产过程中保护和提高畜禽群体健康状况的新理论。生物安全的中心思想是隔离、消毒和防疫。关键控制点是对人和环境的控制，最后达到建立防止病原入侵多层屏障的目的。因此，养羊场饲养管理者必须认识到，做好生物安全是避免疾病发生的最佳方法。一个好的生物安全体系将发现并控制疾病侵入养殖场的各种最可能途径。

生物安全包括控制疫病在养羊场中的传播、减少和消除疫病发生。因此，对一个养羊场而言，生物安全包括两个方面：一是外部生物安全，防止病原菌水平传入，将场外病原微生物带入场内的可能降至最低；二是内部生物安全，防止病原菌水平传播，降低病原微生物在养羊场内从病羊向易感羊传播的可能。

养羊场生物安全要特别注重生物安全体系的建立和细节的落实到位。具体包括养羊场的选址、引种、加强消毒净化环境、饲料管理、实施群体预防、防止应激、疫苗接种和抗体检测、紧急接种、病死羊无害化处理、灭蚊蝇、灭老鼠和防野鸟、建立各项生物安全制度等。

（一）养羊场的选址

养羊场位置的确定，在养羊生产中建立生物安全防范体系上至关重要。因此，在新建场的选址问题上要高度重视生物安全，切忌随意选址和考虑不周全，或者明知不符合生物安全的要求而强行建场。选址重点需要考虑的问题有：符合动物防疫规定，避免交叉感染；养羊场周围 3 千米以内无大型化工厂、采矿场、皮革厂、肉品加工厂、屠宰场或畜牧场等污染源；养羊场距离干线公路、铁路、城镇、居民区和公共场所 1 千米以上，远离高压电线；养羊场周围有围墙或防疫沟，并建立绿化隔离带。

（二）养羊场的隔离

良好的生物安全对所有养羊场都很重要。隔离是控制传染性疾病传播的最有效手段。因为不同疾病的潜伏期不同，疾病的症状可能几周之后才能显现，如很多时候携带或者感染病菌的新引进羊只并不表现疫病症状。若将它们留置观察数周就可能开始出现发病症状，养殖场若能按照隔离制度对新引进的羊只进行常规隔离观察，其传染病就能被快速而有效地得以控制。同样对于有患传染性疾病可能的羊只，也要严格实行隔离制度。

因此，隔离制度对养羊场非常重要，当羊只发生传染病时，首先要查明疫情蔓延的程度，应逐只进行临床检查，必要时进行血清学和变态反应等特异性检查。根据检查结果，可将受检羊只分为病羊、可疑病羊和假定健康羊等三群，分别进行隔离。

（三）羊只引进和购入要求

坚持自繁自养的原则，不从有痒病或牛海绵状脑病及高风险的国家和地区引进羊只、胚胎 / 卵。必须引进羊只时，应从非疫区引进，并有动物检疫合格证明。羊只在装运及运输过程中没有接触过其他偶蹄动物，运输车辆在运输前和使用后应用消毒液彻底清洗消毒。运输途中，不应在城镇和集市停留、饮水和饲喂。羊只引入后至少隔离饲养 30 天，在此期间进行观察、检疫，确认为健康者后方可合群饲养。若从国外引种，应按照国家相关规定执行。商品羊运输前，应经动物防疫监督机构根据国家有关规定进行检疫，并出具检疫证明，合格者方可上市或屠宰。

（四）加强消毒，净化环境

养羊场应备有健全的清洗消毒设施和设备，以及制定和执行严格的消毒制度，防止疫病传播。养羊场采用人工清扫、冲洗、交替使用化学消毒药物进行消毒。消毒剂要选择对人和羊安全、没有残留毒性、对设备没有破坏、不会在羊体内产生有害积累的消毒剂。选用的消毒剂应符合《无公害食品　兽药使用准则》（NY/T 5030—2016）的规定。在养羊场入口、生产区入口、羊舍入口设置防疫规定长度和深度的消毒池。对养羊场及相应设施进行定期清洗消毒。为了有效消灭病原，必须定期实施以下消毒程序：每次进场消毒、羊舍消毒、饲养管理用具消毒、车辆等运输工具消毒、场区环境消毒、带羊消毒、饮水消毒。

（五）疫病监测

养羊场应积极配合当地动物防疫监督机构，依照《中华人民共和国动物防疫法》及其配套法规要求，并结合当地实际情况，制订疫病监测方案。

养羊场常规监测的疾病至少应包括：口蹄疫、羊痘、蓝舌病、炭疽、布鲁氏菌病。同时需注意监测外来病的传入，如痒病、小反刍兽疫、梅迪-维斯纳病、山羊关节炎-脑炎等，以及根据当地实际情况选择的其他一些必要疫病（见图7-1）。

图7-1 采血检测

（六）免疫接种

养羊场应根据当地畜牧兽医行政管理部门依据的《中华人民共和国动物防疫法》及其配套法规要求，并参考所在地疫情流行情况，制定适合本场的免疫程序。

（七）疫病控制和扑灭

养羊场发生以下疫病时，应依据《中华人民共和国动物防疫法》及时采取以下措施：立即封锁现场，驻场兽医应及时进行诊断，并尽快向当地动物防疫监督机构报告疫情。确诊发生口蹄疫、小反刍兽疫时，养羊场应配合当地动物防疫监督机构，对羊群实施严格的隔离、扑灭措施。发生痒病时，除了对羊群实施严格的隔离、扑杀措施外，还需追踪调查病羊的亲代和子代。发生蓝舌病时，应扑杀病羊；如只是血清学反应呈现抗体阳性，并不表现临床症状时，需采取清群和净化措施。发生炭疽时，应焚毁病羊，并对可能的污染点彻底消毒。发生羊痘、布鲁氏菌病、梅迪-维斯纳病、山羊关节炎-脑炎等疫病时，应对羊群实施清群和净化措施。全场进行彻底的清洗消毒，病死或淘汰羊的尸体按《病死及病害动物无害化处理技术规范》进行无害化处理。

（八）废弃物无害化处理

养羊场废弃物应实行无害化、资源化处理原则。养羊场废弃物主要包括羊粪尿、尸体及相关组织、垫料、过期兽药、残余疫苗、一次性使用的畜牧兽医器械及包装物和污水。这些废弃物因构成生物安全隐患，必须进行无害化处理。因传染病和其他需要处死的病羊，应在指定地点进行扑杀，尸体应按《病死及病害动物无害化处理技术规范》的规定进行处理。养羊场不应出售病羊、死羊。

无害化处理养羊场废弃物需耗费人力物力，所以应最大限度地减少养羊场废弃物的产生量，在减量化的基础上进行养羊场废弃物的无害化处理。

（九）加强饲料卫生管理

饲料原料和添加剂的感官应符合要求，即具有该饲料应有的色泽、嗅、味及组织形态特征，质地均匀，无发霉、变质、结块、虫蛀及异味、异臭、异物。饲料和饲料添加剂的生产、使用，应是安全、有效、不污染环境的产品。符合单一饲料、饲料添加剂、配合饲料、浓缩饲料和添加剂预混合产品的饲料质量标准规定。所有饲料和饲料添加剂的卫生指标应符合《配合饲料企业卫生规范》（GB/T 16764—2006）的规定。

饲料原料和添加剂应符合《无公害食品　畜禽饲料和饲料添加剂使用准则》（NY 5032—2006）的要求，并在稳定的条件下取得或保存，确保饲料和饲料添加剂在生产加工、贮存和运输过程中免受害虫、化学、物理、微生物或其他不期望物质的污染。

不应在羊体内埋植或者在饲料中添加镇静剂、激素类等违禁药物。商品羊使用含有抗生素的添加剂时，应按照《饲料和饲料添加剂管理条例》执行休药期。放牧羊群实行轮牧、休牧制度。

（十）灭鼠、灭蚊蝇

养羊场应定期定点投放灭鼠药，及时收集死鼠和残余鼠药，并做深埋处理。消除水坑等蚊蝇滋生地，定期喷洒消毒药物。

二、养羊场的消毒

消毒是利用物理、化学或生物方法杀灭或清除外界环境中的病原体，从而切断其传播途径、防止疫病的流行，它一般不包含对非病原微生物、芽孢的杀灭。灭菌则是杀灭一切微生物及其孢子、芽孢。消毒的目的就是消灭被传染源散播于外界环境中的病原体，以切断传播途径，阻止疫病继续蔓延。

（一）消毒分类

根据消毒的目的不同，消毒可以分为预防消毒、临时消毒和终末消毒 3 类。

1. 预防消毒

结合平时的饲养管理对圈舍、场地、用具和饮水进行定期消毒，以达到预防传染病的目的。此类消毒一般每 1 ～ 3 天进行一次，每 1 ～ 2 周还要进行一次全面大消毒（见图 7-2、图 7-3）。

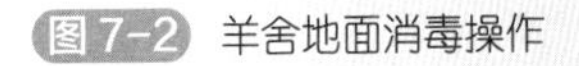

图 7-2 羊舍地面消毒操作

图 7-3 带羊消毒操作

2. 临时消毒

在发生传染病时，为了及时消灭刚从传染源排出的病原体而采取的消毒措施称为临时消毒。消毒的对象包括患病动物所在的圈舍、隔离场地以及被患病动物分泌物、排泄物污染和可能污染的一切场所、用具和物品，通常在解除封锁前，进行定期多次消毒，患病动物隔离舍应每天消毒 2 次以上或随时进行消毒。

3. 终末消毒

在患病动物解除隔离、痊愈或死亡后，或者在疫区解除封锁之前，为了消灭疫区内可能残留的病原体所进行的全面彻底的大消毒。

（二）消毒方法

消毒的方法很多，不同的方法适用于不同的消毒目的和对象。在实际工作中应根据具体情况选择最佳消毒方法。常用的消毒方法有物理消毒法、化学消毒法和生物消毒法等（见视频 7-1）。

视频 7-1 养殖场常规消毒方法

1. 物理消毒法

物理消毒法就是用物理方法杀灭或清除病原微生物和其他有害生物。常用的物理消毒法有自然净化、机械力清除、热力消毒和辐射消毒等。

① 自然净化就是靠自然环境的净化作用，使空气、物体中的病原微生物逐步达到无害。方法有日光照射、风吹雨淋等。

② 机械力清除就是用外力将羊舍地面、笼具和用具等表面的粪便、垫草、饲料残渣等污物去掉，同时大量有害病原体也被清除。冲洗、刷、擦、抹、扫、铲除等都是机械力清除最普通、常用的方法。这种方法虽然不能根除有害微生物，但是可将其大大减少。应根据具体情况决定是否需要先用清水或化学消毒剂喷洒，以免尘土飞扬，造成病原体散播，影响人和羊的健康。

视频 7-2 火焰消毒

③ 热力消毒就是利用高温、高压的作用将物品中的有害微生物除掉。方法有干热消毒（见视频 7-2）、湿热消毒等。如利用火焰灼烧和烘烤羊舍地面、铁制围栏、墙壁和饲喂用具消毒，是简单而有效的常用消毒方法，使用时必须注意周围环境的安全；大部分非芽孢病原微生物在100℃的沸水中迅速死亡。利用煮沸消毒，也是经常应用的方法，各种金属、木质、玻璃用具、衣物等都可进行煮沸消毒。

④ 辐射消毒就是利用紫外线照射使微生物诱变致死，达

到将物品中有害微生物除掉的目的。如利用紫外线灯发出的紫外线进行人和物品表面及空气的消毒。

2. 化学消毒法

化学消毒法是指用化学消毒药物作用于微生物和病原体，使其蛋白质变性，失去正常功能而死亡的方法。目前常用的有含氯消毒剂（如漂白粉、次氯酸钠、氯胺、优氯净、二氧化氯等）、碱类消毒剂（如氢氧化钠、生石灰等）、氧化消毒剂（如过氧化氢、过氧乙酸和高锰酸钾等）、碘类消毒剂（如碘伏、络合碘等）、醛类消毒剂（如福尔马林、固体甲醛等）、酚类消毒剂（如石炭酸、来苏水、复合酚等）、醇类消毒剂（如乙醇）和季铵盐类消毒剂（如新洁尔灭、百毒杀、1210 消毒剂等）等。

应用化学消毒法时应注意：使用溶液状态消毒剂，并且应使化学消毒剂与分泌物中的微生物直接接触，当消毒含有大量蛋白质的分泌物时应特别注意此点。应使用足够浓度的消毒剂和作用足够时间，还应注意消毒剂能起作用的温度。

3. 生物消毒法

生物消毒法是一种最常用的粪便污物消毒法，这种方法能杀灭除细菌芽孢外的所有病原微生物，并且不丧失肥料的应用价值。此种方法通常有发酵池法和堆粪法两种。

① 发酵池法适用于动物养殖场，多用于稀粪便的发酵。

② 堆粪法适用于干粪便的发酵消毒处理。即在距养羊场 100 ～ 200 米以外的地方设一堆粪场，将羊粪堆积起来，喷少量水，上面覆盖湿泥或用塑料布封严，堆放发酵 30 天以上，即可作肥料。

（三）消毒剂的选择

消毒剂种类很多，在实际应用中可根据用途与消毒剂特点选择使用，最理想的消毒剂应当是杀菌力强、价格低、无腐蚀性、可以长期保存、对动物无毒性或毒性较小、无耐留或对环境无污染的化学药物。

化学消毒药对微生物有一定选择性，即使是广谱消毒药也存在这方面问题。因为不同种类的微生物（如细菌、病毒、真菌等），或同类微生物中的不同菌株（毒株），或同种微生物的不同生物状态（如芽孢体和繁殖体等），对同种消毒药的敏感性并不完全相同。如细菌芽孢对各种消毒措施的耐受力最强，必须用杀菌力强的灭菌剂、热力或辐射处理，才能取得较好效果，故一般将其作为最难消毒的代表。其他如结核杆菌对热力消毒敏感，而对一般消毒剂的耐受力却比其他细菌强。真菌孢子对紫外线抵抗力很强，但较易被电离辐射所杀灭。肠道病毒对过氧乙酸的耐受力与细菌繁殖体相近，但季铵盐类对之无效。肉毒杆菌素易被碱破坏，但对酸耐受力强。至于其他细菌繁殖体和病毒、螺旋体、支原体、衣原体、立克次体对一般消毒处理耐受力均差，常见消毒方法一般均能取得较好效果。所以，在选择消毒药时应根据消毒对象和具体情况而定。

如对羊舍消毒、带羊环境消毒、养羊场道路和周围以及进入场区的车辆消毒可用规定浓度的次氯酸盐、有机碘混合物、过氧乙酸、新洁尔灭、煤酚等。对手、工作服或胶靴的消毒，可用规定浓度的新洁尔灭、有机碘混合物或煤酚的水溶液。对人员入口处可设紫外线灯照射至少5分钟。对羊舍周围、入口、产房和羊床下面可撒生石灰或用火碱液进行消毒。对羊只经常出入的地方、产房、培育舍，每年用喷灯进行1～2次火焰瞬间喷射消毒。对饲喂用具和器械在密闭的室内或容器内用甲醛等进行熏蒸。羊舍周围环境定期用2%火碱或撒生石灰消毒。养羊场周围及场内污染池、排粪坑、下水道出口，每月用漂白粉消毒1次。在养羊场、羊舍入口设消毒池并定期更换消毒液。工作人员进入生产区净道和羊舍，要更换工作服、工作鞋，并经紫外线照射5分钟进行消毒。外来人员必须进入生产区时，

视频 7-3 羊舍带羊消毒

应更换场区工作服、工作鞋，经紫外线照射 5 分钟进行消毒，并遵守场内防疫制度，按指定路线行走。每批羊只出栏后，要彻底清扫羊舍，采用喷雾、火焰、熏蒸消毒。定期对分娩栏、补料槽、饲料车、料桶等饲养用具进行消毒。定期进行带羊消毒（见视频 7-3），减少环境中的病原微生物。

（四）消毒注意事项

① 参加消毒的人员需穿着必要的防护服装，了解消毒剂的安全使用事项和处置办法。

② 搬出可移动物件，如料槽、饮水器、清扫工具，并单另清洗消毒。

③ 要记住将固定的供电设施绝缘！

④ 准备消毒药物：消毒药物按作用效果分为高效、中效、低效 3 类。高效消毒药对病毒、细菌、芽孢、真菌等都有效，如戊二醛、氢氧化钠、过氧乙酸等，但其副作用较大，对有些消毒不适用；中效消毒药对所有细菌有效，但对芽孢无效，如乙醇、碘制剂等；低效消毒药属抑菌剂，对芽孢、真菌、亲水性病毒无效，如季铵盐类等。

配制消毒药液时，应按照生产厂家的规定和说明，准确称量消毒药，将其完全溶解，混合均匀。大多数消毒药能溶于水，可用水作稀释液来配制，应选择杂质较少的深井水或自来水，但需注意水的硬度，如配制过氧乙酸消毒药液，最好用蒸馏水。有些不溶于或难溶于水的消毒药，可用降低消毒液表面张力的溶剂，以增强药液的消毒效果或消除拮抗作用。临床表明，乙醇配制的碘酊比用水配制的碘液好，在相同条件下碘所发挥的消毒效力强。

⑤ 清洗消毒饮水系统（包括主水箱和过滤器）应单独进行。注意用消毒液清洗饮水系统的过程中乳头饮水器可能会堵塞，因此清洗完成后要检查所有的饮水器。

小贴士：

养羊场消毒不是可有可无，而是必须有！消毒要做到制度化、经常化、无死角，绝对不能应付了事，这是保证养羊场生物安全的重要因素之一，马虎不得，切记！切记！

三、羊群免疫接种

免疫接种是指用人工方法将有效疫苗引入动物体内使其产生特异性免疫力，由易感状态变为不易感状态的一种疫病预防措施。有组织、有计划地免疫接种，是预防和控制动物传染病的重要措施之一，在某些传染病如口蹄疫、小反刍兽疫、羊痘等病的防控措施中，免疫接种更具有关键性的作用，根据免疫接种的时机不同，可将其分为预防接种和紧急接种两大类。

免疫接种计划是根据不同传染病、不同动物及用途等多因素制定的。虽然疫苗接种是预防传染病的重要手段，但也要加强饲养管理，提高羊的抗病力，做好消毒和隔离，减少疫病传播机会，防止外来疫病侵入等。

（一）预防接种

在经常发生某些传染病的地区，或有某些传染病潜在的地区，或经常受到邻近地区某些传染病威胁的地区，为了防患于未然，在平时有计划地给健康羊进行的免疫接种，称为预防免疫。

家庭农场应根据所在地区、畜禽养殖场传染病的流行情况、羊群健康状况和不同疫苗特性，为本场的羊群制定接种计划，包括接种疫苗的类型、顺序、时间、次数、方法、时间间隔等过程和次序。免疫程序的制定，应至少考虑以下八个方面的因素：①当地疾病的流行情况及严重程度；②母源抗体水平；③上一次免疫接种引起的残余抗体水平；④羊的免疫应答能力；⑤疫苗的种类和性质；⑥免疫接种方法和途径；⑦各种疫苗的配合；⑧对羊健康及生产能力的影响。这八个因素是相互联系、相互制约的，必须统筹考虑。一般来说，免疫程序的制定首先要考虑当地疾病的流行情况及严重程度。据此才能决定需要接种什么种类的疫苗，达到什么样的免疫水平。参考免疫接种程序见表 7-1、表 7-2。

表 7-1 免疫接种程序（仅供参考）

疫苗名称	疫病种类	免疫时间	免疫剂量	注射部位	备注
羔羊痢疾氢氧化铝菌苗	羔羊痢疾	妊娠母羊分娩前 20～30 天和 10～20 天各注射 1 次	分别为每只 2 毫升和 3 毫升	两后腿内侧皮下注射	羔羊通过吃奶获得被动免疫，免疫期 5 个月
羊三联四防灭活苗	羊快疫、羊猝狙、羊肠毒血症、羔羊痢疾	每年于 2 月底 3 月初和 9 月下旬分 2 次接种	1 头份	皮下或肌内注射	不论羊只大小
羊痘弱毒疫苗	羊痘	每年 3～4 月份接种	1 头份	皮下注射	不论羊只大小
羊布病活疫苗（S2 株）①	布鲁氏菌病		1 头份	口服	不论羊只大小
羔羊大肠杆菌疫苗	羔羊大肠杆菌病		1 毫升	皮下注射	3 月龄以下
			2 毫升		3 月龄以上
羊口蹄疫苗	羊口蹄疫	每年 3 月份和 9 月份接种	1 毫升	皮下注射	4 月龄～2 年
			2 毫升		2 年以上
口疮弱毒细胞冻干苗	山羊口疮	每年 3 月份和 9 月份接种	0.2 毫升	口腔黏膜内注射	不论羊只大小
山羊传染性胸膜肺炎氢氧化铝菌苗	山羊传染性胸膜肺炎		3 毫升	皮下或肌内注射	6 月龄以下
			5 毫升		6 月龄以上
羊链球菌氢氧化铝菌苗	山羊链球菌病	每年 3 月份和 9 月份接种	3 毫升	羊背部皮下注射	6 月龄以下
			5 毫升		6 月龄以上

① 本免疫程序仅供参考，免疫前应向当地兽医主管部门咨询后进行。

表 7-2　内蒙古巴彦淖尔临河地区育肥羊推荐免疫接种程序

日龄	药物及疫苗名称	接种方法
羔羊运输前 3 天	益生菌、电解多维、羊链球菌疫苗	药物饮水
		疫苗颈部皮下深层注射 5 毫升
羔羊开始育肥 3 天	小反刍兽疫活疫苗	肌内注射 1 头份
	羊传染性胸膜肺炎灭活疫苗	颈部肌内或皮下注射 3 毫升
羔羊育肥 8 天	羊三联四防冻干灭活疫苗	肌内注射 1 头份
	山羊痘活疫苗	尾根皮内注射 1 头份
羔羊育肥 15 天	口蹄疫灭活疫苗	肌内注射 1 毫升 皮下注射 2 毫升
	大肠杆菌灭活疫苗	
	（根据当地发病情况）	

注：羔羊运输到育肥场当日为 0 日龄。

预防接种通常使用疫苗、菌苗、类毒素等生物制剂作为抗原激发免疫。用于人工主动免疫的生物制剂可统称为疫苗，包括用细菌、支原体、螺旋体和衣原体等制成的菌苗，用病毒制成的疫苗和用细菌外毒素制成的类毒素。根据所用生物制剂的性质和工作需要，羊通常采取注射的接种方法（见图 7-4、图 7-5 和视频 7-4）。

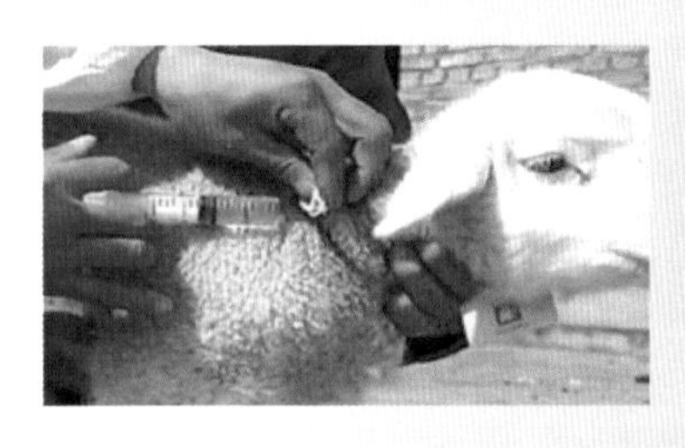

图 7-4　免疫操作

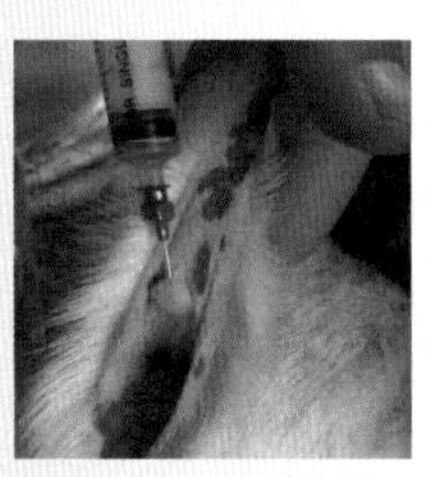

图 7-5　用于羊痘接种的皮下注射

视频 7-4 使用专用设备给羊注射疫苗

（二）紧急接种

紧急接种是当羊群发生传染病时，为迅速控制和扑灭疫病流行，对疫区和受威胁区域尚未发病的羊群进行应急性免疫接种。通常应用高免血清或血清与疫苗共同接种。

从理论上说，紧急接种以使用免疫血清较为安全有效。例如当羊群发生羊小反刍兽疫、羊痘、羊黑疫、羊快疫、羊猝狙、羊肠炎痢疾等一些急性传染病时，应用血清制剂紧急接种作为迅速控制疫情的重要措施并可取得较好的效果。

注意，紧急接种只能对外观健康的羊只进行。对患病羊及可能已受感染而处于潜伏期的羊，必须在严格消毒的情况下立即隔离，不能再接种疫苗。由于在外观健康的羊中可能混有一部分潜伏期患者，这一部分患病动物在接种疫苗后不能获得保护，反而会促使其更快发病，因此在紧急接种后短期内羊群中发病羊的数量有可能增多，但由于这些急性传染病的潜伏期较短，而疫苗接种后大多数未感染羊很快产生抵抗力，因此发病率不久即可下降，最终使疫情很快平息。

紧急接种是在疫区及周围的受威胁区进行，受威胁区的大小视疫病的性质而定。某些流行性较大的传染病如小反刍兽疫、口蹄疫，其受威胁区在疫区周围 5 ～ 10 千米。这种紧急接种的目的是建立“免疫带”以包围疫区，就地扑灭疫情，防止其扩散蔓延。但这一措施必须与疫区的封锁、隔离、消毒等综合措施相配合才能取得较好的效果。

四、常见病防治

（一）传染性疾病的防治

1. 羊快疫的防治

羊快疫是一种急性传染病，发病突然，病程急剧，死亡很快，所以叫羊快疫。羊快疫病原体是腐败梭菌，为革兰氏阳性菌，主要经消化道或伤口感染。其特征是真胃呈出血性、炎性损害。羊快疫常与羊猝狙混合感染。

【临床症状】病的潜伏期只有数小时，继之突然发病，在10～15分钟内迅速死亡，有时可以延长到2～12小时，延至一天以上的很少见。死亡率高达30%左右，死前痉挛、腹痛、膨胀、结膜急剧充血。

常见的现象是，羔羊前一天完全正常，第二天早晨却发现死亡。如果能看到发病，其主要表现为体温升高或正常，食欲废绝，离群静卧，磨牙，呼吸困难，甚至发生昏迷，天然孔有红色渗出液，头、喉、舌等部黏膜肿胀，呈蓝红色，口腔流出带血泡沫，有时发生血色下痢，常有不安、兴奋、突跃式的运动及其他神经症状。

病羊呈现真胃出血性炎症，在胃底部及幽门附近，有大小不一的出血斑块，表面坏死；胸腔、腹腔、心脏大量积液；黏膜下组织常水肿；心内外膜有点状出血；肠道、肺的浆膜下可见出血；胆囊肿胀，死羊若未及时剖检则迅速腐败。

本病的症状很像气肿疽，但气肿疽的病灶较干，而且一定含有气体，可以作为区别诊断的依据。

【防治措施】本病以6个月到2岁的羊最容易感染，多发生于秋、冬和初春气候骤变、阴雨连绵之际，常在低凹的地区流行。如放牧于被羊快疫病尸体污染的牧场或吞食了污染的饲料，或者饮用死水的情况下，都可发生感染。当羊只受凉感冒或采食冰冻草料等而使机体抵抗力降低时，可促使本病发生。

根据以上感染及发病特点，养羊场应从加强饲养管理入手，贯彻“预防为主”的方针，认真做好预防工作。

一是实行综合性饲养管理措施。在舍饲情况下，要加强运动，多加喂粗饲料（干草、秸秆等）。当由舍饲转为放牧时，应特别注意合理的饲养。绝不可在清晨赶出放牧，尤其要避免到污染地区和沼泽区域去放牧。二是发生本病的养羊场应做好隔离、封锁、消毒及病尸销毁工作，消灭病原。及时处理羊尸，应把尸体、粪便和污染的泥土一起深埋（绝不可剥皮吃肉），以断绝污染土壤和水源的机会。将羊的圈棚打扫清洁以后，用热苛性钠水浇洒两遍，每遍相隔 1 小时。也可以用 20% 漂白粉、1% 复合酚或 0.1% 二氯异氰尿酸钠消毒。更换污染的牧场和饮水处。三是在本病流行区域，每年在发病季节以前，应用羊快疫、羊猝狙、羊肠毒血症三联菌苗注射。有些羊在注射后 1 ～ 2 天发生跛行，但不久可自己恢复正常。也可用绵羊五联（羊快疫、羊猝狙、羊肠毒血症、羊黑疫和羔羊痢疾）菌苗。

引起羊快疫的是腐败梭菌，为革兰氏阳性菌，治疗上可用磺胺类药物及青霉素等药物。羊群中一旦发病，应立即隔离病羊。对慢性病例或病程长的羊只可选用青霉素肌内注射，一次 160 万～ 200 万国际单位，每日 2 ～ 3 次；内服磺胺嘧啶，一次 5 ～ 6 克，每日两次；给发病羊群全部灌服 0.5% 高锰酸钾 250 毫升或 2% 硫酸铜 80 ～ 100 毫升，或 10% 生石灰水溶液 100 毫升，同时用菌苗进行紧急接种。

2. 羊口蹄疫的防治

口蹄疫（foot and mouth disease，FMD）俗名“口疮”“蹄癀”，是由口蹄疫病毒引起的以偶蹄动物为主的急性、热性、高度传染性疫病，往往造成大流行，不易控制和消灭，世界动物卫生组织（OIE）将其列为必须报告的动物传染病，我国规定为一类动物疫病。

口蹄疫病毒可侵害多种动物，但主要为偶蹄兽。家畜以牛易感（奶牛、牦牛、犏牛最易感，水牛次之），其次是猪，再次是绵羊、山羊和骆驼。仔猪和犊牛不但易感而且死亡率也高。野生动物也可感染发病。隐性带毒者主要为牛、羊及野生偶蹄动物，猪不能长期带毒。

人也可感染此病。病畜和带毒动物是该病的主要传染源，痊愈家畜可带毒4～12个月。病毒在带毒畜体内可发生抗原变异，产生新的亚型。传播力快，发病率高；成年动物死亡率低，幼畜常突然死亡且死亡率高。

【临床症状】羊感染口蹄疫病毒后一般经过1～7天的潜伏期出现症状。病羊体温升高，初期体温可达40～41℃，精神沉郁，食欲减退或拒食，脉搏和呼吸加快。口腔、蹄、乳房等部位出现水疱、溃疡和糜烂（见图7-6、图7-7）。严重病例可在咽喉、气管、前胃等黏膜上产生圆形烂斑和溃疡，上盖黑棕色痂块。绵羊蹄部症状明显，严重者蹄壳脱落，恢复期可见瘢痕、新生蹄甲，口腔黏膜变化较轻。山羊症状多见于口腔，呈弥漫性口腔黏膜炎，水疱见于硬腭和舌面，蹄部病变较轻。病羊水疱破溃后，体温即明显下降，症状逐渐好转。

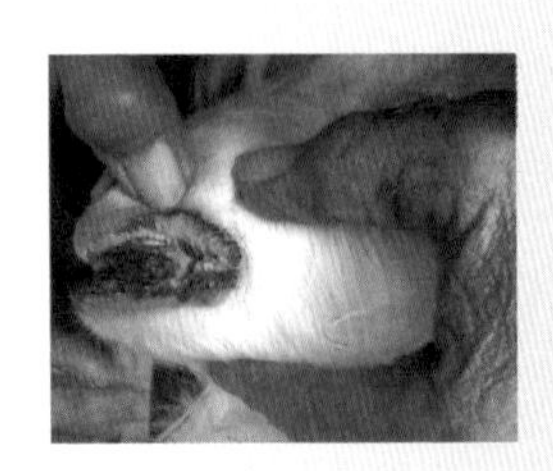

图7-6 患病羊口腔出现水疱

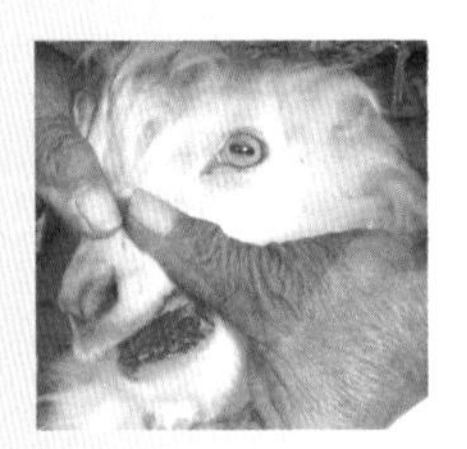

图7-7 患病羊口腔水疱结痂

传染源主要为潜伏期感染及临床发病动物。感染动物呼出物、唾液、粪便、尿液、乳、精液及肉和副产品均可带毒。畜产品、饲料、草场、饮水和水源、交通运输工具、饲养管理用具，一旦被病毒污染，均可成为传染源。康复期动物可带毒。

易感动物可通过呼吸道、消化道、生殖道和伤口感染病毒，通常以直接或间接接触（飞沫等）方式传播，或通过人或犬、蝇、蜱、鸟等动物媒介，或经车辆、器具等被污染物传播。如果环境气候适宜，病毒可随风远距离传播。

本病传播虽无明显的季节性，但冬、春两季较易发生大流行，夏季减缓或平息。

【防治措施】本病具有流行快、传播广、发病急、危害大等流行特点，疫区发病率可达50%～100%，羔羊死亡率较高。所以，必须高度重视本病的防治工作。由于目前还没有口蹄疫患畜的有效治疗药物，国际动物卫生组织和各国都不主张，也不鼓励对口蹄疫患畜进行治疗，重在预防。

（1）发生疫情处理措施　发生口蹄疫后，应迅速报告疫情，划定疫点、疫区，按照“早、快、严、小”的原则，及时严格封锁，病畜及同群畜应隔离急宰，同时对病畜舍及污染的场所和用具等彻底消毒。对疫区和受威胁区内的健康易感畜进行紧急接种，所用疫苗必须与当地流行口蹄疫的病毒型、亚型相同。还应在受威胁区的周围建立免疫带以防疫情扩散。在最后一头病畜痊愈或屠宰后14天内，未再出现新的病例，经大消毒后方可解除封锁。

（2）坚持做好消毒　该病毒对外界环境的抵抗力很强，含病毒组织或被病毒污染的饲料、皮毛及土壤等可保持传染性数周至数月。在冰冻情况下，血液及粪便中的病毒可存活120～170天。对日光、热、酸、碱敏感。故2%～4%氢氧化钠、3%～5%福尔马林、0.2%～0.5%过氧乙酸、5%氨水、5%次氯酸钠都是该病毒的良好消毒剂。养羊场必须建立严格的消毒制度。大门、生产区门口要设置宽同大门、长为机动车轮一周半的消毒池，池内的消毒药为2%～3%的氢氧化钠，池内消毒药定期更换，保持有效浓度。畜舍地面，选择高效低毒次氯酸钠消毒药每周消毒一次，周围环境每两周进行一次。发生疫情时可选用2%～3%的氢氧化钠消毒，早晚各一次。

（3）严格执行卫生防疫制度　不从病区引购羊只，不把病羊引进入场。为防止疫病传播，严禁牛、猪、猫、犬混养。保持羊舍的清洁、卫生；粪便及时清除；定期用2%苛性钠对全场及用具进行消毒。

（4）做好免疫

① 疫苗的选择。免疫所用疫苗必须经农业农村部批准，由省级动物防疫部门统一供应，疫苗要在2～8℃下避光保存和运输，严防冻结，并要求包装完好，防止瓶体破裂，途中避免日光直射和高温，尽量减少途中的停留时间。

② 免疫接种。免疫接种要求由兽医技术人员具体操作（包括养羊场的兽医）。接种前要了解被接种动物的品种、健康状况、病史及免疫史，并登记造册。免疫接种所使用的注射器、针头要进行灭菌处理，一畜一换针头，凡患病、瘦弱、临产母畜不应接种，待病畜康复或母畜分娩后，仔羊达到免疫日龄再按时补免。

③ 免疫程序。散养畜：每年采取两次集中免疫（5月份、11月份），坚持月月补针，免疫率必须达到100%。外购易感动物：48小时内必须免疫（20～30天后加强免疫）。

3. 羊痘的防治

绵羊痘（sheep pox）是各种家畜痘病中危害最为严重的一种热性接触性传染病，其特征是在皮肤和黏膜上产生特殊的痘疹，可见到典型的斑疹、丘疹、水疱、脓疱和结痂等病理过程。被世界动物卫生组织（OIE）列为A类重大传染病，我国将其列为一类动物疾病。根据不同毒株的毒力差异，易感羊群的致死率可达10%～58%或75%～100%，羔羊致死率高达100%，妊娠母羊极易流产，受感染的羊群生产力大大降低，皮毛品质也极大下降，造成巨大经济损失，同时严重影响了国际贸易和养羊业的发展。

本病主要经呼吸道感染，也可通过损伤的皮肤或黏膜感染。饲养管理人员、护理用具、皮毛、饲料、垫草和外寄生虫等都可成为传播的媒介。不同品种、性别、年龄的绵羊都有易感性，以细毛羊最为易感，羔羊比成年羊易感。本病多发生于冬末春初。

【临床症状】本病的潜伏期平均为6～8天，病羊体温升高达41～42℃，食欲减退，精神不振，结膜潮红，有浆液、黏液或脓性分泌物从鼻孔流出，呼吸和脉搏增速，经1～4天发痘。

痘疹多产生于皮肤无毛或少毛部分，如眼周围、唇、鼻、乳房、外生殖器、四肢和尾内侧（见图7-8、图7-9）。开始为红斑，1～2天后形成丘疹，突出皮肤表面，随后丘疹逐渐扩大，变成灰白色或淡红色、半球状的隆起结节。结节在几天内变成水疱，水疱内容物初期像淋巴液，后变成脓性，如无继发感染则在几天内干燥成棕色痂块，痂块脱落遗留一个红斑，后颜色逐渐变淡。

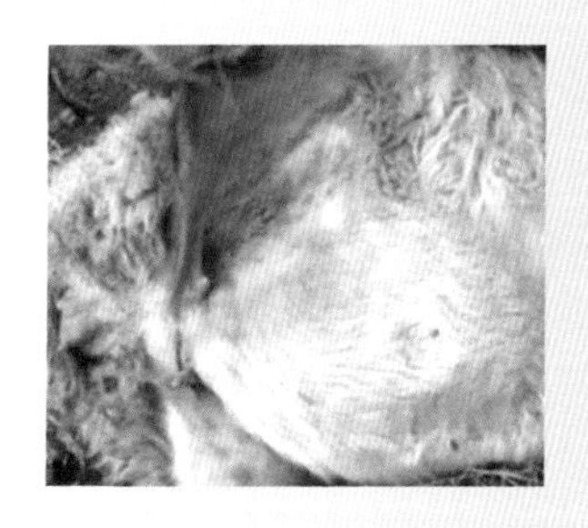

图7-8 腋下隆起结节

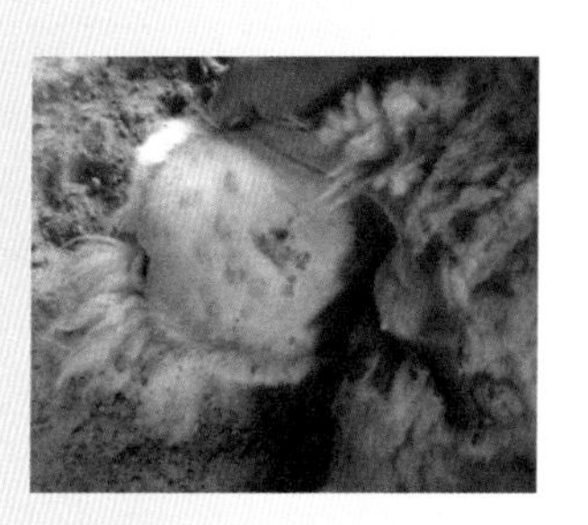

图7-9 尾内侧隆起结节

非典型病例，仅出现体温升高和黏膜卡他性炎症，不出现或出现少量痘疹，或痘疹出现硬结状，在几天内干燥后脱落，不形成水疱和脓疱，此称为“石痘”。有的病例痘疱内出血，呈黑色痘。有的病例痘疱发生化脓和坏疽，形成相当深的溃疡，发出恶臭，多呈恶性经过，病死率达25%～50%。

除皮肤病变外，在前胃或真胃黏膜上，往往有大小不等的圆形或半球形坚实的结节，单个或融合存在，有的病例还形成糜烂或溃疡。咽、食道和支气管黏膜亦常有痘疹。在肺部有干酪样结节和卡他性肺炎区。

【防治措施】

① 平时加强饲养管理，冬季注意防寒补饲。圈舍要经常打扫，保持干燥清洁，抓好秋膘。冬春季节要适当补饲，做好防寒过冬工作。

② 由于痘病毒对热抵抗力不强，55℃ 20 分钟或 37℃ 24 小时，均可使病毒灭活。但对寒冷和干燥抵抗力较强，在干燥的痂块中可以存活 6 ～ 8 个月。可是该病毒在 0.5%福尔马林、0.01%碘溶液等可数分钟死亡。根据以上特点，养羊场要建立严格的卫生（消毒）管理制度。羊舍、养羊场环境、用具、饮水等应定期进行严格消毒；养羊场出入口处应设置消毒池，内置有效消毒剂。

③ 在绵羊痘常发地区的羊群，每年定期用羊痘鸡胚化弱毒疫苗预防接种，不论大小羊，一律在尾部或股内侧皮下注射 0.5 毫升，注射后 4 ～ 6 天产生免疫力，免疫期可持续一年。

④ 在已发病的羊群立即隔离病羊，划定疫区进行封锁，对尚未发病的羊只或邻近已受威胁的羊群均可用羊痘鸡胚化弱毒疫苗进行紧急接种，病死羊的尸体应深埋。对圈舍及其用具可用 1%福尔马林、2%氢氧化钠溶液等进行消毒。

⑤ 治疗方法。本病尚无特效药，可采取对症治疗等综合性措施。痘疹局部可用 0.1%高锰酸钾溶液洗涤，晾干后涂抹龙胆紫或碘甘油。用康复血清治疗，大羊为 10 ～ 20 毫升，小羊为 5 ～ 10 毫升，皮下注射，预防量减半，若进入脓疱期则要加大剂量。对细毛羊、羔羊，为防止继发感染，可以肌内注射青霉素 80 万～ 160 万国际单位，每日 1 ～ 2 次；或用 10%磺胺嘧啶钠注射液 10 ～ 20 毫升，肌内注射 1 ～ 3 次。

4. 羊布鲁氏菌病的防治

布鲁氏菌病（也称布氏杆菌病，简称布病）是由布鲁氏菌属细菌引起的一种人兽共患的常见传染病。我国将其列为二类动物疫病。临床特征为胎膜发炎、流产、睾丸炎、腱鞘炎和关节炎，多呈慢性经过。病理学特征为全身弥漫性网状内皮细胞增生和肉芽肿结节形成。

本病的易感动物范围很广，牛、羊、猪最易感，人类的易感性很高。牛布鲁氏菌主要感染牛、马、犬，也能感染水牛、羊和鹿；羊布鲁氏菌主要感染绵羊、山羊，也能感染牛、猪、鹿、骆驼等；人的感染以羊布鲁氏菌最多见，猪布鲁氏菌次之，牛布鲁氏菌最少。母畜较公畜易感，成年家畜较幼畜易感。

病畜和带菌动物是本病的传染源，特别是受感染的妊娠母畜，在其流产或分娩时随胎儿、羊水和胎衣排出大量的布鲁氏菌，流产母畜的阴道分泌物、乳汁、粪、尿及感染公畜的精液内都有布鲁氏菌存在。主要经消化道感染，其次可经皮肤、黏膜、交配感染。吸血昆虫可传播本病。本病呈地方性流行。

【临床症状】最显著症状是妊娠母羊发生流产，流产后可能发生胎衣滞留和子宫内膜炎，从阴道流出污秽不洁、恶臭的分泌物。新发病的羊群流产较多；老疫区畜群发生流产较少，但发生子宫内膜炎、乳腺炎、关节炎、胎衣滞留、久配不孕的较多。公羊往往发生睾丸炎、附睾炎或关节炎。

根据流产及流产后的子宫、胎儿和胎膜病变，公畜睾丸炎及附睾炎，同群家畜发生关节炎及腱鞘炎，可怀疑为本病。确诊本病可通过细菌学、血清学、变态反应等实验室手段。血清凝集试验是牛、羊布病检疫的标准方法，抗体结合试验的敏感性和特异性均高于凝集试验，可检出急性或慢性病畜，广泛用于牛、羊布病的诊断。皮内变态反应适应于绵羊和山羊布病的检疫。应注意与绵羊地方性流产（衣原体）、弓形虫病、弯杆菌病、沙门菌性流产等区别。

【防治措施】非疫区以监测为主；稳定控制区以监测净化为主；控制区和疫区实行监测、扑杀和免疫相结合的综合防治措施。

① 防止本病传入的最好办法是自繁自养，必须引进种畜或补充畜群时，需经过隔离饲养两个月，并进行两次检疫均为阴性，方可混群。

② 做好养羊场的日常消毒工作。布鲁氏菌在污染的土壤、水、粪尿及羊毛上可生存一至数月。对热敏感，70℃ 10 分钟即可死亡；阳光直射 0.5 ～ 4 小时死亡；在腐败病料中迅速失去活力；常用消毒药如 1%来苏水、2%福尔马林、1%生石灰乳 15 分钟可将其杀死。因此，日常消毒可分别采取针对性的消毒措施，火焰、熏蒸等方式对金属制作的设施和设备进行消毒；圈舍、场地、车辆等，可选用 2%苛性钠等有效消毒药消毒；饲料和垫料等，可采取深埋发酵处理或焚烧处理；粪便消毒采取堆积密封发酵方式；皮毛消毒用环氧乙烷、福尔马林熏蒸等。

③ 定期检疫。至少每年检疫一次，一经发现，应立即淘汰。

④ 免疫接种。疫情呈地方性流行的区域，应采取免疫接种的方法。疫苗根据当地检测结果选择布病疫苗 S2 株（简称 S2 疫苗）、M5 株（简称 M5 疫苗）、S19 株（简称 S19 疫苗）以及经农业农村部批准生产的其他疫苗。

目前主要使用布鲁氏菌猪 2 号弱毒菌苗（简称 S2 苗）和马耳他布鲁氏菌 5 号弱毒菌苗（简称 M5 苗）。S2 苗适用于牛、山羊、绵羊和猪等，断乳后任何年龄的动物，不管妊娠与否均可应用。气雾、肌注、皮下注、口服均可，最适宜口服，免疫期牛 2 年、羊 3 年。M5 苗适用于山羊、绵羊、牛和鹿。气雾、肌注、皮下注、口服均可，免疫期 2 ～ 3 年。特别适用于羊的气雾免疫，在配种前 1 ～ 2 个月免疫，2 年后可再免疫 1 次。

使用上述菌苗时，均应做好工作人员的自身防护。

⑤ 发现疫情的处理。

a. 疫情报告。任何单位和个人发现疑似疫情，应当及时向当地动物防疫监督机构报告。动物防疫监督机构接到疫情报告并确认后，按《动物疫情报告管理办法》及有关规定及时上报。

b. 疫情处理。发现疑似疫情，畜主应限制动物移动；对疑似患病动物应立即隔离。动物防疫监督机构要及时派员到现场进行调查核实，开展实验室诊断。确诊后，当地人民政府组织有关部门按下列要求处理：

i. 扑杀。对患病动物全部扑杀。

ii. 隔离。对受威胁的畜群（病畜的同群畜）实施隔离，可采用圈养和固定草场放牧两种方式隔离。

隔离饲养用草场，不要靠近交通要道、居民点或人畜密集的地区。场地周围最好有自然屏障或人工栅栏。

iii. 无害化处理。患病动物及其流产胎儿、胎衣、排泄物、乳、乳制品等按照《病害动物和危害动物产品生物安全处理规程》进行无害化处理。

iv. 流行病学调查及检测。开展流行病学调查和疫源追踪，对同群动物进行检测。

⑥ 发病畜群。要贯彻以畜间免疫、检疫、淘汰病畜和培育健康畜群为主导的综合性预防措施。只有控制和消灭畜间布鲁氏菌病，才能防止人本病的发生，最终达到控制和消灭本病。

5. 羊肠毒血症的防治

羊肠毒血症（enterotoxaemia），又名软肾病。主要是绵羊的一种急性肠毒血症，是由 D 型魏氏梭菌在羊肠道中大量繁殖产生毒素所引起的。其临床特征为腹泻、惊厥、麻痹和突然死亡。病变特征是肾脏软化如泥。

绵羊和山羊均可感染，但绵羊更为敏感。以 4 ～ 12 周龄哺乳羔羊多发，2岁以上的绵羊很少发病。

本病呈地方性流行或散发，具有明显的季节性和条件性，多在春末夏初或秋末冬初发生。

【临床症状】本病病程急速，发病突然，有时见到病羊向上跳跃，跌倒于地，发生痉挛后于数分钟内死亡。病程缓慢的可见兴奋不安、空嚼、咬牙、嗜食泥土或其他异物、头向后倾或斜向一侧，作转圈运动；也有头下垂抵靠棚栏、树木、墙壁等物；有的病羊呈现步履蹒跚、侧身卧地、角弓反张、口吐白沫、腿蹄乱蹬、全身肌肉战栗等症状。一般体温不高，但常有绿色糊状腹泻，在昏迷中死亡。急性病例尿中含糖量增高达2%～6%，具有一定诊断意义。

突然倒毙的病羊无可见特征性病变，通常尸体营养良好，死后迅速发生腐败。最特征性病变为肾表面充血、略肿、质脆软如泥。真胃和十二指肠黏膜常呈急性出血性炎症，故有“血肠子病”之称。腹膜、膈膜和腹肌有大的点状出血。心内外膜有小点出血。肝肿大、质脆，胆囊肿大，胆汁黏稠。全身淋巴结肿大充血，胸腹腔有大量渗出液，心包液增多，常凝固。

根据病史、体况、病程短促和死后剖检的特征性病变，可作出初步诊断。确诊有赖于细菌的分离和毒素的鉴定。

【防治措施】本病一般发病与下列因素有关：在牧区由缺草或枯草的草场转至青草丰盛的草场，羊只采食过量；在农区，则常常发生在收菜季节，羊只吃了大量的菜根菜叶，或收庄稼后羊群抢茬吃了大量谷类时发病；育肥羊和奶羊喂高蛋白精饲料过多；降低胃的酸度，导致病原体的生长繁殖增快；小肠的渗透性增高及吸收D型魏氏梭菌的毒素致死剂量等。多雨季节、气候骤变、地势低洼等，都易于诱发本病。因此，应针对病因加强饲养管理，放牧养羊春夏之际少抢青、抢茬，秋季避免吃过量结籽饲草。防止过食，做到精、粗、青料搭配，合理运动等。

疫区应在每年发病季节前，注射羊肠毒血症菌苗或羊肠毒血症、羊快疫、羊猝狙三联菌苗（6月龄以下的羊一次皮下注射5～8毫升，6月龄以上8～10毫升），或羊厌氧五联菌苗（羊肠毒血症、羊快疫、羊猝疽、羔羊痢疾、羊黑疫）一律5毫升。

治疗方法：当疫情发生时，应注意尸体处理，更换污染草场和用5%来苏水消毒。对疫群中尚未发病的羊只，可用三联菌苗作紧急预防注射。

急性病例常无法医治，病程缓慢的（即病程延长到12小时以上），可试用免疫血清（D型魏氏梭菌抗毒素），参考羊快疫及羊猝疽的疗法。

6. 羔羊痢疾的防治

羔羊痢疾是初生羔羊的一种急性传染病。以剧烈腹泻和小肠发生溃疡为特征。一类是厌气性羔羊痢疾，病原体为产气荚膜梭菌；另一类是非厌气性羔羊痢疾，病原体为大肠杆菌。常引起羔羊大批死亡，给养羊业带来重大损失。

引起羔羊痢疾的病原微生物主要是大肠杆菌、沙门菌、魏氏梭菌、肠球菌等。这些病原微生物可混合感染或单独感染而使羔羊发病。病羊及带菌母羊为重要传染源。经消化道、脐带或伤口感染，也有子宫内感染的可能。呈地方性流行。

该病主要发生于7日龄内的羔羊，其中又以2～3日龄的发病最多。纯种羊和杂交羊均较土种羊易于患病；杂交代数越多，越接近纯种，则发病率与死亡率越高。一般在产羔初期零星散发，产羔盛期发病多。

【临床症状】本病潜伏期1～2天，有的可缩短为几小时。病初病羔精神沉郁，头垂背弓，停止吮乳。不久发生腹泻，粪便呈粥状或水样，色黄白、黄绿或灰白，恶臭，体温、心跳、呼吸无显著变化。后期大便带血，肛门失禁，眼窝下陷，卧地不起，最后衰竭而死。

剖检可见真胃黏膜及黏膜下层出血和水肿，黏膜面有小的坏死灶。小肠出血性炎症比大肠严重，黏膜发红，病久可形成溃疡，突出于黏膜表面，豆大，形不规则，周围有出血炎性带。大肠病变与小肠相同，但轻微。结肠、直肠充血或出血。肠系膜淋巴结充血肿胀或出血。实质脏器肿大变性，有一般败血症病变。

诊断时注意本病与沙门菌、大肠杆菌和肠球菌引起的羔羊下痢相区别。

【防治措施】

① 加强饲养管理。孕羊营养不良、羔羊体弱、脐带消毒不严、羊舍潮湿、气候寒冷等，都是发病的诱因。所以对母羊（特别是孕羊）加强饲养管理，做好夏秋抓膘和冬春保膘工作，保证所产羔羊健壮，乳充足，以增强羔羊抗病力。

② 为避免产羔时过于寒冷，可将产羔季节提前或推迟，避开最寒冷的时间产羔。

③ 产羔前后和接产过程中，应做好一切消毒和防护工作，保证母羊体躯、乳房、产地及用具的清洁卫生。对羔羊脐带严格消毒，保证羔羊吃足初乳。

④ 预防接种。每年秋季可给母羊接种单一或羊厌氧菌病五联菌苗（羊快疫、羊猝狙、羊肠毒血症、羔羊痢疾、羊黑疫），产前2～3周再接种一次。羊六联菌苗（羊快疫、羊猝狙、羊肠毒血症、羔羊痢疾、羊黑疫和大肠杆菌病），对由大肠杆菌引起的羔羊痢疾也有预防作用。

⑤ 常发本病地区，在羔羊出生后12小时内，可口服土霉素0.15～0.2克，每日1次，连续灌服3天，或用其他抗菌药物等有一定的预防效果。

⑥ 对病羔要做到早发现，立即隔离，认真护理，积极治疗。粪便、垫草应焚烧，污染的环境、土壤、用具等用3%～5%来苏水喷雾消毒。

⑦ 治疗方法为病羔隔离治疗。药物治疗应与护理相结

合。治疗时需按年龄、体质和临床症状区别进行。一般发病较慢，排稀粪的病羔，可灌服6%硫酸镁（内含0.5%福尔马林液）30～60毫升，6～8小时后再灌服1%高锰酸钾10～20毫升，必要时可再服高锰酸钾2～3次。此外。可用磺胺胍0.5克、鞣酸蛋白0.2克、次硝酸铋0.2克，水调灌服，每日3次。另用土霉素0.2～0.3克，或再加等量胃蛋白酶，水调灌服，每日2次；病初可用青霉素、链霉素各20万国际单位注射或口服，及其他对症治疗。或用异烟肼3片（0.3克），每日灌一次，连用1～3天，有效率可达85%左右。脱水时，用10%葡萄糖酸钙3毫升、庆大霉素8万国际单位、地塞米松2毫克、10%葡萄糖30毫升混合一次静脉注射，如加维生素B_6或维生素C则疗效更好。有条件时，可用抗羔羊痢疾高免血清0.5～1毫升肌内注射，使羔羊对D型魏氏梭菌引起的羔羊痢疾获得保护；以3～10毫升血清治疗已表现明显症状的病羊，除呈现神经中毒症状的垂危病羔难以挽救外，治愈率可达90%以上。

7. 羊传染性胸膜肺炎的防治

羊传染性胸膜肺炎又称羊支原体肺炎，是由支原体所引起的一种高度接触性传染病。其临床特征为高热、咳嗽，胸和胸膜发生浆液性和纤维素性炎症，呈急性和慢性经过，病死率很高。

不同品种、年龄、性别均可感染。在自然条件下，丝状支原体山羊亚种只感染山羊，3岁以下的山羊最易感染，而绵羊肺炎支原体则可感染山羊和绵羊。

本病一年四季都可发生和流行，但在早春、秋末冬初最常见。常呈地方性流行，冬季流行期平均为15天，夏季可维持60天以上。

本病接触传染性很强，发病后在羊群中传播迅速，20天左右可波及全群。病羊是主要的传染源，肺组织和胸腔渗出液中含有大量病原体，主要通过空气、飞沫经呼吸道传染。

易感羊群发病率可达80%～100%，病死率达40%以上，体质弱者高达90%。

本病潜伏期短者5～6天，长者21～28天。

【临床症状】最急性型可见如下临床症状：发病急骤，体温高达41～42℃，精神极度委顿，食欲废绝，呼吸急促而有痛苦呻吟；数小时后出现肺炎症状，呼吸困难，咳嗽，流浆液带血鼻液，肺部叩诊呈浊音，听诊肺泡呼吸音减弱、消失或呈捻发音；病羊卧地不起，四肢伸直，呼吸极度困难，随着呼吸全身颤动；黏膜高度充血、发绀；病程一般不超过4～5天，有的仅12～24小时，有的在没有任何征兆情况下突然倒地死亡；病死羊鼻孔中流出带血泡沫或血水，耳、颈下、腹部皮肤出现大片发绀。

急性型可见如下临床症状：患羊体温升高，精神沉郁，采食量逐渐减少；继之出现咳嗽，伴有浆液性鼻液，4～5天后，咳嗽变干而痛苦，鼻液转为黏液、脓性并呈铁锈色，黏附于鼻孔和上唇，结成干涸的棕色痂垢；眼睑肿胀，流泪，眼有黏液——脓性分泌物；口半开张，流泡沫状唾液；头颈伸直，腰背拱起，腹肋紧缩，妊娠母羊发生大批流产；有的发生臌胀和腹泻；唇、乳房等部皮肤出现丘疹；濒死前体温降至常温以下。

慢性型患羊全身症状轻微，体温变化不明显，表现为间歇性咳嗽和腹泻，鼻腔内流出黏液性鼻液，采食量减少，生长发育迟缓，身体衰弱，被毛粗乱无光，部分患羊有轻度瘤胃臌胀、慢性眼结膜炎等症状。病程长者，可持续数月之久。

【防治措施】

① 加强饲养管理，增强羊群的抵抗力。保持舍内温度适宜，通风良好，清洁卫生，供给优质饲料，增强机体抵抗力。同时，应完善各项消毒措施，从而达到有效切断传播途径，消

除传染源的目的。

② 严格羊群检疫。养羊场最好建立基础母羊群，自繁自养。对购入的羊只要加强检疫，严防引入病羊或带菌羊，如需引进应隔离检疫1个月以上，确认健康后方可混群。

③ 隔离、封锁和消毒。发现疫情及时上报，对发病羊群按《无公害食品　肉羊饲养兽医防疫准则》(NY 5149—2002)的规定进行隔离、封锁，并做好消毒工作。对病死、剖检羊尸体进行无害化处理。

④ 免疫接种。根据病原体分离结果选用适当的疫苗，按《无公害食品　肉羊饲养兽医防疫准则》的规定进行免疫接种。

a. 平时预防接种：对健康羊群每年春季或秋季预防接种一次。山羊传染性胸膜肺炎氢氧化铝灭活疫苗，可预防由丝状支原体山羊亚种引起的山羊传染性胸膜肺炎，6月龄以下山羊颈侧皮下注射3毫升，6月龄以上山羊5毫升，注射后14天产生免疫力，免疫期为1年。羊肺炎支原体氢氧化铝灭活疫苗，可预防绵羊、山羊由绵羊肺炎支原体引起的传染性胸膜肺炎，成年羊颈侧皮下注射3毫升，半岁以下幼羊2毫升，免疫期可达1年半以上。对身体瘦弱、体温升高或有慢性疾病的羊，不宜注射。对妊娠母羊、新生羔羊和从异地引进的羊应及时补注。

b. 紧急免疫接种：一旦发病，立即对未出现症状、体温低于40℃的假定健康羊全部注射山羊传染性胸膜肺炎氢氧化铝菌苗或羊肺炎支原体氢氧化铝灭活疫苗，疫区内或疫区周围的羊也应进行疫苗注射。待发病羊和可疑羊病情稳定后，再紧急注射疫苗。

⑤ 治疗方法

a. 主要采取抗菌消炎的治疗办法。可采用下列药物进行治疗：

大环内酯类：乳糖酸红霉素注射剂每千克体重3～5毫克，静脉注射，每天2次，连用2～3天。泰乐菌素注射液每千克体重 5 ～ 13 毫克，肌内注射，每日 2 次，连用 5 ～ 7 天。

广谱抗菌药类：长效土霉素注射液每千克体重 10 ～ 20 毫克，肌内注射（见图 7-10），每天 1 次，连用 5 天。土霉素片剂每千克体重 10 ～ 25 毫克，内服，每日 1 次，连用 2 ～ 3 天。

喹诺酮类：恩诺沙星注射液每千克体重 2.5 毫克，肌内或静脉注射，每天 2 次，连用 5 ～ 7 天。

图 7-10 颈静脉注射治疗

氟苯尼考：每千克体重 20 毫克，肌内注射，每天 1 次。

新胂凡纳明（914）：每千克体重 12 毫克，以无菌生理盐水或葡萄糖生理盐水稀释为 5% 溶液（现配现用），一次缓慢静脉注射，3 ～ 5 天后对逐渐康复羊再注射一次，剂量减半。注意防治砷中毒。

卡那霉素、阿米卡星、林可霉素、头孢菌素、磺胺制剂，用法及用量应符合《中华人民共和国兽药典》的规定。

支原体易产生耐药性，治疗时要注意药物交替使用和较长时间用药。

b. 制止渗出。用 5% ～ 10% 氯化钙或葡萄糖酸钙注射液

50～100毫升、维生素C 2～4克，静脉注射。

c. 止咳平喘。用氯化铵片1～5克、氨茶碱片0.2～0.4克或复方甘草合剂10～20毫升，内服。

d. 对症治疗。

减轻炎症反应和缓解中毒，可静脉或肌内注射地塞米松，每次4～12毫克。

增强心脏活动，可静脉注射10%安钠咖0.5～2克或樟脑磺酸钠0.2～1克，每天2次，连用2天。

呼吸困难者，肌内注射盐酸麻黄碱注射液，按说明书使用。

体温升高者肌内注射安乃近注射液1～2克。

e. 建立并保存治疗记录，并应在清群后继续保存2年。

8. 羊传染性结膜角膜炎的防治

传染性结膜角膜炎又称流行性眼炎、急性接触性传染性结膜炎、眼炎、滤泡性结膜炎。是由多种微生物引起的危害牛、羊的一种急性传染病，其特征为患病动物眼结膜和角膜发生明显的炎症变化，眼睛流出大量的分泌物，发生角膜混浊或呈乳白色、溃疡，甚至失明。本病的发生没有季节性，传染迅速，常可使全群羊只患病。

【临床症状】潜伏期一般3～7天。发病初期呈结膜炎症状，流泪、畏光、眼睑半闭（见图7-11和视频7-5）。眼内角流出浆液或黏液性分泌物，不久则变成脓性。上下眼睑肿胀、疼痛，结膜潮红，并有树枝状充血，个别病例的结膜上有出血斑。其后发生角膜炎。随着病情的发展，结膜上的血管伸向角膜，在角膜边缘形成红色充血带。由于炎症的蔓延，可以继发虹膜炎。角膜在病初一般变化不大，经1～2天后出现混浊；起初半透明，浅蓝色，以后浑浊度逐渐增加（见图7-12）。严重者角膜增厚，并发生溃疡，形成角膜瘢痕。有时可波及全眼球组织，眼前房积脓或角膜破裂，晶状体可能脱落，造成永久性失明。

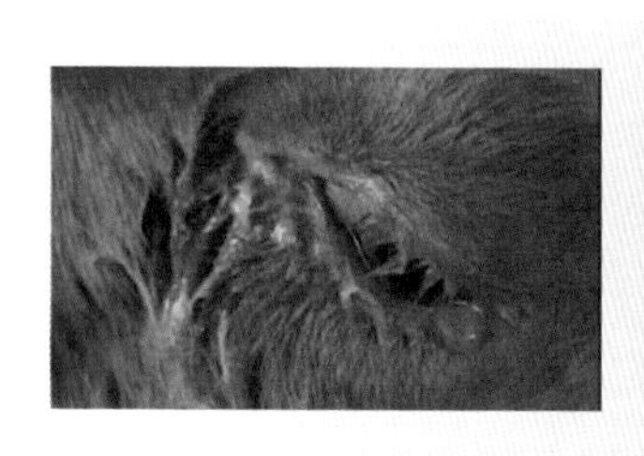

图7-11 流泪、畏光

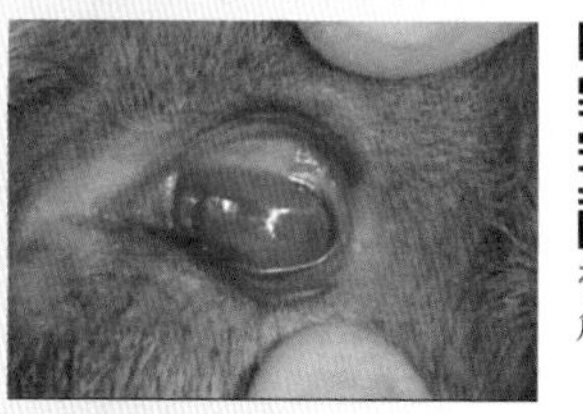

图7-12 混浊

视频7-5 患有角膜炎的眼睛

病程一般为20天左右，短者7天，长者40天。多数能自愈，自愈时混浊的角膜渐次清亮，其顺序从角膜边缘开始走向中央。角膜中央部分恢复时间较长，一般需要30天左右。

本病不易引起死亡，但在完全失明以后，由于自己不能觅食，如果护理不善，常因饥饿而死亡。尤其是遇到和山羊麻痹症同时发生时，更容易引起死亡。

【防治措施】预防上以加强饲养管理为主。购进羊只时应注意检查，并做隔离观察，确认无病后方可混群饲养。舍饲时注意羊舍的通风换气，保障舍内空气清新；放牧时注意在灌木丛划伤羊眼睛时要及时处理。

治疗上，首先应隔离病羊，以防扩大传染。其次应将病羊放在黑暗处，避免光线刺激，使羊得到足够的休息，以加速其恢复。此病在羊群中的流行是偶发现象，常常是经过一次大流行之后，再多年不发生，因此菌苗接种的时间很难掌握。而且一旦羊群中发现此病，其传染非常迅速，当时亦无法依靠菌苗接种来预防扩大传染。

治疗患病羊用4%的硼酸水洗眼，每日2～3次。选用四环素、土霉素、金霉素或者可的松眼药膏点眼，或者用氯霉素或土霉素粉吹入眼内，每日2～3次，这些眼药膏除了消炎防腐之外，还能遮盖角膜，防止眼球周围的灰尘及其刺激。同时用青霉素10万～20万国际单位或可的松，最好是长效抗生素作眼睑皮下注射，每日一次。也可用50%葡萄糖溶液点眼，每日3次，对角膜炎有良好疗效。

无论使用哪种方法治疗，都要连续使用，直到角膜透亮为止。只要治疗及时，绝大多数病羊可以在1～2周内康复。如果不及时治疗，有可能引起角膜溃疡，甚至造成永久失明。

9. 羊链球菌病（羊溶血性链球菌病）的防治

羊链球菌病的病原体为C型败血性链球菌，可发生于多种不同年龄的绵羊和山羊，发病率一般为15%～24%，死亡率60%～80%，有时可达到90%以上。冬春季节最易发生，其主要特征是体温升高，颌下淋巴结、咽背淋巴结及附近咽扁桃体发生肿胀，因而群众称为“嗓喉病”。在自然情况下，经呼吸道感染。当天气寒冷、饲料不好时容易发病，尤其在牧草青黄不接时最容易发病和死亡。在新发生地区多为流行性，在常发生地区则呈地方流行性或散发性。

【临床症状】病的潜伏期为2～5天。临床症状与绵羊出血性败血病很像，主要表现为体温升高到41℃以上，发生厌食、咳嗽、颌下淋巴结增大、咽喉肿胀、呼吸困难、流鼻涕、精神不振。有的病羊眼结膜充血（见图7-13）、流泪，有时流出黏脓性分泌物，甚至眼皮粘连。有的口腔黏膜潮红，流涎。粪便有时带血。孕羊可能流产。死前磨牙、抽搐、痉挛，表现神经症状（见图7-14和视频7-6）。最急性的24小时以内死亡，急性的2～3天死亡，慢性的可延长到5天以上。

图7-13 眼结膜充血

图7-14 抽搐

视频7-6 出现神经症状

【防治措施】预防上以做好饲养管理，增强羊的抵抗力，加强保膘工作为主。在曾发生过本病的地区，于发病季节之前可用抗羊链球菌血清、羊链球菌甲醛疫苗和羊链球菌氢氧化铝甲醛疫苗进行预防接种。

治疗上，当疫病发生时，应认真进行封锁、隔离，彻底给圈棚消毒，同时焚烧粪便。消毒药可用3%煤酚皂溶液、1%复合酚、1%福尔马林。在最后一只病羊痊愈或死亡后一个月，经过彻底消毒，才能解除封锁。

对未病羊只注射油剂青霉素0.5～1.0毫升或抗羊链球菌血清40毫升，均具有良好的预防效果。

治疗上用磺胺类药品及青霉素都有治疗效果，应在加强护理的情况下抓紧治疗。可以肌内注射10%磺胺噻唑钠，每次10毫升，每日1～2次，连用3天。也可内服磺胺嘧啶，每次5～6克（小羊减半），每日1～3次；或内服复方新诺明每千克体重25～30毫克，一日2次，连用3天。或者肌内注射青霉素，每次80万～160万国际单位，每日2次，连用2～3天。

10. 小反刍兽疫的防治

小反刍兽疫也称羊瘟，是由副黏病毒科麻疹病毒属小反刍兽疫病毒引起的，以发热、口炎、腹泻、肺炎为特征的急性接触性传染病，山羊和绵羊易感，山羊发病率和病死率均较高。世界动物卫生组织（OIE）将其列为法定报告动物疫病，我国将其列为一类动物疫病。2007年7月，小反刍兽疫首次传入我国。

【流行病学特点】山羊和绵羊是本病唯一的自然宿主，山羊比绵羊更易感，且临床症状比绵羊更为严重。山羊不同品种的易感性有差异。牛多呈亚临床感染，并能产生抗体。猪表现为亚临床感染，无症状，不排毒。鹿、野山羊、长角大羚羊、东方盘羊、瞪羚羊、驼可感染发病。该病主要通过直接或间接接触传播，感染途径以呼吸道为主。本病一年四季均可发生，但多雨季节和干燥寒冷季节多发。本病潜伏期一般为4～6天，也可达到10天，《国际动物卫生法典》规定潜伏期为21天。

【临床症状】山羊临床症状比较典型，绵羊症状一般较轻微。突然发热，第2～3天体温达40～42℃高峰。发热持续3天左右，病羊死亡多集中在发热后期。病初有水样鼻液，此后变成大量的黏脓性卡他样鼻液，阻塞鼻孔造成呼吸困难。鼻内膜发生坏死。眼流分泌物，遮住眼睑，出现眼结膜炎。发热症状出现后，病羊口腔内膜轻度充血，继而出现糜烂。初期多在下齿龈周围出现小面积坏死，严重病例可迅速扩展到齿垫、硬腭、颊和颊乳头以及舌，坏死组织脱落形成不规则的浅糜烂斑。部分病羊口腔病变温和，并可在48小时内愈合，这类病羊可很快康复。多数病羊发生严重腹泻或下痢，造成迅速脱水和体重下降。妊娠母羊可发生流产。易感羊群发病率通常达60%以上，病死率可达50%以上。特急性病例发热后突然死亡，无其他症状，在剖检时可见支气管肺炎和回盲肠瓣充血。

【预防措施】在当地畜牧兽医部门指导下，建立健全防疫制度。做好日常饲养管理和消毒工作，外来人员和车辆进场前应彻底消毒。严格执行动物防疫有关法律法规，严禁从疫区引进羊只，对外来羊只，尤其是来源于活羊交易市场的羊调入后必须隔离观察30天以上，经临床诊断和血清学检查确认健康无病后，方可混群饲养。发现可疑病例，要及时向当地兽医部门报告。

发现疑似小反刍兽疫病畜后，应立即隔离疑似患病动物，限制其移动，加强消毒，并立即向当地兽医主管部门或动物疫病预防控制机构报告。

一旦发生本病，应按《中华人民共和国动物防疫法》规定，按照一类动物疫情处置方式扑灭疫情。采取紧急、强制性的控制和扑灭措施，扑杀患病和同群动物。疫区及受威胁的动物进行紧急预防接种。

(二)寄生虫病的防治

1. 羊绦虫病的防治

绦虫病是由莫尼茨绦虫、曲子宫绦虫和无卵黄腺绦虫寄生于山羊、绵羊和牛小肠中引起的。三种绦虫既可单独感染，也可混合感染。1岁以内羊多发，各种日龄羊均可发生，放牧羊多发。其中莫尼茨绦虫危害最为严重，特别是当羔羊感染时，不仅影响其生长发育，重者可引起死亡。

【发育史】几种绦虫的发育史相似，现以莫尼茨绦虫为例加以介绍。孕卵节片或虫卵随粪便排出体外，被中间宿主——地螨吞食，在其体内经一段时间后发育为似囊尾蚴，牛羊吞食含有似囊尾蚴的地螨后而感染，似囊尾蚴在牛羊小肠内经40～50天发育为成虫。

【致病作用和临床症状】当大量虫体寄生时，可阻塞肠管，导致肠套叠、肠扭转，甚至肠破裂的严重后果。虫体较大，产生的新陈代谢产物多，而且有特殊的毒害，如莫尼茨绦虫的毒素能引起神经症状，发生假回旋病。由于虫体大，而且生长迅速，虫体数量多时，将需要大量的营养物质，虫体夺取宿主肠内已消化好的养分，从而使宿主衰弱消瘦、病程恶化。在三种绦虫中，以莫尼茨绦虫的致病力最强，临床症状也比较明显，而其他两种绦虫引起的症状则较轻微。

羊感染后的症状，因感染强度、年龄而异。一般体温变化不大，病程长，明显消瘦，腹泻、排稀粪，粪便中有黄白色节片，转圈，磨牙。轻度感染或成年羊感染时，一般症状不明显。羔羊和犊牛感染以及成年牛羊严重感染时症状明显，表现为消化紊乱，经常腹痛、肠臌气和下痢，粪便中常混有脱落的节片。日见消瘦、贫血，有的出现痉挛、转圈等神经症状。病的初期羔羊和犊牛还有食欲降低而饮欲增加的现象。病的末期，患畜因衰竭而卧地不起，空口咀嚼，口吐白沫，反应迟钝或消失。最后因全身脏器衰竭而死亡。

【防治措施】预防上采取预防性驱虫和加强管理。

① 预防性驱虫。在放牧前与舍饲后40天进行驱虫。在本病流行地区可采用成虫期前驱虫，在春季放牧后30～35天进行一次驱虫，以后每隔30～35天进行一次，一直到转为舍饲

为止。

② 采用圈养的饲养方式，以免羊吞食含有虫卵的草而感染绦虫病；不要在潮湿地放牧，尽可能少在清晨、黄昏和雨天放牧，以避免感染病菌；驱虫后的羊粪要及时集中堆积发酵，以杀死虫卵；经过驱虫的羊群，不要到原地放牧，要及时转移到安全牧场，可有效预防绦虫病的发生。

治疗上可选择药物：硫氯酚（别丁），每千克体重一次量75～100毫克灌服；也可选用氯硝柳胺，每千克体重一次量50～70毫克内服；或者选用丙硫苯咪唑，每千克体重一次量5～15毫克内服。片剂可将羊嘴扒开，并使羊头上仰，将药片送入口腔舌面上，羊即吞食。还可以选用中药，槟榔30克、南瓜籽200克研碎1次灌服。

2. 羊绦虫蚴病的防治

羊绦虫蚴病主要是由绦虫的幼虫多头蚴、细颈囊尾蚴和棘球蚴引起的羊寄生虫病。

羊多头蚴病又称脑包虫病、转圈病、疯病，是由多头带绦虫的中绦期幼虫——脑多头蚴所引起的一种羊寄生虫病，主要侵害羊的脑和脊髓。

羊细颈囊尾蚴病又称为“水铃铛”，是由泡状带绦虫的中绦期幼虫——细颈囊尾蚴所引起的一种羊寄生虫病，主要寄生于羊的肝脏浆膜、网膜及肠系膜。2～12月龄的羊感染率最高，引起羔羊生长发育受阻、体重减轻，当大量感染时引起肝脏严重受损而导致死亡。

羊棘球蚴病又称包虫病，是由棘球绦虫的幼虫——棘球蚴引起的一种羊寄生虫病，人畜共患。绵羊是棘球蚴最适宜的宿主，常寄生于羊的肝、肺、脾、肾等器官表面。

【临床症状】羊感染多头蚴病后10～14天，由于六钩蚴在脑组织中移行，可引起脑和脑膜的急性炎症。轻病者常见离群，目光无神，食欲减少，行动迟钝，或表现没有任何规律性的强制运动。严重病例可见精神高度沉郁，步态蹒跚，头颈弯向一侧或转圈，个别出现癫痫样发作。少数病羊于4～5天后死亡。这种神经症状由于多头蚴虫体寄生的部位不同，而在临床上的表现也很不一致。

大多数成年羊感染虫体后不会表现出明显的临床症状，只有少数感染严重的才会表现出临产症状。幼龄羊感染后，通常初期没有明显症状，采食基本正常。发病时，可发生黄疸，体质虚弱，往往伴发急性腹膜炎，此时会表现出体温明显升高，可达到40.0～41.5℃；腹部由于积聚腹水而变大，对腹壁按压具有痛感。发病后期，病羊表现出食欲废绝，呼吸困难，最后由于器官严重衰竭而发生死亡。对于病程持续较长时间的病羊，体温会略微升高，体质消瘦、虚弱，发生贫血，可视黏膜苍白，如果此时继发细菌感染，会出现咳嗽，且症状逐渐加重，尤其是在气候寒冷的季节和缺乏营养的情况下，易导致死亡。

棘球蚴病轻度感染和感染初期通常无明显症状。严重感染的羊，被毛逆立，时常脱毛，育肥不良，肺部感染时有明显的咳嗽。咳后往往卧地，不愿起立。寄生在肝表面时，可能有消化不良等症状。

【防治措施】

预防措施：

多头蚴、细颈囊尾蚴和棘球蚴，都是绦虫的幼虫，其成虫分别是多头带绦虫、泡状带绦虫和细粒棘球绦虫，除了形态大小有区别外，都是寄生在羊的小肠内，是引起多头蚴、细颈囊尾蚴、棘球蚴感染的重要传染源，只要羊体内没有绦虫，外界环境就不会有绦虫的虫卵，饲料和饮水也不会被污染，猪、牛、羊等动物就不会感染。

因此，养羊场应加强饲养管理，改善养羊场环境卫生，对水源、牧场进行净化，做好饲料、饮水及圈舍的清洁卫生工作，防止羊粪污染。粪便要发酵处理，及时清除圈舍粪便，堆积发酵，以杀灭虫卵，减少污染。

实行放牧的，断奶后的羔羊应到长时间没有放牧的草场去放牧，应防止不同畜群在同一地点进行混牧。本病流行的地区可采用预防性驱虫，应在成虫期前驱虫，如春季开始放牧后的30 ～ 35 天进行一次驱虫，以后每隔 30 ～ 35 天进行一次，一直到转为舍饲后 40 天为止。

养犬的养羊场应定期驱除犬的绦虫，要求每个季度进行一次，驱虫药用氢溴酸槟榔碱时，剂量按每千克体重 1 ～ 4 毫克，绝食 12 ～ 18 小时后口服；也可选用吡喹酮，剂量按每千克体重一次量 5 ～ 10 毫克口服。服药后，犬应拴留 1 昼夜，并将所排出的粪便及垫草等全部烧毁或深埋处理，以防病原扩散传播。

此外，还要对多头蚴病、细颈囊尾蚴病和棘球蚴病进行防治监测，有计划地对羊群及犬只进行连续观察，并对其流行和消失情况监测，从而对防治效果进行评价，提供防治依据。同时，还要注意对外调动物以及动物产品加强检疫，避免引入外来病原，确保畜产品安全、卫生。

治疗方法：

患多头蚴病的羊，治疗多用外科手术方法取出虫体，成功率为 60%，这种方法适应于寄生虫在大脑浅部的多头蚴病；对寄生于大脑深部的多头蚴病，可试用吡喹酮治疗，按每千克体重 100 ～ 150 毫克内服，连用 3 天为一个疗程。

患细颈囊尾蚴病的羊，治疗无特效疗法、特效药物，很难治愈，只能通过药物缓解症状。按每千克体重 50 毫克投服吡喹酮，连用 3 天。严重的需进行解毒、强心和补液治疗。

患棘球蚴病的羊，治疗可按每千克体重灌服 30 毫克吡喹酮或者 25 毫克丙硫苯咪唑，连续使用 3 天，间隔 7 天用药 1 次，连续使用 3 次。对于年龄过大或者幼龄且体质较差的病羊，要适当进行补饲。一般羊群及时投药能够有效抑制没有发病的羊只出现死亡，且病羊基本都能够恢复健康。也可以采取手术治疗的方法治疗患棘球蚴病的羊。

3. 羊消化道线虫病的防治

羊消化道线虫病是由寄生于羊消化道内的捻转血矛线虫、奥斯特线虫、马歇尔线虫、毛圆线虫、细颈线虫、古柏线虫、仰口线虫等各种线虫引起的疾病。无中间宿主，各种线虫均具有各自引起疾病的能力和不同的临床症状，常呈混合感染。线虫的虫卵随粪便排出体外，羊在吃草或饮水时食入感染性虫或幼虫而发病。其特征是患羊消瘦、贫血、胃肠炎、下痢、水肿等，严重感染时可引起死亡。本病分布广泛，是山羊重要的寄生虫病之一，也是每年春季造成羊死亡的重要原因，给养羊业造成严重的经济损失。

【临床症状】主要表现为消化紊乱、胃肠道发炎、腹泻、消瘦、眼结膜苍白，贫血严重病例下颌间隙水肿、羊体发育受阻。少数病例体温升高、呼吸变粗、心跳加速、心音减弱，最后衰竭而亡。

【防治措施】

一是加强粪便管理。将粪便集中在适当地点进行生物热处理，以消灭虫卵和幼虫。

二是定期驱虫。可根据当地的流行病学资料制定适合本场的驱虫规划，一般春、秋季各进行一次驱虫，可很好地控制该病的发生。可按每千克体重 5 ～ 20 毫克口服丙硫苯咪唑，或按每千克体重 5 ～ 10 毫克盐酸左旋咪唑混饲或盐酸左旋咪唑注射液皮下、肌内注射。也可用其他药物，如伊维菌素等。

三是注意放牧和饮水卫生。应避免在低湿的地方放牧；不要在清晨、傍晚或雨后放牧，尽量避开幼虫活动的时间，以减少感染机会；禁饮低洼地区的积水或死水。

治疗此病可采用多种药物，可根据当地的药源、药品价格、驱虫范围来选择。使用丙硫苯咪唑治疗时，按羊每千克体重口服 5 ～ 15 毫克。使用盐酸左旋咪唑时，每千克体重 5 ～ 10 毫克，溶水灌服；或者使用盐酸左旋咪唑注射液一次量为每千克体重 5 ～ 6 毫克，皮下或肌内注射。使用盐酸噻咪唑时，每千克体重 10 ～ 15 毫克，溶水灌服；或者使用盐酸噻咪唑注射液一次量为每千克体重 10 ～ 12 毫克，皮下或肌内注射。使用伊维菌素时，每千克体重 0.2 毫克，内服；或者使用伊维菌素注射液，一次量为每千克体重 0.2 毫克，皮下注射。

4. 羊肺线虫病的防治

羊肺线虫病是由网尾科网尾属和原圆科原圆属及缪勒属的线虫，寄生于羊呼吸器官而引起的疾病。网尾科的虫体较大，引起的疾病又叫大型肺线虫病。原圆科的虫体较小，引起的疾病又叫小型肺线虫病，危害相对较轻。本病的感染季节主要在春、夏、秋较温暖的季节。肺线虫病在我国分布广泛，是羊常见的寄生虫病之一。

【临床症状】羊群遭受感染时，首先个别羊干咳，继而成群咳嗽，运动时和夜间更为明显，此时呼吸声亦明显粗重，如拉风箱。在频繁而痛苦地咳嗽时，常咳出含有成虫、幼虫及虫卵的黏液团块，咳嗽时伴发啰音和呼吸迫促，鼻孔中排出黏稠分泌物，干涸后形成鼻痂，从而使呼吸更加困难。病羊常打喷嚏，逐渐消瘦，贫血，头、胸及四肢水肿，被毛粗乱。羔羊轻度感染或成年羊感染时，则症状表现较轻；羔羊严重感染者，可引起死亡。小型肺线虫单独感染时，病情表现亦比较缓慢，只是在病情加剧或接近死亡时，才明显表现为呼吸困难、干咳或呈暴发性咳嗽。

【防治措施】

预防上，在本病流行地区，采取预防性驱虫，一年进行两次驱虫，春秋季各一次；饲养管理上注意饮水卫生，不要饮死水，要饮流水或井水。对粪便应收集并用生物热处理。放牧时，有条件的地区，可实行轮牧，避免在低湿沼泽地区牧羊。冬季羊补饲期间，应加强营养，提高羊只抵抗力。

治疗上，使用丙硫苯咪唑治疗时，按羊每千克体重口服 5 ～ 15 毫克。使用盐酸左旋咪唑时，每千克体重一次量为

5 ～ 10 毫克，溶水灌服；或者使用盐酸左旋咪唑注射液一次量为每千克体重 5 ～ 6 毫克，皮下或肌内注射。使用伊维菌素，每千克体重 0.2 毫克，内服；或者使用伊维菌素注射液，一次量为每千克体重 0.2 毫克，皮下注射。

肺部感染严重的，应采取对症治疗消除炎症，如用青霉素或磺胺嘧啶等进行抗菌消炎治疗。

5. 羊螨病的防治

羊螨病又叫羊疥癣、疥虫病，是由疥螨和痒螨寄生在羊体表而引起的慢性寄生性皮肤病，故分为痒螨病和疥螨病。一般称痒螨为吸吮疥虫，疥螨为穿孔疥虫。4 ～ 10 月份多发，常见于卫生条件很差的养羊场。病羊和带虫羊是感染源，可通过直接接触感染，也可通过圈舍、用具等间接接触而感染，镜检可见活的虫体。

痒螨病在绵羊中发生较多，因患部淋巴液增多，故有的地方称为“水骚”。最初发生于身体毛长处，如臀、尾部及背部。在冬末春初天气温暖湿润、尚未剪毛时，正是螨活动的适宜时期，由此可迅速蔓延到体侧及全身。首先看到的症状是羊摩擦搔痒、被毛零乱，以后羊毛大块脱落，露出患部。由于螨刺激皮肤，吸食体液，故螨多时可使皮肤发红、发肿、发热，有血清渗出。如有细菌感染，则发生化脓，不久结成淡黄色疮痂。起初痂皮不大，到虫体侵犯健康部位时，疮痂就会扩大。除脱毛外，皮肤变厚皱缩，病羊感到奇痒，显出疯狂性摩擦。

疥螨病多见于山羊，绵羊较少，因淋巴液的渗出较痒螨病少，故有的地方称为“干骚”。发生于毛短处，如唇、口角、鼻孔四周、眼睛周围及四肢等部。因虫体穿隧道时产生刺激，使羊发生强烈痒觉，病部肿胀或有水疱，皮屑很多。水疱破裂后，结成灰色疮痂，皮肤变厚、脱毛，干如皮草，体内有大量虫体。病势严重时，可使山羊的嘴全被疮痂所盖，不能张口，仔山羊常因此而饿死。

以上两种螨病，都使病羊把大部分时间用在擦痒上，以致吃草和休息时间减少，因此营养不良，身体衰弱，对其他病抵抗力减低。在寒冷季节里，由于皮肤脱毛常常引起死亡。羊螨病对养羊业的危害很大，不仅影响羊的正常繁殖与生产，而且也影响羊的使用价值。

【临床症状】羊螨病多发生于头、颈、尾部。幼羊症状严重，先发生于鼻梁、颊部、耳根及腋间等处，然后扩散至全身。起初皮肤发红，出现红色小结节，以后变成水疱，水疱破溃后，流出黏稠黄色油状渗出物，渗出物干燥后形成鱼鳞状痂皮，患部剧痒，病羊常以爪抓挠患部或在其他物体上摩擦，因而出现严重脱毛（见图 7-15、图 7-16）。若继发感染后可出现小脓疱。随着病情的继续发展，病变部位不断扩大，可能蔓延到全身。由于螨分泌毒素的刺激，使患部的皮肤发生剧烈的痒觉和炎症。由于皮肤发炎和奇痒，病羊烦躁不安，继而影响进食和休息，日渐消瘦，特别严重者可衰竭而死。

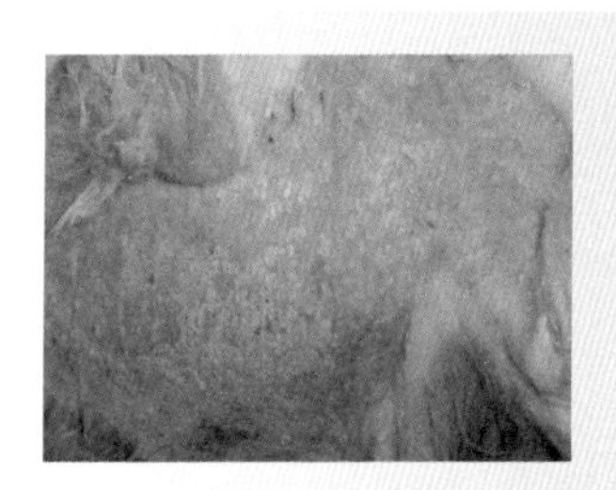

图 7-15 患病羊严重脱毛

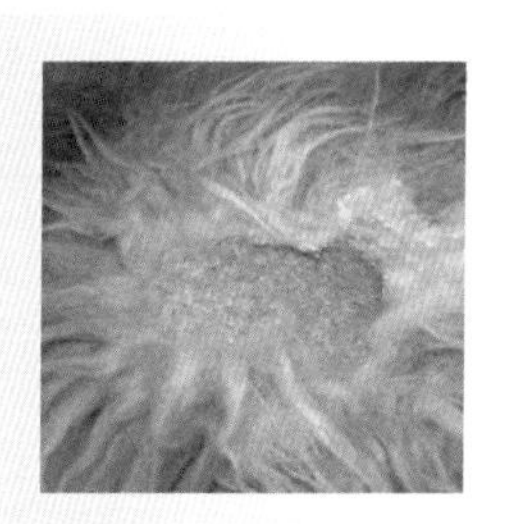

图 7-16 患病羊局部脱毛

【防治措施】一是杜绝带病羊进入。羊螨病传播速度快，一旦发生，便可迅速蔓延，所以在平时的实际饲养中应以预防为主，防止此病的发生。在购入羊只时，必须检查或隔离一段时间（20 ～ 30 天），以确认有无螨虫病。二是保持圈舍卫生，加强饲养管理。虽然药物可以杀死寄生在羊体的螨虫，但环境中（如羊舍里）存在螨虫仍然可能再次感染羊，所以环境消毒是非常关键的。阴暗、潮湿、拥挤等因素容易诱发此病，瘦弱、幼羊易遭侵袭，特别是在阴雨潮湿天气，皮肤光照不足，皮毛增厚，有利于螨虫的滋生。而干燥、阳光、温暖环境对螨虫不利。根据这些特点，圈舍应保持清洁、干燥、通风、透光，特别是夏季，应注意防潮，防止湿度过大。羊舍周围环境应清洁卫生，圈舍应及时喷雾消毒。防止外界动物（特别是鼠）的侵入，清除病原体可能被携带、保存与传播的一切条件。三是定期药浴。药浴既可预防羊螨病，也可治疗，特别适合患羊数量较多的时候采用。可在每年的 5 ～ 6 月份剪毛后，气候温暖时，对羊群适时药浴，药浴前应小群试浴，确认安全后方可大群浴治，可取得满意效果。

螨虫病的治疗原则是：杀虫止痒、抗菌消炎，提高皮肤抵抗力。单纯感染螨虫，用伊维菌素等杀螨虫的药物皮下注射，可止痒和提高皮肤抵抗力，缩短治疗时间。若皮肤炎症较重可配合使用抗生素。外用药物可选用双甲脒、螨净、赛福丁等，双甲脒配成 0.05％溶液药浴、喷洒和涂擦。螨净溶液为 1∶（600 ～ 1400）。赛福丁的初浴液浓度为 1∶2000，补充药液 1∶2500 稀释。大面积使用时，要注意观察，防止中毒。经常混合感染其他疾病而久治不愈，发生这种情况时，必须做细菌培养、显微镜检查等实验诊断方法确诊，争取早期对症治疗。

6. 羊狂蝇蛆病的防治

羊狂蝇蛆病是由狂蝇科狂蝇属的幼虫寄生于羊的鼻腔及其附近的腔窦引起的一种寄生虫病。羊鼻蝇成虫多在春、夏、秋季出现，尤以夏季为多。成虫在 6、7 月份开始接触羊群，雌虫在牧地、圈舍等处飞翔，钻入羊鼻孔内产幼虫。经 3 期幼虫阶段发育成熟后，幼虫从深部逐渐爬向鼻腔，当患羊打喷嚏时，幼虫被喷出，落于地面，钻入土中或羊粪堆内化为蛹，经 1 ～ 2 个月后成蝇。雌雄交配后，雌虫又侵袭羊群再产幼虫。

【临床症状】患羊表现为精神萎靡不振，可视黏膜淡红，鼻孔有分泌物，鼻液初为浆液性，后为黏液性和脓性，有时混有血液。当大量鼻漏干涸在鼻孔周围形成硬痂时，病羊表现不安，发生呼吸困难，摇头、打喷嚏，鼻端擦地，头弯向一侧旋转或发生痉挛、麻痹，眼睑浮肿、流泪，听、视力降低，后肢举步困难，有时站立不稳，运动失调，跌倒而死亡。

【防治措施】在常发地区，可根据流行病学规律选择最佳季节进行药物驱虫，一般以在每年 11 月份进行为宜。在鼻蝇攻击季节，可用杀虫油剂涂抹在羊的鼻孔周围，每 5 天一次。

治疗上可选用伊维菌素注射液，一次量为每千克体重 0.2 毫克，皮下注射，也可用中药百部根煎成浓汁，滴入病羊鼻腔。

（三）普通病的防治

1. 羊胃肠炎的防治

羊胃肠炎是指羊胃肠壁表层黏膜及其深层组织出血性或坏死性炎症。由于羊肠胃生理功能类似，胃和肠的解剖结构和生理功能紧密相关，胃或肠的器质损伤和功能紊乱容易相互影响。因此，临床上胃和肠的炎症多同时发生或相继发生，故合称为胃肠炎。羊胃肠炎是一种危害严重的羊常见多发病，对羊生长发育可造成极大危害。

【病因】按病因分为原发性胃肠炎和继发性胃肠炎；按炎症性质分为黏液性、出血性、化脓性和纤维素性胃肠炎。引起羊患胃肠炎的主要因素有饲养管理不当、饲料品质不良、过食、突然更换饲料、采食有毒植物、圈舍潮湿等。因营养不良、长途运输等因素能降低羊的抵抗力，使胃肠屏障功能减弱，平时腐生于胃肠道并不致病的微生物（如大肠杆菌、坏死杆菌等），往往由于毒力增强而呈现致病作用；因用药不当，给羊滥用抗生素，一方面可使细菌产生耐药性，另一方面在用药过程中造成肠道菌群失调而引起二重感染，也是致病因素。继发性胃肠炎，多见于某些传染病和寄生虫病。

【临床症状】临床表现为精神沉郁，食欲减退或废绝；舌苔厚，口臭；粪便呈粥样或水样，腥臭，混有黏液、血液和脱落的黏膜组织，有的混有脓液；腹痛，肌肉震颤，肚腹蜷缩。病的初期，肠音增强，随后逐渐减弱甚至消失；当炎症波及直肠时，排粪呈里急后重；病至后期，肛门松弛，排粪失禁，体温升高，心率增快，呼吸增数，眼结膜潮红或发绀，眼窝凹陷，皮肤弹性减退，尿量减少。随着病情恶化，体温降至正常温度以下，四肢冷凉，体表静脉萎陷，精神高度沉郁甚至昏睡或昏迷。慢性胃肠炎表现为食欲不定，时好时坏，或食量持续减少，常有异食癖表现。

【防治措施】由于羊胃肠炎多由饲养管理不当等因素引起，因此预防上要做好羊的日常饲养管理工作。

羊胃肠炎的治疗原则是消除炎症，清理胃肠，预防脱水，维护心脏功能，解除中毒，增强机体抵抗力。

西药治疗方法：使用10%的磺胺嘧啶钠注射液，按每只羊20毫升的剂量，每天肌内注射2次，连续注射3天。对腹痛严重的，还需要注射安乃近5毫升，可有效缓解羊腹痛症状。脱水严重时可静脉注射葡萄糖溶液500毫升和维生素C注射液100毫升，1天1次，连续注射2～3天。

中药治疗方法：白头翁24克、鸡内金18克、陈皮18克、山楂12克、泽泻12克、茯苓12克、大黄6克、山栀6克、黄芩6克、木香4克、黄连4克，混合研磨成粉，煎后给病羊灌服。

2. 羊瘤胃积食的防治

瘤胃积食又称急性瘤胃扩张，是反刍动物贪食大量粗纤维饲料或容易臌胀的饲料引起瘤胃扩张，瘤胃体积增大，内容物停滞和阻塞以及整个前胃功能障碍，形成脱水和毒血症的一种严重疾病。临床上以瘤胃体积增大且较坚硬、呻吟、不吃为特征。

【病因】瘤胃积食有原发性瘤胃积食和继发性瘤胃积食两种。

原发性瘤胃积食：主要是由于贪食大量粗纤维饲料或容易臌胀的饲料如小麦秸秆、老苜蓿、花生蔓、紫云英、谷草、稻草、麦秸、甘薯蔓等再加之缺乏饮水，难于消化；过食精饲料如小麦、玉米、黄豆、麸皮、棉籽饼、酒糟、豆渣等；误食大量塑料薄膜而造成积食；突然改变饲养方式以及饲料突变、饥饱无常、饱食后立即使役或使役后立即饲喂等；各种应激因素的影响如过度紧张、运动不足、过于肥胖等。

继发性瘤胃积食：本病可继发于前胃弛缓、瓣胃阻塞、创伤性网胃炎、腹膜炎、皱胃炎及皱胃阻塞等疾病过程中。

【临床症状】瘤胃积食常在饱食后数小时或 1 ～ 2 天内发病。表现为食欲废绝、反刍停止、空嚼、磨牙。腹部膨胀（见图 7-17），左肷部充满，触诊瘤胃，内容物坚实或坚硬。有的病畜触诊敏感，有的不敏感，有的坚实，拳压留痕，有的病例呈粥状；瘤胃蠕动音减弱或消失。有的病畜不安，目光凝视，拱背站立，回顾腹部或后肢踢腹，间或不断起卧。病情严重时常有呻吟、流涎、嗳气，有时作呕或呕吐。病羊发生腹泻，少数有便秘症状。

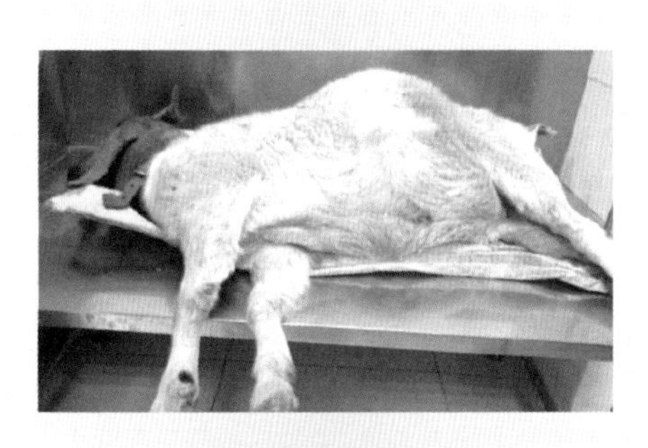

图 7-17 腹部膨胀

内容物检查：内容物pH一般由中性逐渐趋向弱酸性；后期纤毛虫数量显著减少。瘤胃内容物呈粥状，散发恶臭时，表明是继发中毒性瘤胃炎。

重症后期，瘤胃积液，呼吸急促，脉率增快，黏膜发绀，眼窝凹陷，呈现脱水及心力衰竭症状。病畜衰弱，卧地不起，陷于昏迷状态。

发病羊可见胃极度扩张，其内含有气体和大量腐败内容物，胃黏膜潮红，有散在性出血斑点；瓣胃叶片坏死；各实质脏器瘀血。

【预防措施】 加强饲养管理，防止突然变换饲料或脱缰过食；奶山羊和肉羊按日粮标准饲喂；避免外界各种不良因素的影响和刺激。

治疗原则是加强护理，增强瘤胃蠕动功能，排出瘤胃内容物，制止发酵，对抗组织胺和酸中毒，对症治疗。

注意实施治疗措施时一定要将过食精饲料的病例和其他病例区别对待，过食精饲料的病例必须在1～2天实施瘤胃切开术或反复洗胃除去大量的精饲料之后，才可以与其他病例采用相同的治疗措施。

① 消导泻下，用石蜡油100毫升、人工盐50克或硫酸镁50克、芳香氨酯10毫升，加水500毫升，1次灌服。

② 解除酸中毒，用5%碳酸氢钠100毫升灌入输液瓶，另加5%葡萄糖200毫升，静脉1次注射；或用11.2%乳酸钠30毫升，静脉注射。为防止酸中毒继续恶化，可用2%石灰水洗胃。

③ 心脏衰弱时，可用10%樟脑磺酸钠4毫升，静脉或肌内注射。呼吸系统和血液循环系统衰竭时，可用尼可刹米注射液2毫升，肌内注射。

④ 也可试用中药大承气汤：大黄12克、芒硝30克、枳壳9克、厚朴12克、玉片1.5克、香附子9克、陈皮6克、千金子9克、青香3克、二丑12克，水煎，1次灌服。对种羊若

推断药物治疗效果较差，宜迅速进行瘤胃切开抢救。

⑤ 手术治疗。对危重病例和洗胃不成功的病例，当认为使用药物治疗效果不佳时，或怀疑为食入塑料薄膜而造成的顽固病例或严重过食病例，且病畜体况尚好时，应及早施行瘤胃切开术，取出瘤胃内容物，填满优质的草，用1%温食盐水冲洗，并接种健畜瘤胃液。

3. 羊瘤胃臌胀的防治

瘤胃臌气（ruminal tympany）又称瘤胃臌胀，主要是因采食了大量容易发酵的饲料，在瘤胃内微生物的作用下异常发酵，迅速产生大量气体，致使瘤胃急剧膨胀，膈与胸腔脏器受到压迫，呼吸与血液循环障碍，发生窒息现象的一种疾病。临床上以呼吸极度困难、反刍、嗳气障碍、腹围急剧增大等症状为特征。

【病因】按病因分为原发性臌胀和继发性臌胀，按病的性质分为非泡沫性臌胀和泡沫性臌胀。

非泡沫性臌胀：主要是因采食大量水分含量较高容易发酵的饲草、饲料，如幼嫩多汁的青草或者经雨、露、霜、雪侵蚀的饲草、饲料；采食了霉败饲草和饲料，如品质不良的青贮饲料、发霉饲草和饲料；饲喂后立即使役或使役后马上喂饮；突然更换饲草和饲料或者改变饲养方式，特别是由舍饲转为放牧时或由一牧场转移到另一牧场，更容易导致急性瘤胃臌胀的发生。

泡沫性臌胀：是由于采食了大量含蛋白质、皂苷、果胶等物质的豆科牧草，如新鲜的豌豆蔓叶、苜蓿、草木樨、红三叶、紫云英、豆面等，或者饲喂大量的谷物类饲料，如玉米粉、小麦粉等也能引起泡沫性臌胀。

继发性臌胀，常继发于食管阻塞、前胃弛缓、创伤性网胃炎、瓣胃与真胃阻塞、发热性疾病等。

【临床症状】

急性瘤胃臌胀：通常在采食易发酵饲料后不久发病，甚至在采食中发病。表现为不安或呆立，食欲废绝，口吐白沫，回顾腹部；腹部迅速膨大，左肷窝明显突起，严重者高过背中线（见图 7-18）；腹壁紧张而有弹性，叩诊呈鼓音；瘤胃蠕动音初期增强，常伴发金属音，后期减弱或消失；因腹压急剧增高，病畜呼吸困难，严重时伸颈张口呼吸，呼吸数增至 60 次 / 分钟以上；心跳加快，可达 100 次 / 分钟以上；病的后期，心力衰竭，静脉怒张，呼吸困难，黏膜发绀；目光恐惧，全身出汗、站立不稳，步态蹒跚，最后倒地抽搐，最终因窒息和心脏停搏而死亡。

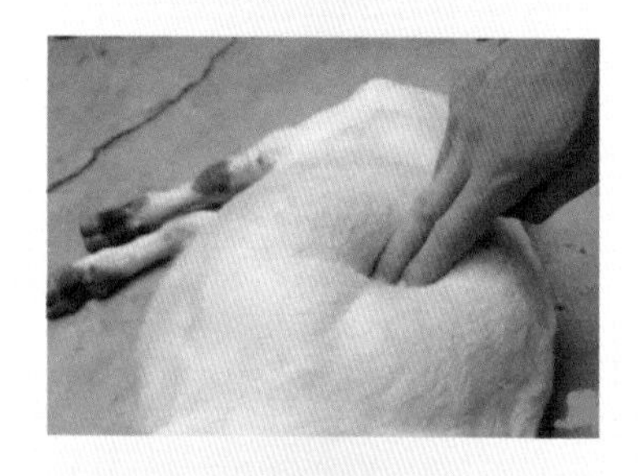

图 7-18 腹部膨大，左肷窝明显突起

慢性瘤胃臌胀：瘤胃中度膨胀，时胀时消，常为间歇性反复发作，呈慢性消化不良症状，病畜逐渐消瘦。

【预防措施】加强饲养管理。禁止饲喂霉败饲料，尽量少喂堆积发酵或被雨露浸湿的青草。在饲喂易发酵的青绿饲料时，应先饲喂干草，然后再饲喂青绿饲料。由舍饲转为放牧时，最初几天要先喂一些干草后再放牧，并且还应限制放牧时间及采食量。不让牛、羊进入苕子地、苜蓿地暴食幼嫩多汁豆科植物。舍饲育肥动物，应该在全价日粮中至少含有

10%～15%的粗饲料。

治疗原则是加强护理，排除气体，止酵消沫，恢复瘤胃蠕动和对症治疗。根据病情的缓急、轻重以及产生原因的不同，采取相应有效的措施进行排气减压。

（1）排气减压　可采用口衔木棒法、胃管排气法、瘤胃穿刺排气法和手术疗法。

① 口衔木棒法。对较轻的病例，可使病畜保持前高后低的体位，在小木棒上涂鱼石脂（对役畜也可涂煤油）后衔于病畜口内，同时按摩或踩压瘤胃，促进气体排出（见图 7-19）。

图 7-19　口衔木棒法

② 胃管排气法。严重病例，当有窒息危险时，应实行胃管排气法，操作方法同送胃管的方法（见图 7-20）。

③ 瘤胃穿刺排气法。严重病例，当有窒息危险且不便实施或不能实施胃管排气法时应采取瘤胃穿刺排气法。操作方法是用套管针、一个或数个 20 号针头插入瘤胃内放气即可。以上这些方法仅对非泡沫性臌胀有效（见图 7-21）。

图7-20 胃管排气法

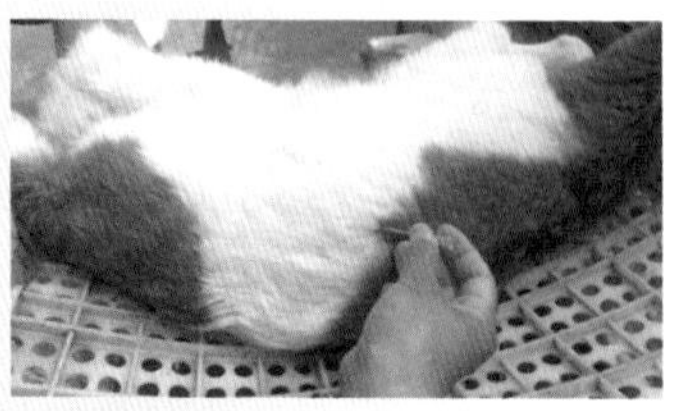

图7-21 瘤胃穿刺排气法

④ 手术疗法。当药物治疗效果不显著时，特别是严重的泡沫性臌胀，应立即施行瘤胃切开术，排气与取出其内容物。病势危急时可用尖刀在左肷部插入瘤胃，放气后再设法缝合切口。

（2）止酵消沫　主要使用二甲硅油、滑石粉、丁香、植物油、食醋、鱼石脂、酒精、碳酸氢钠和使用瘤胃兴奋药、拟胆碱药等进行治疗。

① 泡沫性臌胀可用二甲硅油 3 ～ 5 克，加水 500 毫升一次灌服；滑石粉 500 克、丁香 30 克（研细）温水调服有卓效；植物油或石蜡油 100 毫升，一次灌服，如加食醋 500 毫升、大蒜头 250 克（捣烂）效果更好。

② 止酵。鱼石脂 3 ～ 5 克，一次灌服；95%酒精 30 毫升，一次灌服或瘤胃内注入；陈皮酊或姜酊 20 毫升，一次灌服。需要注意的是，使用煤油、汽油、甲醛、松节油、来苏水也能消胀，但因有怪味，一旦病畜死亡，其内脏、肉均不能食用，故一般不宜采用。

（3）排除胃内容物　增强瘤胃蠕动，促进反刍和嗳气，可使用瘤胃兴奋药、拟胆碱药等进行治疗。此外，调节瘤胃内容物 pH 值时可用 3%碳酸氢钠溶液洗涤瘤胃。注意全身功能状态，及时强心补液，进行对症治疗。

（4）慢性瘤胃臌胀　多为继发性瘤胃臌胀。除应用急性瘤胃臌胀的疗法缓解臌胀症状外，还必须彻底治疗原发病。

4. 羔羊白肌病的防治

白肌病（selenium deficiency）是由于硒或维生素 E 缺乏引起幼畜以骨骼肌、心肌纤维以及肝脏发生变性、坏死为特征的疾病。病变特征是肌肉色淡、苍白。本病易发生于羔羊、犊牛。多发于冬春气候骤变、缺乏青绿饲料时。发病率高，死亡率也高，往往呈地方性流行。

【病因】原发性硒缺乏主要是饲料含硒不足，动物对硒的要求是每千克饲料 0.1 ～ 0.2 毫克，低于 0.05 毫克 / 千克，就可出现硒缺乏症。而土壤硒低于 0.5 毫克 / 千克时，该土壤上种植的植物含硒量便不能满足机体的要求。

此外土壤硒能否有效被植物利用还与土壤酸碱性有关，酸性土壤硒不易溶解吸收，碱性土壤硒易被植物吸收；也与其他拮抗元素有关，如硫能制约硒的吸收。饲料中的硒能否被充分利用，也受铜、锌等元素的制约。维生素 E 不足也易诱发硒缺乏症的发生。

饲料中缺乏维生素 E，如长期给予不良干草、干稻草、块根植物，其维生素 E 含量少；而缺乏富含维生素 E 的饲料，如油料种子、植物油及麦胚等。缺乏维生素 E 的另一因素是饲料中不饱和脂肪酸、矿物质等可促进维生素 E 的氧化。

【临床症状】白肌病根据病程经过可分为急性型、亚急性型及慢性型等类型。

急性型：多见于羔羊。病羊往往不表现症状突然死亡，剖检主要见心肌营养不良。如出现症状，主要表现为兴奋不安，心动过速，呼吸困难，有泡沫血样鼻液流出，约在 10 ～ 30 分钟死亡。

亚急性型：机体衰弱，以心衰、运动障碍、呼吸困难、消化不良为特点。

慢性型：生长发育停滞，心功能不全，运动障碍，并发顽固性腹泻。

羔羊以14～28日龄发病为多，死亡率高，全身衰弱，行走困难，共济失调，可视黏膜苍白、黄染，有结膜炎，角膜混浊，心跳达200次/分钟以上，呼吸达80～100次/分钟，腹泻。

【防治措施】

① 冬、春季注射0.1%亚硒酸钠液4～6毫升。同时应注意整体营养水平，特别是对草食动物应补充适当的精饲料。冬春气候突然骤变，寒冷应激，加上营养不良，易诱发某些缺乏症的发生。母羊产前喂给75毫克/天，羔羊喂给25毫克/天。

② 定期给硒盐供舔食。将20～30毫克硒加到1千克食盐中，定期舔食。注意一定要混合均匀。

③ 瘤胃硒丸。对于放牧动物，可采取瘤胃硒丸的办法补硒。

④ 施肥与喷洒。对于高产牧场或专门从事牧草生产的草地，可用施硒肥的办法解决补硒问题；或在牧草刈割前进行硒盐喷洒，同样可增加牧草含硒量。

⑤ 饮水补硒。可定期在人工饮水条件下，将所给的硒盐加入。

治疗方法：可用0.1%亚硒酸钠，皮下或肌内注射，羔羊2～4毫升。根据情况7～14天重复一次。同时可配合维生素E 100～300毫克。

5. 羊感冒的防治

感冒是因受寒冷的刺激而引起的以上呼吸道炎症为主的急性热性全身性疾病。临床上以咳嗽、流鼻液、畏光流泪、前胃弛缓为特征。本病无传染性，各种动物均可发生，但以幼弱动物多发，一年四季都可发生，但以早春和晚秋、气候多变季节多发。

【病因】本病的根本原因是各种因素导致的机体抵抗力下

降。最常见的导致机体抵抗力下降的原因：一是寒冷因素的作用。如圈舍条件差，贼风侵袭，家畜突然在寒冷的条件下露宿，采食霜冻冰冷的食物或饮水。二是使役家畜出汗后在毛孔开放的情况下被雨淋、风吹等。三是过劳或长途运输等。四是营养不良、体质衰弱或长期封闭式饲养缺乏耐寒冷训练。五是维生素、矿物质、微量元素的缺乏。

健康羊的上呼吸道，常寄生着一些能引起感冒的病毒和细菌，当羊遭受寒冷因素刺激时，则呼吸道防御功能降低，上呼吸道黏膜的血管收缩，分泌减少，气管黏膜上皮纤毛运动减弱，使寄生于呼吸道黏膜上的常在微生物大量繁殖而致病。幼龄动物、营养不良、过劳等因素，引起机体抵抗力下降时，更易促进本病的发生。

呼吸道常在细菌和病毒的大量繁殖，引起呼吸道黏膜发炎肿胀、大量渗出等变化，于是出现呼吸不畅、咳嗽、喷鼻、流鼻液等临床症状。

【临床症状】在呼吸道内产生的细菌毒素及炎性产物被机体吸收后，作用于体温调节中枢，引起发热。从而出现一系列与体温升高相关的症状，如精神沉郁、食欲减退、心跳及呼吸加快、胃肠蠕动减弱、粪便干燥、尿量减少等。

体温升高，一方面，能促进白细胞的活动并加强其吞噬功能，增强机体的抗病力；另一方面，高温会使糖耗增加，使脂肪和蛋白质加速分解，中间代谢产物如乳酸、酮体和氨等在体内蓄积，导致酸中毒，引起实质脏器如脑、肾、心肝的变性。

羊患感冒时发病较急，患畜精神沉郁，食欲减退或废绝，呈现前胃弛缓症状。有的体温升高，皮温不整，多数患畜耳尖、鼻端发凉。结膜潮红或轻度肿胀，畏光流泪。咳嗽，鼻塞，病初流浆性鼻液，随后转为黏液或黏液脓性。呼吸加快，肺泡呼吸音粗粝，若并发支气管炎时，则出现干性或湿性啰音。心跳加快。本病病程较短，一般经 3 ～ 5 天，全身症状逐渐好转，多数呈良性经过。治疗不及时特别是幼畜易继发支气管肺炎或其他疾病。

【预防措施】做好羊舍的防风、防寒、保温。患畜应充分休息，多给饮水，营养不良家畜应适当增加精饲料，加强机体耐寒性锻炼，防止家畜突然受寒。

治疗原则是解热镇痛，抗菌消炎，调整胃肠功能。

① 解热镇痛。用30%安乃近注射液，5～10毫升，肌内注射，1～2次/天；或者用复方氨基比林注射液，5～10毫升，肌内注射，1～2次/天；或用柴胡注射液，5～10毫升。

② 抗生素或磺胺类药物。用10%磺胺嘧啶钠100～150毫升，加于5%～10%葡萄糖液中，静脉注射，1～2次/天；或用青霉素，每千克体重20000万～30000万国际单位，肌内注射，一日2～3次，连用2～3天；或用水乌钙疗法。

③ 还可以采用中兽医疗法，如风热感冒用银翘散、桑菊饮；风寒感冒用荆防败毒散或杏苏散；半表半里型感冒用小柴胡汤合平胃散等治疗。

（四）产科病的防治

1. 流产的防治

流产是指胚胎或胎儿与母体之间的正常生理关系被破坏，致使母畜妊娠中断，胚胎在子宫内被吸收；排出不足月的胎儿或死亡未经变化的胎儿，称为流产。流产不是一种独立的疾病，而是由于各种不良因素作用于机体所产生的临床表现。它可以发生在妊娠的各个阶段，但以妊娠早期较为多见，可以排出死亡的胎体，也可以排出存活但不能独立生存的胎儿。

流产所造成的损失是严重的，它不仅能使胎儿夭折或发育受到影响，而且还能危害母畜的健康，使产奶量减少，母畜的繁殖率也常因并发生殖器官疾病造成不孕而受到严重影响，使畜群的繁殖计划不能完成，因此必须特别重视对流产的防治。如果母畜在妊娠期满前排出成活的成熟胎儿，可称为早产；如果在分娩时排出死亡的胎儿，则称为死产。

【病因】流产的原因极为复杂，根据引起流产的原因不同，可分为非传染性流产、传染性流产和寄生虫性流产。

非传染性流产主要有饲养性流产、损伤性及管理性流产、医疗错误性流产、习惯性流产和疾病性流产等。饲养性流产是由于饲料数量严重不足和矿物质、维生素（维生素A等）及微量元素含量不足引起流产；饲料品质不良或饲喂方法不当，如喂给发霉、腐败变质的饲料，或饲喂大量饼渣和含有亚硝酸盐、农药以及有毒植物的饲料，均可使孕畜中毒而流产；饲喂方式的改变，如孕畜由舍饲突然转为放牧，饥饿后喂以大量可口饲料，可引起消化扰乱或疝痛而发生流产。损伤性及管理性流产是造成散发性流产的一个最重要的因素，主要是由于管理及使役不当，使子宫和胎儿受到直接或间接的机械性损伤，或孕畜遭受各种逆境的剧烈危害，引起子宫反射性收缩而流产。如饲喂霉变饲草、饮冰碴水、气候骤变、公母羊混群饲养、对腹壁的碰撞和蹴踢，母畜在泥泞、结冰、光滑或高低不平的地方跌倒摔伤以及出入圈门时过度拥挤均可造成流产；剧烈迅速地运动、跳越障碍及沟渠、上下陡坡等，都会使胎儿受到震动而流产。此外，粗暴地鞭打头部和腹部，或打冷鞭、惊群，可使母畜精神紧张，肾上腺素分泌增多，反射性地引起子宫收缩而流产。医疗错误性流产是由全身麻醉，大量放血，手术，服入过量泻剂、驱虫剂、利尿剂，注射某些可以引起子宫收缩的药物（如氨甲酰胆碱、毛果芸香碱、槟榔碱或麦角制剂），误给大量堕胎药（如雌激素制剂、前列腺素等）和孕畜忌用的其他药物，注射疫苗，以及对某些穴位长期针灸刺激，粗鲁的直肠、阴道检查等引起的流产。习惯性流产多因内分泌失调所致，如孕酮在妊娠早期胚胎的着床和发育中起重要作用，当分泌不足或产生不协调时，均可引起胚胎死亡和流产。疾病性流产常继发于子宫内膜炎、阴道炎、胃肠炎、疝痛病、热性病及胎儿发育异常等过程中。

传染性流产和寄生虫性流产，因为很多病原微生物和寄生虫都能引起羊流产，且危害比较严重。这些传染病往往是侵害胎盘及胎儿引起自发性流产，或以流产作为一种症状，而发生症状性流产。如羊布鲁氏菌病、沙门菌病、羊支原体性肺炎、羊痘、羊链球菌病、羊弯曲菌病、衣原体病和蓝舌病等均可造成羊的流产。

【诊断要点】引起流产的原因很多，症状也有所不同。除个别病例的流产在刚一出现症状可以试行抑制以外，大多流产一旦有所表现，往往无法阻止。尤其是群牧羊只，流产常常是成批的，损失严重。因此，在发生流产时，除了采用适当治疗，以保证母羊及其生殖道的健康，还应对整个羊群的情况进行详细调查分析，观察排出的胎儿及胎膜，必要时可采样进行实验室检查，尽量做出确切的诊断，然后提出有效的预防措施。

调查材料应包括饲养放牧条件及制度（确定是否为饲养性流产）；管理及市场情况，是否受过伤害、惊吓，流产发生的季节及天气变化（损伤性及管理性流产）；母羊是否发生过普通病、羊群中是否出现过传染性及寄生虫性疾病，以及治疗情况，流产时的妊娠月份，母羊的流产是否带有习惯性等。

对排出的胎儿及胎膜，要进行仔细观察，注意有无病理变化及发育异常。在普通流产中，自发性流产表现在胎膜上的反常及胎儿畸形；霉菌中毒可使羊膜发生水肿、皮革样坏死，胎盘水肿、坏死并增大。由于饲养管理不当、损伤及母羊疾病、医疗事故引起的流产，一般都看不到明显变化。有时正常出生的胎儿，胎膜上会出现钙化斑等异常变化。

传染性及寄生虫引起的流产，胎膜及（或）胎儿常有病理变化。例如，因布鲁氏菌病引起流产的胎膜及胎盘上常有棕黄色脓性分泌物，胎盘坏死、出血，羊膜水肿并有皮革样的坏死区；胎儿水肿，胸腹腔内有浅红色的浆液等。上述流产常伴有胎衣不下。具有这些病理变化时，应将胎儿（不要打开，以免污染）、胎膜以及子宫或阴道分泌物送实验室诊断检验，有条件时应对母羊进行血清学检查。症状性流产，则胎膜及胎儿没有明显的病理变化。对于传染性的自发性流产，应将母羊的后躯及被污染的区域彻底消毒，隔离母羊。

【预防措施】由于引起流产的因素较复杂，流产后又无典型的病理特征，特别是散发性流产，这就给诊断、防治带来了困难，加上养羊场条件所限，化验检测手段的欠缺，致使真正流产原因不明，为了能使流产尽量减少，应采取如下预防措施。

（1）加强饲养管理，增强母羊体质

① 日粮供应要合理，冬春季抓好补饲，秋季抓好膘肥。饲料中足量添加胡萝卜和草粉配合饲料，适当添加精饲料和含硒微量元素添加剂，以增强孕羊体质，提高抗病力。特别要注意饲料中矿物质、维生素和微量元素的供给，以防营养缺乏症的发生。饲料品质要好，严禁饲喂发霉、变质饲料。禁止饲喂霉败变质饲草和饮用冰碴水，实行公母分群饲养及妊娠后期母羊单独喂养。

② 加强责任心，提高管理技术水平。兽医、配种员要严格遵守操作规程，防止技术事故的发生。保证栏舍清洁卫生和通风良好。

③ 对临床病羊要作出正确诊断，并及时采取有效治疗方法，尽早促进其康复，防止因治疗失误或拖延病程而引起继发感染。

（2）加强卫生防疫，保证羊群健康、无疫病　及时消除栏舍粪便和杂草，并经常消毒。场地、草场及用具等定期消毒，发生疾病时及时做好隔离和消毒工作，对流产的羊只立即隔离处理。

（3）加强对流产母羊及胎儿的检查　流产后，对流产母羊应单独隔离，全身检查，胎衣及产道分泌物应严格处理，确系无疫病时，再回群混养。

对流产胎儿及胎膜，应注意有无出血、坏死、水肿和畸形等，详细观察、记录。为了解确切病因与病性，可采取流产母羊的血液（血清）、阴道分泌物及胎儿的真胃、肝、脾、肾、肺等器官，进行微生物学和血清学检查，从而真正了解其流产的原因，并采取有效方法，予以防治。

【治疗方法】应先确定属于何种流产以及妊娠能否继续进行，在此基础上根据症状再确定治疗原则。

（1）先兆流产　临床上见到孕畜腹痛不安，时时排尿、努责，并有呼吸、脉搏加快等现象时，可能要引起流产，但阴道检查，子宫颈口紧闭，子宫颈塞尚未流出；直检胎儿还活着。治疗以安胎为主，使用抑制子宫收缩药或用中药保胎。

① 西药疗法。肌注孕酮 10 ～ 30 毫克，每日 1 次，连用 4 次（为预防习惯性流产，可在流产前 1 个月，定期注射本品）。

给以镇静剂，如肌内注射盐酸氯丙嗪 300 毫克或 2%静松灵 1 ～ 2 毫升。

② 中药疗法。以补气、养血、固肾、安胎为主。可用党参 25 克、白术 30 克、炙甘草 20 克、当归 25 克、川芎 25 克、白芍 30 克、熟地 25 克、紫苏 25 克、黄芩 25 克、砂仁 25 克、阿胶珠 25 克、陈皮 25 克、生姜 25 克，研成粉末服用。

如果先兆流产经上述处理，病情仍未稳定下来，阴道排出物继续增多，孕畜起卧不安加剧；阴道检查，子宫颈口已张开，胎囊已进入阴道或已破水，流产已难避免，则应尽快促进胎儿排出，以免胎儿死亡、腐败引起子宫内膜炎，影响以后受孕。

（2）胎儿浸溶　先皮下注射或肌内注射己烯雌酚 0.02 ～ 0.03 克，以促进子宫颈口张开，然后逐块取净胎骨（操作过程中术者须防自己受到感染），然后用 10%氯化钠溶液冲洗子宫，排出冲洗液后，子宫内放入抗生素（如红霉素、四环素等加入高渗盐水或凉开水中应用）；肌内注射 0.25%比赛可灵 10 毫升等子宫收缩药品，以促进子宫内容物的排出，并根据全身情况的好坏，进行强心补液、抗炎疗法。

（3）胎儿腐败分解　先向子宫内灌入0.1%利凡诺或高锰酸钾溶液，再灌入石蜡油作润滑剂，然后拉出胎儿（如胎儿气肿严重，可在胎儿皮肤上做几道深长切口，以缩小体积，然后取出；如子宫颈口张开不全时，可连续肌内注射己烯雌酚或雌二醇10～30毫克；静脉滴注地塞米松（DM）20毫克后平均35小时宫口张开），也可用2%盐酸普鲁卡因80～100毫升，分四点注射于子宫颈周围，然后用手指逐步扩大子宫颈口，并向子宫内灌入温开水，等待数小时。如拉出有困难，可施行截胎术。拉出胎儿后，子宫腔冲洗、放药及全身处理同上。

（4）胎儿干尸化　如子宫颈口已张开，可向子宫内灌入润滑剂（如石蜡油、温肥皂水）后拉出胎儿，有困难时可进行截胎后拉出胎儿；如子宫颈口尚未张开，可肌内注射己烯雌酚或雌二醇10～30毫克，每日1次，经2～3天后，可自行排出胎儿。如无效，可在注射己烯雌酚2小时后再肌内注射催产素50万单位，或用5%盐水2500毫升，灌入子宫，每日1次，连用3次有良效。

2. 羊生产瘫痪的防治

生产瘫痪又称乳热病或低钙血症，是呈急性而严重的神经疾病。其特征为咽、舌、肠道和四肢发生瘫痪，失去知觉。山羊和绵羊均可患病，但以山羊比较多见。尤其在2～4胎的某些高产奶山羊，几乎每次分娩以后都重复发病。

此病主要见于成年母羊，发生于产前或产后数日内，偶尔见于妊娠的其他时期。病的性质与乳牛的乳热病非常类似。

【病因】舍饲、产乳量高以及妊娠后期营养良好的羊只，如果饲料营养过于丰富或者产羔后由于血糖和血钙降低，以致调节过程不能适应，而变为低钙状态，都可成为发病的诱因。

【临床症状】最初症状通常出现于分娩之后，少数的病例，见于妊娠末期和分娩过程。由于钙的作用是维持肌肉的紧张性，故在低钙情况下病羊总的表现为衰弱无力。病初全身抑郁，食欲减退，反刍停止，后肢软弱，步态不稳，甚至摇摆。有的绵羊弯背低头，蹒跚走动。由于发生战栗和不能安静休息，常见呼吸加快。这些初期症状维持时间通常很短，管理人员往往注意不到。此后羊站立不稳，在企图走动时跌倒。有的羊倒后起立很困难。有的不能起立，头向前直伸，不吃，停止排粪和排尿。皮肤对针刺的反应很弱。

少数羊知觉完全丧失，产生极明显的麻痹症状。舌头从半开的口中垂出，咽喉麻痹。针刺皮肤无反应。脉搏先慢而弱，以后变快，勉强可以摸到。呼吸深而慢。病的后期常常用嘴呼吸，唾液随着呼气吹出，或从鼻孔流出食物。病羊常呈侧卧姿势，四肢伸直，头弯于胸部，体温逐渐下降，有时降至36℃。皮肤、耳朵和角根冰冷，很像将死状态。

有些病羊往往死于没有明显症状的情况下。例如有的绵羊在晚上完全健康，而次日凌晨却死亡。

尸体剖检时，看不到任何特殊病变，唯一精确的诊断方法是分析血液样品。但由于病程很短，必须根据临床症状的观察进行诊断。乳房送风及注射钙剂效果显著，亦可作为本病的诊断依据。

【预防措施】饲喂富含钙质和维生素D的饲料。产前保持适当运动，但不可运动过度，因为过度疲劳反而容易引起发病。对于习惯发病的羊，于分娩之后，及早应用下列药物进行预防注射：5%氯化钙40～60毫升、25%葡萄糖80～100毫升、10%安钠咖5毫升混合，一次静脉注射。

【治疗方法】

① 静脉或肌内注射10%葡萄糖酸钙50～100毫升，或者应用下列处方：5%氯化钙60～80毫升、10%葡萄糖120～140毫升、10%安钠咖5毫升混合，一次静脉注射。

② 采用乳房送风，疗效很好。为此可以利用乳房送风器送风。没有乳房送风器时，可以用自行车的气管替代。送风操作步骤如下：

a. 使羊稍呈仰卧姿势，挤出少量乳汁。

b. 用酒精棉球擦净乳头，尤其是乳头孔。然后将煮沸消毒过的导管插入乳头中，通过导管打入空气，直到乳房中充满空气为止。用手指叩击乳房皮肤时有鼓响音者，为充满空气的标志。在乳房的两半中都要注入空气。

c. 为避免送入的空气外逸，在取出导管时，应用手指捏紧乳头，并用纱布绷带轻轻扎住每一个乳头的基部。经过 25 ～ 30 分钟后将绷带取掉。

d. 将空气注入乳房各叶以后，小心按摩乳房数分钟。然后使羊四肢蜷曲伏卧，并用草束摩擦臀部、腰部和胸部，最后盖上麻袋或布块保温。

e. 注入空气以后，可根据情况考虑注射 50% 葡萄糖溶液 100 毫升。

f. 如果注入空气后 6 小时情况并不改善，应再重复做乳房送风。

3. 羊子宫内膜炎的防治

母羊子宫内膜炎为子宫黏膜发炎，是常见的母羊生殖器官疾病，也是导致母羊不孕的重要因素之一。

【病因】母羊分娩过程中病原微生物通过产道侵入子宫，或由于配种、人工授精及接产过程中消毒不严，尤其是在发生难产时不正确的助产、胎衣不下、子宫脱垂、阴道脱垂、胎儿死于腹中等，均易导致感染而引起子宫内膜炎。

【临床症状】此病有急性子宫内膜炎和慢性子宫内膜炎两种类型。

急性子宫内膜炎：多发生在母羊产后 5 ～ 6 天，表现为母羊食欲减退，泌乳量减少，精神不振，体温升高，反刍紊乱，弓背努责，阴户内排出大量带有腥味的恶露，颜色呈暗红色或棕色，卧下时排出的量较多，常见尾巴上黏附大量脓性分泌物。

慢性子宫内膜炎：往往是经多次使用药物治疗无效，由急性转变而来，病情较轻，常无明显的全身症状，主要表现为从阴户不定期排出透明或浑浊或脓性絮状物，母羊可多次发情或不发情，但是屡配不孕，如不及时治疗，可发展为子宫坏死，进而继发其他器官感染，造成全身症状加剧，从而引起败血症或脓毒性败血症。

【防治措施】

① 加强饲养管理，做好传染病的防治工作。防止发生流产、难产、胎衣不下和子宫脱垂等疾病。预防和扑灭引起流产的传染性疾病。在临产前和产后，对产房、产畜的阴门及其周围都应进行消毒，以保持清洁卫生。配种、人工授精及阴道检查时，除应注意器械、术者手臂和外生殖器的消毒外，操作要轻，不能硬顶、硬插。

② 加强产羔季节接产、助产过程中的卫生消毒工作，对正常分娩或难产时的助产以及胎衣不下的治疗，要及时正确，以防损伤和感染。分娩时要严格消毒，对原发病要及时治疗。

③ 积极进行预防。对患慢性子宫内膜炎的病羊，在母羊发情配种前 7 小时左右，向子宫内灌注青霉素 20 万国际单位，可提高受胎率，减少隐性流产；在母羊产后马上注射催产素 5 ～ 20 国际单位，可让子宫内的恶露尽快排出，有效降低该病的发生率，同时还具有促进母羊乳汁分泌的作用。

为了改善全身状况，增强心脏活动，促进子宫收缩和复原，排出子宫内的渗出物，可以补钙，用 10%葡萄糖酸钙注射液静脉注射，每次 50 ～ 150 毫升。也可用 5%氯化钙注射液静脉注射，每次 20 ～ 100 毫升，但对心脏极度衰弱的病羊不宜补钙。

【治疗方法】治疗原则是改善饲养条件，提高机体抵抗力，应用抗菌消炎药物，防止感染扩散，及时清理子宫渗出物，改善子宫腔的内环境。在治疗的同时结合精心护理，改善饲养条件，可以提高病羊的抗病力。具体治疗步骤如下：

① 促进病羊子宫颈口张开。肌内注射雌二醇 1 ～ 3 毫克，使病羊子宫颈口松弛，便于冲洗子宫，利于子宫内污物的及时排出。

② 冲洗子宫。为了减少冲洗病羊子宫的次数，及时排出子宫内的恶露，有效杀灭厌氧菌，待子宫颈口充分松弛后，可向子宫内灌注 1%的过氧化氢溶液 300 毫升，稍后用虹吸法将子宫内的消毒液排出，再向子宫内注入碘甘油 3 毫升，每天 1 次，直至母羊阴道分泌物排干净。

需要注意，对伴有严重全身症状的病例，为了避免感染扩散，使病情加重，禁止采取冲洗子宫疗法，只要把抗生素或消炎药放入子宫内即可，同时要全身应用抗菌药物。

③ 配合抗菌药物进行治疗。使用恩诺沙星注射液按羊每千克体重 2.5 毫克肌内注射，每天 1 次，连续注射 3 ～ 5 天。

④ 对自身中毒的治疗。可应用 10%的葡萄糖溶液 100 毫升、复方氯化钠溶液 100 毫升、5%的碳酸氢钠溶液 50 毫升，一次性静脉注射。

⑤ 用中药治疗。取马齿苋 12 克、生甘草 8 克，水煎后一次内服，或者将鲜桃树叶 250 克，水煎后去渣，隔日冲洗子宫 1 次。

一、采用种养结合的养殖模式是家庭农场养肉羊的首选

种养结合是一种结合种植业和养殖业的生态农业模式。种植业是指植物栽培业，通过栽培各种农业产物以取得粮食、副食品、饲料和工业原料等植物性产品。养殖业是指利用畜禽等已经被人类驯化的动物，或者野生动物的生理功能，通过人工饲养、繁殖，使其将牧草和饲料等植物能转变为动物能，以取得肉、蛋、奶、皮、毛和药材等畜产品。

种养结合模式是将畜禽养殖产生的粪便、有机物作为有机肥的基础，为种植业提供有机肥来源；同时，种植业生产的作物又能够给畜禽养殖提供食源。该模式能够充分将物质和能量在动植物之间进行转换及良好的循环（见图 8-1）。

国内外的研究和实践证明，土壤结构破坏、地力下降与

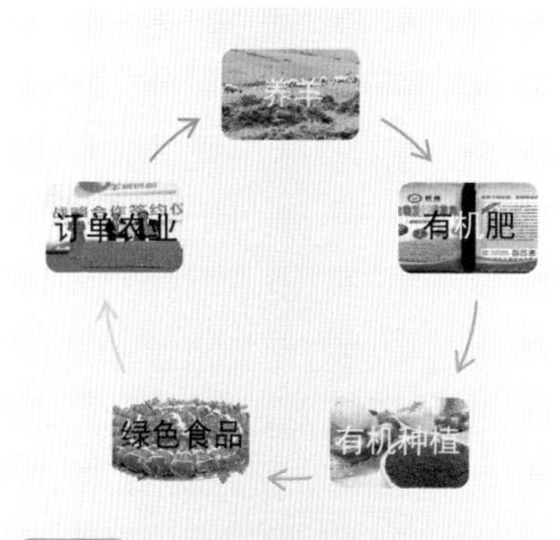

图 8-1 种养结合生态农业循环示意图

水资源、肥源、能源的短缺和失调密切相关，成为“高产、高效、优质”农业发展的制约因素。种养结合模式建立以规模化、集约化养殖场为单元的生态农业产业体系（即“种植、养殖、加工、沼气、肥料”循环模式），是以粮食作物生产为基础，养殖业为龙头，沼气能源开发为纽带，有机肥料生产为驱动，形成饲料、肥料能源、生态环境的良性循环，带动加工业及相关产业发展，合理安排经济作物生产，从而发展高效农业（主要为设施农业），提高整个体系的综合效益（即经济、社会和生态环保效益的高度统一）。实现了农业规模化生产和粪尿资源化利用，改善了农牧业生产环境，提高了畜禽成活率和养殖水平，降低了农田化肥使用量和农业生产成本，提高了农牧产品产量和质量，确保农牧业收入稳定增加。并通过种植业和养殖业的直接良性循环，改变了传统农业生产方式，拓展了生态循环农业发展空间。《全国农业现代化规划（2016—2020 年）》明确要“实施种养结合循环农业工程”。《全国农业可持续发展规划（2015—2030 年）》也要求“优化调整种养业结构，促进种养循环、农牧结合、农林结合”。

种养结合是种植业和养殖业紧密衔接的生态农业模式，是将畜禽养殖产生的粪污作为种植业的肥源，种植业为养殖业提供饲料，并消纳养殖业废弃物，使物质和能量在动植物之间进行转换的循环式农业。加快推动种养结合循环农业发展，是提高农业资源利用效率、保护农业生态环境、促进农业绿色发展的重要举措。

那么，养肉羊家庭农场如何做好种养结合呢？我们可以参照农业农村部重点推广的十大类型生态模式和配套技术，并结合本场的实际，因地制宜、科学合理地在本场进行种养结合工作。

为进一步促进生态农业的发展，2002 年，农业部（现农业农村部）向全国征集到了 370 种生态农业模式或技术体系，通过专家反复研讨，遴选出经过一定实践运行检验，具有代表性的十大类型生态模式，并正式将这十大类型生态模式作为今后一个时期农业农村部的重点任务加以推广。十大典型模式和配套技术包括：北方“四位一体”生态模式及配套技术；南方“猪 - 沼 - 果”生态模式及配套技术；平原农林牧复合生态模式及配套技术；草地生态恢复与持续利用生态模式及配套技术；生态种植模式及配套技术；生态畜牧业生产模式及配套技术；生态渔业模式及配套技术；丘陵山区小流域综合治理模式及配套技术；设施生态农业模式及配套技术；观光生态农业模式及配套技术。家庭农场可参考和借鉴这些模式，做好本场的种养结合。

二、因地制宜，发挥资源优势养好肉羊

我们知道，养羊需要具备一定的条件，如具备适宜的养殖场地，需要消耗大量的饲草料，适应性好的优良品种羊，需要

具备科学养羊技术及完善的社会化技术服务保障，以及良好的销售渠道，如果再能够得到地方政府的扶持，那么“发羊财”的梦想就能变成现实。否则，如果没有适合的饲养场地，饲草料资源匮乏，也没有可供放牧的场地，大量的饲草料全部依靠远距离购买，出栏的羊销路不畅，卖不到好价钱，这样的条件就不适合养羊。

因地制宜，发挥资源优势就是根据肉羊生产的特点，充分利用家庭农场所在地区在养羊方面具备的良好自然环境，如土地资源、水资源、气候资源和生物资源等（见图 8-2 、图 8-3），还要利用好政策环境和技术条件，搞好家庭农场养羊生产，取得良好的经营效果。在这方面有很多成功的事例，值得我们借鉴和学习。

图 8-2 利用草地放牧养羊

图 8-3 利用山林地放牧养羊

如世界上养羊业最发达的澳大利亚和新西兰就是典型的因地制宜发展养羊的成功范例。澳大利亚西部高原地势宽广平坦，没有大型野生食肉动物，加上澳大利亚中部平原海拔较低，地下水丰富，有利于养羊业的发展。澳大利亚是放养绵羊和出口羊毛最多的国家，被称为“骑在羊背上的国家”。我国内蒙古和新疆养羊业发展好，也是充分利用了当地丰富的饲草资源和品种资源。山区和农区也可以充分利用冬闲田、山坡地、林地、果园、弃耕地、荒地种植牧草等，实现闲地种草、草养畜、畜促农牧的种养循环，优势互补。

2015年5月20日西部网报道了白河县麻虎镇兴坪村的“富硒羊”，实现白河县农民致富梦的新闻。该县依托丰富的天然牧草资源，大力发展特色养殖，促进产业增效，通过标准化养殖技术的推广、白山羊保种技术、“三品一标”认证和富硒品牌打造等有效措施，以及相关部门的扶持政策，有效提升了白山羊产业发展的质量和效益。

天然牧草受到草原退化、土地沙漠化、盐渍化影响，载畜量明显下降，特别是封山禁牧后，在划定的林地、草地等区域内，放养牛、羊等草食动物被严格禁止。在山区和丘陵地带，有着传统养殖习惯的农户只能对牛、羊等实施舍饲圈养。但是，牛、羊等草食畜动物需要大量的牧草，导致肉羊的养殖规模呈现萎缩趋势。

山区和丘陵地带，还有一个特点是林果种植比较多。而在人们传统的概念里，林地仅仅是种树的，经营模式还比较单一，林下的土地一直没有得到充分地开发和利用。而林下牧草套种，羊有了可口的牧草，羊的粪便还可作为有机肥料，减少了牲畜粪对环境造成的污染，又促进了果树的有机绿色循环发展，让果实远离肥料的污染。使用有机肥生产的果实，果面清洁度高、色泽更鲜艳，果质含糖量高、果肉厚，好吃、好看、还好卖。

林下种草的主要品种是鸭茅草，鸭茅草是美国培育的一种果园草，属草本植物。其多年生、质地柔、产量高，以及富含粗蛋白质、有机质等的特性尤其适合林下种植。据山西农业大学草业专家董宽虎介绍，鸭茅草耐阴性很好，果园内遮阴33%以上，仍然可以正常生长，而且根系浅，不会与果树竞争养分。果园中种植鸭茅草，不仅能有效提高水分，还能调节地温，使冬天提高 3 ～ 4℃，夏天降低 3 ～ 4℃，并能疏松土壤促进果树根系呼吸，培肥地力。一亩鸭茅草的产量在 5000 ～ 6000 千克，可养 3 只羊。还有一些草种，如百脉根、白三叶等，也是很好的林下草种。

林下牧草套种，充分利用了空闲的林下土地，既能实现园种草、草养畜、畜促园的种养循环，果牧优势互补，又解决了草的难题，也促进了果的改善，还能为草食畜动物提供饲草料，为农民增加一笔可观的收入。一个小转变，开发出一个新空间，增加了林地利用率，焕发了人的活力，也对带动周边地区的畜牧业发展产生了非常积极的作用。

还可以利用弃耕地、荒地种草养畜，以及利用夏季收获后到秋季种植之间的空闲时间，进行填闲种草。

家庭农场还可利用政策环境资源，促进家庭农场养羊的发展，增加养殖效益。在政策上，国家相继出台了牛羊良种补贴、南方现代草食畜牧业发展、牛羊大县奖励等扶持政策，持续加大牛羊标准化规模养殖场建设、良种工程、秸秆养畜等工程项目投资力度，推动了草食畜牧业发展方式加快转变。2015 年中央一号文件明确提出“加快发展草牧业，支持青贮玉米和苜蓿等饲草料种植，开展粮改饲和种养结合模式试点，促进粮食、经济作物、饲草料三元种植结构协调发展”。2016 年中央一号文件进一步提出“优化畜禽养殖结构，发展草食畜牧业”。为推动草食畜牧业又好又快发展，保障优质安全草食畜产品有效供给，促进畜牧业结构调整和转型升级，加快现代畜牧业建设提供了动力。农业部《全国草食畜牧业发展规划（2016—2020）》（农牧发〔2016〕12 号）保障措施是完善政策支撑体系、推进基础设施建设、强化金融保险支持、加强科技支撑与服务、健全产业监测预警体系和统筹利用国际国内两个市场两种资源等，为“十三五”草食畜牧业发展夯实了政策基础。

三、养肉羊家庭农场的风险控制要点

家庭农场养羊经营风险是指在经营管理过程中可能发生的危险。而风险控制是指风险管理者采取各种措施和方法，消灭或减少风险事件发生的各种可能性，或风险控制者减少风险事件发生时造成的损失。但总会有些事情是不能控制的，风险总是存在的。作为家庭农场经营管理者必须采取各种措施减小风险事件发生的可能性，或者把可能的损失控制在一定范围内，以避免在风险事件发生时带来难以承担的损失。

（一）养羊场的经营风险

养羊场的经营风险通常主要包括以下八种：

1. 羊群疾病风险

这种因疾病因素对养羊场产生的影响有两类：一是肉羊在养殖过程中或运输途中发生疾病造成的影响，主要包括大规模的疫情导致大量羊只的死亡，带来直接的经济损失。疫情会给养羊场的生产带来持续性的影响，净化过程将使养羊场的生产效率降低，生产成本增加，进而降低效益。内部疫情发生将使养羊场的羊只减少，造成收入减少，效益下降。二是肉羊养殖行业暴发大规模疫病或出现安全事件造成的影响，主要包括肉羊养殖行业暴发大规模疫病将使本场暴发疫病的可能性随之增大，给养羊场带来巨大的防疫压力，并增加在防疫上的投入，导致经营成本提高。如小反刍兽疫、布鲁氏菌病和口蹄疫等疫情的流行，对肉羊养殖构成了极大的威胁。

2. 市场风险

导致养羊场经营管理的市场风险很多，如由于畜禽疫情的影响，导致了人们对羊肉的不喜爱。进口羊肉对于国内市场有很大的冲击，进口羊肉价格低，而人们对于进口的东西都盲目认为是好的东西。小规模养羊的多，他们并不能完整地了解行业信息，许多时候只能盲目跟风。经济通胀或通缩导致销售数量减少，消费者购买力下降等，均能引起价格的低迷，短暂的低迷大部分养羊场可以接受，而长时间的低迷对很多经营管理差的养羊场来说就是灾难。这些市场风险因素都对养羊场是一个难以承受的风险。

3. 产品质量风险

养羊场的主营业务收入和利润主要来源于肉羊产品，如果养羊场的种羊、断奶羔羊、育肥羊等不能适应市场消费需求的变化，就存在产品风险。如以出售种羊为主的养羊场，由于待售种羊的品质退化、产仔率不高，就存在销售市场萎缩的风险。对商品养羊场而言，由于羊肉品质不好，如羔羊肉是目前和今后羊肉市场消费的主导产品，老龄羊肉越来越不受市场欢迎，并且药物残留和违禁使用饲料添加剂的问题没有得到有效控制，出现羊肉安全问题，导致羊肉销售不畅。对以销售断奶羔羊为主的养羊场，如果断奶羔羊价格过高，直接导致育肥肉羊价格过高，如果以饲养育肥羊为主的养羊场预期育肥肉羊价格降低，此时断奶羔羊将很难销售。还有品种不良、生长速度慢、饲料转化率低，或者羊只不健康，也很难销售。

4. 经营管理风险

经营管理风险即由于养羊场内部管理混乱、内控制度不健全、财务状况恶化、资产沉淀等造成重大损失，以及饲草料价格上涨过快等主客观原因均能导致经营管理风险。养羊场内部管理混乱、内控制度不健全也会导致防疫措施不能落实。暴发疫病造成羊只大量死亡的风险；饲养管理不到位，造成饲料浪费、羊只生长缓慢、羊只死亡率增长的风险；原饲草料、兽药及低值易耗品采购价格不合理，库存超额，使用浪费，以及牧草产量低，过冬牧草价格上涨，造成养羊场生产成本增加的风险；对差旅、用车、招待、办公费、产品销售费用等非生产性费用不能有效控制，造成养羊场管理费用、营业费用增加的风险。养羊场的应收款较多，资产结构不合理，资产负债率过高，会导致养羊场资金周转困难，财务状况恶化的风险。

5. 投资及决策风险

投资风险即因投资不当或决策失误等原因造成养羊场经济效益下降。决策风险即由于决策不民主、不科学等原因造成决策失误，导致养羊场重大损失的可能性。如果在肉羊行情高潮期盲目投资办新场，扩大生产规模，会产生因市场饱和、肉羊价格大幅下跌的风险；投资选址不当，肉羊养殖受自然条件及周边卫生环境的影响较大，也存在一定的风险。对肉羊品种是否更新换代、扩大或缩小生产规模等决策不当，会对养羊场效益产生直接影响。

6. 人力资源风险

人力资源风险即养羊场对管理人员任用不当，无充分授权或精英人才流失，无合格员工或员工集体辞职造成损失的可能性。有丰富管理经验的管理人才和熟练操作水平的工人对养羊场的发展至关重要。如果养羊场地处不发达地区，交通、环境不理想则难以吸引人才。饲养员的文化水平低，对新技术的理解、接受和应用能力差，会削弱养羊场经济效益的发挥。长时间的封闭管理，信息闭塞。会导致员工情绪不稳，影响工作效率。养羊场缺乏有效的激励机制，员工的工资待遇水平不高，制约了员工生产积极性的发挥。

7. 安全风险

安全风险既有自然灾害风险，也有因养羊场安全意识淡漠、缺乏安全保障措施等原因而造成养羊场重大人员或财产损失的可能性。自然灾害风险即因自然环境恶化如地震、洪水、火灾、风灾等造成养羊场损失的可能性。养羊场安全意识淡漠、缺乏安全保障措施等原因而造成的风险较为普遍，如用电或用火不慎引起的火灾，不遵守安全生产规定造成人员伤亡，购买了有质量问题疫苗、兽药等，引起羊只流产、死亡等。

8. 政策风险

政策风险即因政府法律、法规、政策、管理体制、规划的变动，税收、利率的变化或行业专项整治，造成损害的可能性。其中最主要的是环保政策给养羊场带来的风险。

（二）控制风险的对策

在养羊场经营过程中，经营管理者要牢固树立风险意识，既要有敢于担当的勇气，在风险中抢抓机会，在风险中创造利润，化风险为利润，又要有防范风险的意识、管理风险的智慧、驾驭风险的能力，把风险降到最低程度。

1. 加强疫病防治工作，保障生羊安全

首先要树立“防疫至上”的理念，将防疫工作始终作为养羊场生产管理的生命线；其次要健全管理制度，防患于未然，制订内部疾病的净化流程，同时建立饲草料采购供应制度和疾病检测制度及危机处理制度，尽最大可能减少疫病发生概率并杜绝病羊流入市场；再次是要加大硬件投入，购置必要的消毒、防疫器械，高标准做好卫生防疫工作；最后要加强技术研究，为防范疫病风险提供保障，在加强有效管理的同时加强与国内外牲畜疫病研究机构的合作，为养羊场疫病控制防范提供强有力的技术支撑，大幅度降低疾病发生所带来的风险。

2. 及时关注和了解市场动态

及时掌握市场动态，适时调整羊群结构和生产规模。同时做好成品饲料及饲料原料的储备供应。

3. 调整产品结构，树立品牌意识，提高产品附加值

以战略的眼光对产品结构进行调整，到诚信、可靠、正规的养羊场引进高质量种羊，大力开发安全优质种羊、安全饲料等与肉羊有关的系列产品，并拓展肉羊食品深加工，实现产品的多元化。保持并充分发挥肉羊产品在质量、安全等方面的优势，加强生产技术管理，树立肉羊产品的品牌，巩固并提高肉羊产品的市场占有率和盈利能力。

4. 健全内控制度，提高管理水平

国家相关法律、法规的规定，制定完备的企业内部管理标准、财务内部管理制度、会计核算制度和审计制度。通过各项制度的制定、职责的明确及其良好的执行，使养羊场的内部控制得到进一步的完善。重点要抓好防疫管理、饲养管理，搞好生产统计工作。加强对饲料原料、兽药等采购、饲料加工及出库环节的控制，节约生产成本。加强财务管理工作，降低非生产性费用，做到增收节支；加强肉羊销售管理，减少应收款的发生；调整资产结构，降低资产负债率，保障资金良性循环。

5. 加强民主、科学决策，谨防投资失误

经营者要有风险管理的概念和意识，养羊场的重大投资或决策要有专家论证，要采用民主、科学的决策手段，条件成熟了才能实施，防止决策失误。现在和将来投资养羊场，均应将

环保作为第一限制因素考虑，从当前的发展趋势看，如何处理养羊场粪污使其达标排放的思维方式已落伍，必须考虑走循环农业的路子，充分考虑土地的承载能力，达到生态和谐。

四、做好肉羊产品的“三品一标”认证

“三品一标”是指无公害农产品、绿色食品、有机农产品和农产品地理标志（见图 8-4、图 8-5）。

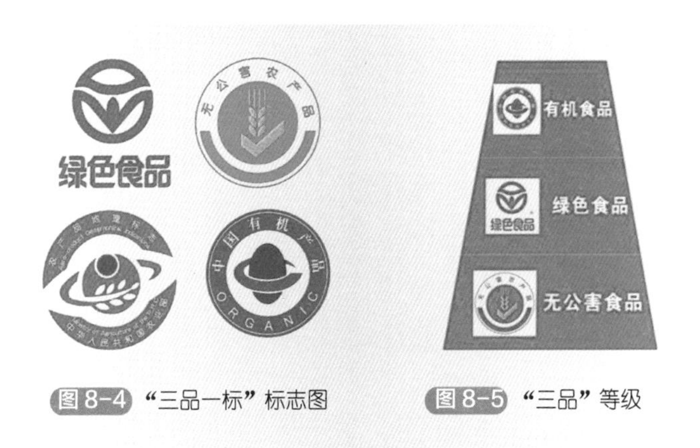

图 8-4 “三品一标”标志图　　图 8-5 “三品”等级

无公害农产品是指产地环境、生产过程和产品质量符合国家有关标准和规范的要求，经认证合格获得认证证书并允许使用无公害农产品标志的优质农产品及其加工制品；绿色食品是指遵循可持续发展原则，按照特定生产方式生产，经专门机构认证，许可使用绿色食品标志的无污染的安全、优质、营养类食品；有机农产品是指纯天然、无污染、高品质、高质量、安

全营养的高级食品，也可称为“AA级绿色”，它是根据有机农业原则和有机农产品生产方式及标准生产、加工出来的，并通过有机食品认证机构认证的农产品；农产品地理标志是指标示农产品来源于特定地域，产品品质和相关特征主要取决于自然生态环境和历史人文因素，并以地域名称冠名的特有农产品标志。

安全是这三类食品突出的共性，它们从种植、养殖、收获、出栏、加工生产、贮藏及运输过程中都采用了无污染的工艺技术，实行了从土地、农场到餐桌的全程质量控制，保证了食品的安全性。但是，其又有不同点。

目标定位上，无公害农产品是规范农业生产，保障基本安全，满足大众消费；绿色食品是提高生产水平，满足更高需求、增强市场竞争力；有机农产品是保持良好生态环境，人与自然的和谐共生。

质量水平上，无公害农产品达到中国普通农产品质量水平；绿色食品达到发达国家普通食品质量水平；有机农产品达到生产国或销售国普通农产品质量水平。

运作方式上，无公害农产品为政府运作，公益性认证。认证标志、程序，产品目录等由政府统一发布。产地认定与产品认证相结合。绿色食品为政府推动、市场运作。质量认证与商标转让相结合。有机农产品为社会化的经营性认证行为。因地制宜、市场运作。

认证方法上，无公害农产品和A级绿色食品依据标准，强调从土地到餐桌的全过程质量控制。检查检测并重，注重产品质量。有机农产品和AA级绿色食品实行检查员制度。国外通常只进行检查。国内一般以检查为主，检测为辅，注重生产方式。

标准适用上，国家生态环境总局有机食品发展中心制定了有机产品的认证标准；我国的绿色食品标准是由中国绿色食品中心组织指定的统一标准，其标准分为A级和AA级。A级的标准是参照发达国家食品卫生标准和联合国食品法典委员会

（CAC）的标准制定的，AA 级的标准是根据 IFOAM 有机食品的基本原则，参照有关国家有机食品认证机构的标准，再结合我国的实际情况而制定的。无公害食品在我国是指产地环境、生产过程和最终产品符合无公害食品的标准和规范。这类产品中允许限量、限品种、限时间的使用人工合成化学农药、兽药、鱼药、肥料、饲料添加剂等。

级别区分上，有机农产品无级别之分，有机农产品在生产过程中不允许任何人工合成的化学物质，而且需要 3 年的过渡期，过渡期生产的产品为“转化期”产品。绿色食品分 A 级和 AA 级两个等次。A 级绿色食品产地环境质量要求评价项目的综合污染指数不超过 1，在生产加工过程中，允许限量、限品种、限时间的使用安全的人工合成农药、兽药、鱼药、肥料、饲料及食品添加剂。AA 级绿色食品产地环境质量要求评价项目的单项污染指数不得超过 1，生产过程中不得使用任何人工合成的化学物质，且产品需要 3 年的过渡期。无公害食品不分级，在生产过程中允许使用限品种、限数量、限时间的安全人工合成化学物质。

认证机构上，有机农产品的认证由国家认监委批准、认可的认证机构进行，有中绿华夏、南京国环、五岳华夏、杭州万泰等 26 家机构。另外亦有一些国外有机食品认证机构在我国发展有机食品的认证工作，如德国的 BCS。绿色食品的认证机构在我国唯一一家是中国绿色食品发展中心，该中心负责全国绿色食品的统一认证和最终审批。无公害食品的认证机构较多，目前有许多省（区、市）地区的农业主管部门都进行了无公害食品的认证工作，但只有在国家市场监督管理总局正式注册标识商标或颁布了省级法规的前提下，其认证才有法律效应。

做好“三品一标”认证，是为了保障公众的食品安全和无公害农产品的发展，农业农村部为此在全国启动实施了“无公害食品计划”，实现“从农田到餐桌”全程质量监控，有效推动了有机、高效、优质农产品的发展和宣传，保障公众的食品安全。农产品地理标志的登记保护是挖掘、培育和发展独具地域特色的传统优势农产品品牌，保护各地独特的产地环境，提升独特的农产品品质，增强特色农产品市场竞争力，促进农业区域经济发展。因此，“三品一标”的认证对于一个农产品品牌来说，具有很深远的意义。

家庭农场通过实施“三品一标”认证，可以规范家庭农场的生产秩序，提升农产品质量安全水平，提高农产品的附加值和市场竞争力，进而提高家庭农场的经济效益，使家庭农场长久发展。

五、创立自己的肉羊品牌，提高附加值

美国市场营销协会定义品牌（brand）为“一个名称、术语、标志、符号或设计，或者是它们的结合体，以识别某个销售商或某一群销售商的产品或服务，使其与它们竞争者的产品或服务区别开来”。

品牌是以某些方式将满足同样需求的其他产品或服务区分开来的产品或服务。这些差别可能体现在功能性、理性或有形性方面——与该产品性能有关；也可能体现在象征性、感性或无形性方面——在更抽象的意义上与该品牌所代表的或所蕴含的意义有关。品牌就是知名度，有了知名度就具有凝聚力与扩散力，就成为发展的动力。

品牌不仅对企业有好处，对消费者也是有价值的。对企业来说，企业通过给品牌赋予不同的名称、标志、风格等，将自己与其他品牌区别开来。有助于消费者识别产品的来源，从而使自己与竞争对手区别开来。品牌有溢价作用，增加产品的附加值。宁夏的盐池县坚持把滩羊产业作为农业一号产业，狠抓保种繁育、标准制定、市场开拓、品牌保护、质量追溯、滩羊

保险等关键环节。特别是2016年借助盐池滩羊肉作为宁夏唯一供应食材走上G20杭州峰会国宴餐桌的影响，广泛宣传和推介“盐池滩羊”，“盐池滩羊”高端市场占有率和滩羊肉初始价格进一步提高,“盐池滩羊”的品牌影响力和知名度进一步提升。2016年，以滩羊为主的特色产业占农业总产值比重达78%以上，农民人均可支配收入的一半来自滩羊产业，产品畅销全国26个大中城市。由于实行了统一进出口的滩羊养殖营销模式，滩羊肉初始价格由2015年的每千克30元提高到目前的每千克50元，滩羊肉精加工产品更是最高卖价达每千克660元。

品牌不仅能使产品卖更高的价格，同时还可以避免单纯的价格竞争，保持产品价格的稳定性。品牌可以为企业带来更多的利润。大家都有这样的体会，农贸市场羊肉摊床上出售的羊肉和品牌羊肉专柜出售的羊肉价格相差很大，专柜或专卖店就可以卖出更高的价格。而羊肉多数都是来自养羊场，区别在于由谁来销售；品牌通过独特定位所形成的竞争优势，是很难被改变和撼动的，除非企业自己放弃。当品牌成为某一品类的代表时，由此带来的竞争优势是竞争对手所无法撼动的，这种竞争优势可以帮助品牌成为所在行业的市场霸主。品牌可以获得消费者的忠诚。当消费者对某一品牌形成偏爱，充分信任之后，消费者就会习惯购买这个品牌的产品或服务；品牌可以利用其已有的知名度和美誉度降低新产品投入市场的风险及难度，可以吸引优秀的人才、供应商、合作伙伴、社会资金、政府政策等来为企业服务，可以得到分销商、批发商、零售商以及其他中间商的积极响应和支持，可以超越产品的生命周期，始终保持其市场地位，即使其产品已历经改良和替换。品牌并不仅仅是一个名称或者一个象征，它是企业与顾客关系中一个关键的要素，品牌是一种无形资产，也是企业最持久的资产。品牌资产作为无形资产，不但不会折旧和损失，反而可通过消费者一次次的购买而不断增值。

对消费者来说，品牌是引导消费者选择的价值之一。在市场同质化竞争中，品牌有助于消费者能更轻松快捷地做出选择；品牌能够对产品的品质、性能、服务等提供可靠的保证，从而降低了消费者的购买风险；品牌有助于满足消费者在使用产品过程中的心理预期，使消费者产生美好的感受；品牌是消费者自我性格的展示，是一种消费者的自我表现和自我认同；消费者通过对某品牌的使用，来表现自己的社会地位、经济状况、生活情趣和个人修养等；如果品牌能够真诚对待消费者，并信守承诺，消费者就会与品牌厮守终身、荣辱与共。

品牌对于家庭农场的经营同样重要。良好的品牌形象和信用容易被消费者所接受，增强消费者的信任感，并乐意接受家庭农场提供的农产品。家庭农场创立自己品牌，有利于拓展家庭农场农产品市场，获得充足的消费者，获得更好的规模效益。有利于树立家庭农场形象，通过营销和服务与消费者建立友好的关系，建立消费者忠诚度。

六、做好肉羊的销售

目前我国家庭农场的畜禽产品普遍存在出售的农产品多为初级农产品，产品大多为同质产品、普通产品，原料型产品多，而特色产品少、优质产品少。农产品的生产加工普遍存在仅粗加工、加工效率低、产品附加值比较低的现象。多数家庭农场主不懂市场营销理念，不能对市场进行细分，不能对产品进行准确的市场定位，产品等级划分不确切，大多以统一价格销售；很少有经营者懂得为自己的产品进行包装，特色农产品品牌少，特色农产品的知名品牌更少。在产品销售过程中存在流通渠道环节多、产品流通不畅、交易成本高等问题，也不能及时反馈市场信息。

所以，家庭农场要做好产品销售，就要避免这些普遍存在的问题在本场发生。不仅要研究人们的现实需求，更要研究消费者对农产品的潜在需求，并创造需求。同时要选择一个合适的销售渠道，实现卖得好、挣得多的目的。否则，产品再好，销售不出去，一切前期的努力都是徒劳的。肉羊销售必须做好本场的产品定位、产品定价、销售渠道等方面工作。

（一）销售渠道

销售渠道的分类有多种方法，一般按照有无中间商进行分类，家庭农场的销售渠道可分为直接渠道和间接渠道。

1. 直接渠道

直接渠道是指生产者不通过中间商环节，直接将产品销售给消费者。如家庭农场直接设立门市部进行现货销售，农场派出推销人员上门销售，接受顾客订货、按合同销售，参加各种展销会、农博会，在网络上销售等。直接销售是以现货交易为主要的交易方式。可以根据本地区销售情况和周边地区市场行情，自行组织销售。可以控制某些产品的价格，掌握价格调整的主动权，同时避免了经纪人、中间商、零售商等赚取中间差价，使家庭农场获得更多的利益。此外通过直接与消费者接触，可随时听取消费者反馈意见，促使家庭农场提高产品质量和改善经营管理。

但是，直接销售很难形成规模，销量不够稳定。受经营者自身能力的限制，对市场知识缺乏深入的了解，无法做好市场预测，经常会出现压栏滞销。

2. 间接渠道

间接营销渠道是指家庭农场通过若干中间环节将产品间接出售给消费者的一种产品流通渠道。这种渠道的主要形态有家庭农场 - 零售商 - 消费者、家庭农场 - 批发商 - 零售商 - 消费者、家庭农场 - 代理商 - 批发商 - 零售商 - 消费者等三种。

这类渠道的优点在于接触的市场面广，可以扩大用户群，增加消费量；缺点在于中间环节多，会引起销售费用上升。由于受信息不对称的影响，销售价格很难及时与市场同步。议价能力低。

3. 渠道选择

家庭农场经济实力不同，适宜的销售渠道也会有所不同，生产者规模的大小、财务状况的好坏直接影响着生产者在渠道上的投资能力和设计的领域。一般来说，能以最低的费用把产品保质保量地送到消费者手中的渠道是最佳营销渠道。家庭农场只有通过高效率的渠道，才能将产品有效地送到消费者手中，从而刺激家庭农场提高生产效率，促进生产的发展。

渠道应该便于消费者购买、服务周到、购买环境良好、销售稳定和满足消费者欲望，并在保证产品销量的前提下，最大限度地降低运输费、装卸费、保管费、进店费及销售人员工资等销售费用。因此，在选择营销渠道时应坚持销售的高效率、销售费用少和保证产品信誉的原则。

家庭农场采取直接销售有利于及时销售产品，减少损耗、变质等损失。对于市场相对集中、顾客购买量大的产品，直接销售可以减少中转费用，扩大产品的销售。由于农场主既要组织好生产，又要进行产品销售，精力分散，对农场主的经营管理能力要求较高。

在现代商品经济不断发展过程中，间接销售已逐渐成为生产单位采用的主要渠道之一。同时，家庭农场将主要精力放在生产上，更有利于生产水平的提高。

家庭农场的产品销售具体采取直接销售模式还是间接销售模式，应在全面分析产品、市场和家庭农场的自身条件，权衡利弊，然后做出选择。

（二）营销方法介绍

1. 饥饿营销法

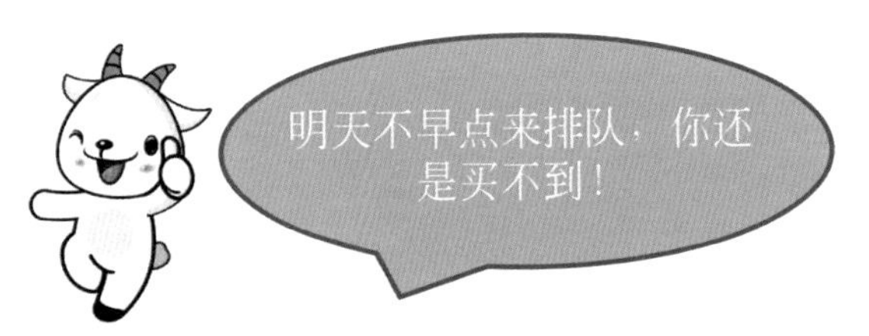

饥饿营销是指商品提供者有意调低产量，以期达到调控供求关系、制造供不应求“假象”，以维护产品形象并维持商品较高售价和利润率的营销策略。在畜禽养殖销售上，饥饿营销同样可取得很好的效果。

养殖场在采用饥饿营销方式时要注意：一是与消费者产生心理共鸣。养殖场要在保证食品安全的情况下，突出风味特点，如生态、绿色、有机羊肉等，培养顾客的忠诚度，与消费者产生共鸣。二是要量力而行。根据自身的产品特性、人才资源、销售渠道、促销能力等量力而行，而不应该盲目地采用饥饿营销。三是做好宣传造势。对于大型企业来说，在新品上市时，可以采取电视、电台、报纸、杂志、网络、电梯、车展、明星代言等媒介进行重点宣传推介。

而对于中小养殖企业来说，由于资金、人力资源、供应能力等限制，更多是用“巧劲”，借力进行宣传，如利用宣传、慰问、赞助各类活动的方法扩大知名度，利用政府行业主管部门的现场会，举办产品推介会、品鉴会，利用新闻媒体及时报道引进优良养殖品种的整个过程，承担政府技术推广、科研项目，针对目标消费群体进行精准营销宣传等等，要不失时机地进行宣传等。

2. 体验式营销

体验一词有亲身经历，实地领会，通过亲身实践所获得的经验查核、考察等意思。而体验式营销，按照营销学专家伯德·H·施密特（Bernd H Schmitt）在其著作《体验式营销》中说明：体验式营销就是通过消费者亲身看、听、用、参与的手段，充分刺激和调动消费者的感官、情感、思考、行动、关联等感性因素和理性因素，重新定义、设计的一种思考方式的营销方法（见图 8-6）。

体验式营销的关键在于促进顾客和企业之间建立一种良好的互动关系，旨在以用户的需求为导向，设计、生产和销售产品；以用户沟通为手段，关注用户的体验，检验消费情景；以用户满足为目标，积极收集用户反馈，调整营销方法。也就是说，在全面消费者体验时代，不仅需要对消费者深入和全方位的了解，而且还应把对使用者的全方位体验和尊重凝结在产品层面，让用户感受到被尊重、被理解和被体贴。

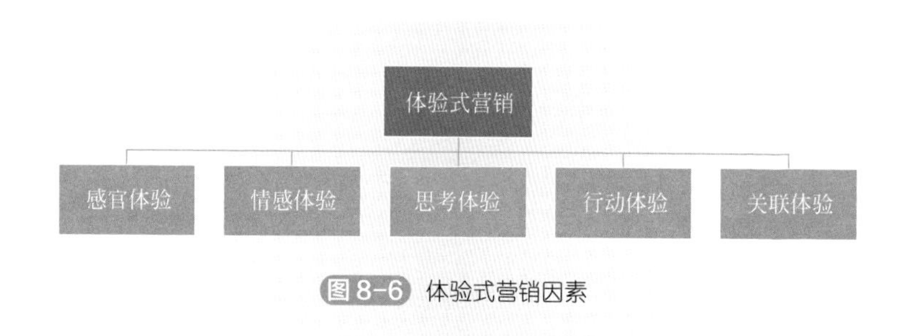

图 8-6 体验式营销因素

对于采用特殊的品种、特殊的饲料、特殊的饲养方法和特殊的饲养环境等有别于常规养羊方法的养羊场，如养殖地方特色品种的羊，或者采用生态放养的方法，或者使用有机饲料、牧草、生物饲料喂羊等方式饲养肉羊的，再比如“吃着中草药，喝着矿泉水，长在高原上，活在蓝天下，住在窑洞里”的肉羊，这种养殖方法“酒香也怕巷子深”。体验式营销方式消费者看得见、吃得着、买得放心、宣传效果好。如经常性地组织消费者参观养羊场的养殖全过程、亲身体验养羊的乐趣、组织特色羊肉品鉴、免费试吃、提供羊肉赞助大型活动等体验式营销方式，提高消费者对羊肉产品的认知，扩大知名度。只有让消费者充分了解了饲养的过程，知道特色究竟“特”在哪里，才能做到优质优价。如果再与休闲农业充分地融合，会给投资者带来丰厚的回报。

3. 微信营销

微信是腾讯公司于 2011 年 1 月 21 日推出的一个为智能终端提供即时通信服务的免费应用程序。微信营销就是利用微信基本功能的语音短信、视频、图片、文字和群聊等，以及微信支付和微信提现功能，进行产品点对点网络营销的一种营销模式（见图 8-7）。具有潜在客户数量多、营销方式多元化、定

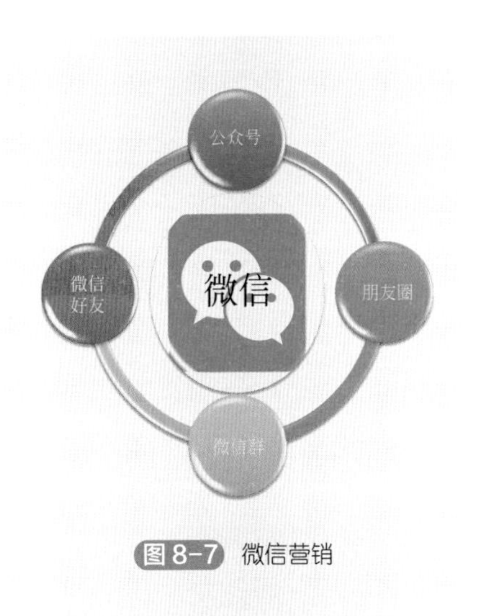

图 8-7 微信营销

位精准、音讯推送精准、营销更加人性化、营销成本低廉等优势。

4. 网络营销

根据冯英健著《网络营销基础与实践》（第5版），网络营销的定义为：网络营销是基于互联网络及社会关系网络连接企业、用户及公众，向用户传递有价值的信息和服务，实现顾客价值及企业营销目标所进行的规划、实施及运营管理活动。

网络营销以互联网为技术基础，以顾客为核心，以为顾客创造价值作为出发点和目标，连接的不仅仅是电脑和其他智能设备，更重要的是建立了企业与用户及公众的连接，构建一个价值关系网，成为网络营销的基础。可见，网络营销不仅是“网络+营销”，网络营销既是一种手段，同时也是一种思想。具有传播范围广、速度快、无时间地域限制、无时间约束、内容详尽、多媒体传送、形象生动、双向交流、反馈迅速等特点，可以有效降低企业营销信息传播的成本。

如今，网络使用和网上购物迅猛发展，数字技术快速进步，从智能手机、平板电脑等数字设备，到网上移动和社交媒体的暴涨。很多企业纷纷在各种社交网络上建立自己的主页，以此来免费获取巨大的网上社群中活跃的社交分享所带来的商业潜力。

常用的网络营销工具有内部信息源工具包括企业自行运营的官方网站、官方博客、官方APP、关联网站等；外部信息源工具包括第三方提供的互联网服务，如博客、微博、微信公众平台等（见图8-8）。

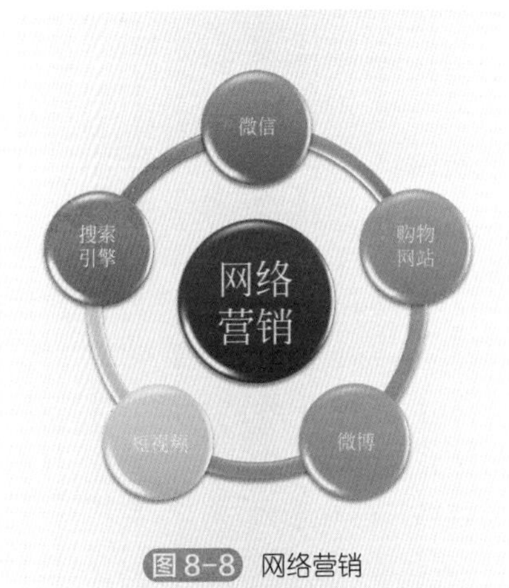

图 8-8 网络营销

参 考 文 献

[1] 肖冠华.投资养肉羊你准备好了吗.北京：化学工业出版社，2014.

[2] 全国畜牧总站组.肉羊养殖技术百问百答.北京：中国农业出版社，2012.

[3] 权凯.肉羊标准化生产技术.北京：金盾出版社，2012.

[4] 肖冠华.养肉羊高手谈经验.北京：化学工业出版社，2015.

[5] 刁其玉.农作物秸秆养羊技术手册. 北京：化学工业出版社，2013.

[6] 肖冠华.这样养肉羊才赚钱. 北京：化学工业出版社，2018.

[7] 王秀清.肉羊早期断尾方法. 河南畜牧兽医，2013（2）.

[8] 陈莉萍. 一胎多产羔羊的喂养方法. 农村科学实验，2007（9）.

[9] 孙振龙. 牧草干草的加工调制方法. 农业知识：科学养殖，2006（10）：31-32.

[10] 李谦. 羊寄生虫病的危害及综合防治. 养殖技术顾问，2012（10）：71-72.

[11] 李若玺. 不同材料的漏缝地板对羊舍环境及湖羊行为的影响. 黑龙江畜牧兽医，2017（4）.

[12] 罗凯.如何准确判断母羊妊娠状况.草食动物，2013（8）.